高端科技专著丛书

电磁波传播的抛物方程方法

Parabolic Equation Methods for Electromagnetic Wave Propagation

Mireille Levy 著

王红光 张利军 孙 方 张 蕊 朱庆林 译

電子工業出版社

Publishing House of Electronics Industry

北京·BEIJING

内容简介

本书是第一本关于电磁波传播抛物方程方法的专著。书中首先给出了抛物方程模型的数学原理，然后描述了抛物方程的基本算法，接着是关于一些较高级的主题，包括域截断、阻抗边界的处理和联合射线追踪与抛物方程的混合模型，后三章关于散射问题，应用于城区环境电波传播和雷达目标后向散射计算。

本书适用于研究无线电波传播和目标散射特性的科技人员、工程师和研究生，特别是需要精确评估大气波导等复杂环境下电波传播效应及其对雷达、通信、电子对抗等系统性能影响的科研人员。

Parabolic Equation Methods for Electromagnetic Wave Propagation, ISBN: 978-0-85296-764-5

By Mireille Levy

图书在版编目（CIP）数据

电磁波传播的抛物方程方法/（）米瑞·利维（Mireille Levy）著；王红光等译．—北京：电子工业出版社，2017.7

（高端科技专著丛书）

书名原文：Parabolic Equation Methods for Electromagnetic Wave Propagation

ISBN 978-7-121-31701-9

Ⅰ．①电…　Ⅱ．①米…　②王…　Ⅲ．①电磁波传播-抛物型方程　Ⅳ．①O451

中国版本图书馆 CIP 数据核字（2017）第 120544 号

策划编辑：曲　昕

责任编辑：谭丽莎

印　　刷：涿州市京南印刷厂

装　　订：涿州市京南印刷厂

出版发行：电子工业出版社

北京市海淀区万寿路 173 信箱　邮编 100036

开　　本：787×1 092　1/16　印张：16.5　字数：310 千字

版　　次：2017 年 7 月第 1 版

印　　次：2017 年 7 月第 1 次印刷

定　　价：69.00 元

译 者 序

电磁波传播的抛物方程方法能够采用数值计算技术评估复杂大气和地表环境对电磁波传播的影响,获得了越来越广泛的应用。我们在开展对流层大气波导等相关工作中,经常会涉及抛物方程模型和算法,并经常使用在此基础上开发的软件模块。事实上,抛物方程方法本身就是大气波导电磁波传播的重要研究内容。此外,抛物方程方法还可用于计算目标电磁散射特性。

Mireille Levy 博士著写的《Parabolic Equation Methods for Electromagnetic Wave Propagation》是第一本关于电磁波传播抛物方程方法的专著。该书首先给出了抛物方程模型的数学原理,然后描述了抛物方程的基本算法,接着介绍了一些较高级的主题,包括域截断、阻抗边界的处理和联合射线追踪与抛物方程的混合模型,后三章介绍了散射问题,应用于城区环境电波传播和雷达目标后向散射计算。本书适用于研究无线电波传播和目标散射特性的科技人员、工程师和研究生,特别是需要精确评估大气波导等复杂环境下电波传播效应及其对雷达、通信、电子对抗等系统性能的影响的科研人员。

本书由中国电波传播研究所的王红光、张利军、孙方、张蕊和朱庆林翻译。其中,王红光主要翻译了本书的第 1 ~4 章、第 8 章、第 10 章及第 12 章的前半部分内容,张利军主要翻译了第 6 章及附录 A ~ C,孙方主要翻译了第 5 章和第 11 章,张蕊主要翻译了第 7 章和第 9 章,朱庆林主要进行了第 12 章的后半部分内容、第 13 章和第 14 章的终译,这部分内容及附录 D 的初译由研究生刘晓宙完成,研究生王倩南对第 13 章、第 14 章和附录 D 的公式进行了整理,最后王红光和张利军对全书进行了审校。

由于译者水平有限,对于翻译中的错误与不当之处,敬请批评指正。

译 者

2017 年 3 月

前　言

20世纪80年代中期，抛物方程技术已经广泛应用于模拟无线电波传播，并成为评估对流层链路晴空效应的优势工具。抛物方程还日益应用于小尺度散射问题，如城区环境中的传播或雷达散射截面的估计。虽然关于抛物方程在水下声传播应用方面已有极好的书籍，但在抛物方程应用于无线电问题方面却缺乏专著形式的系统描述。1995年，杰米·怀特建议总结一本关于抛物方程电磁应用发展的专著会很有用。本书是我尝试实现这项任务的结果。不幸的是，怀特教授在本书完成前去世了，在此，对他的支持和模理论材料方面的帮助，我想表达深深的感谢。

如果没有Jim Kuttler和Dan Dockery研发的抛物方程技术在无线电波传播模拟应用的许多框架结构工作，本书不可能成稿。

我非常感谢很多人对准备本书提供的帮助。特别要感谢Alexander Popov及其同事提供13.3节中大部分关于X射线绕射方面的材料。

我还要专门感谢Ken Craig和Andrew Zaporozhets。本书中的很多内容是与这两位共同工作的结果，他们的洞察力和支持是无价的。

M. F. Levy
牛津
1999年10月

目　　录

第1章 绪　论

抛物方程（PE）是波动方程的近似，用来建立沿指定方向（近轴方向）锥形区域内能量传播的模型。20世纪40年代，在处理无线电沿地球传播的绕射问题时，Leontovich和Fock提出了抛物近似[83,49]。他们利用抛物近似，推导出众所周知很简洁的Watson[163]、Van der Pol和Bremmer[157]结果，接着把该方法推广到包括大气折射的更复杂情况下。仍是在20世纪40年代，Malyuzhinets联合抛物近似方法和几何光学，发展出一种强大的障碍物绕射理论（相关英文综述可参考文献［104］）。俄罗斯学者开创了针对某些类型无线电波传播问题，简化波动方程，然后利用特殊函数求解许多这类问题的思想。

很多年后，随着数字计算机的出现，抛物近似想法才重新被提起，此时的目标是找到数值解，更胜于求闭合表达式解。Hardin和Tappert[56]在水下声学问题中提出了非常高效的抛物方程Split－step/Fourier解，Claerbout[28]为地球物理学应用开发了有限差分代码。可从文献［149］找到关于早期PE研究极好的历史综述。许多水下声学领域的工作者开始从事PE方法研究并取得了很大进展[66]。标量PE技术在多个领域得到了广泛应用，如水波传播[131,42]、光学[48,168]或地震波传播[32]。推导出的矢量PE方法用来处理更复杂的问题，如多孔弹性介质中的声波传播[36]或各向异性波导中的光传播[169]。

本书的大部分内容是关于PE方法在对流层传播问题中的应用。从VHF到毫米波频段范围的无线电波受大气折射、地形绕射和反射效应影响。由于感兴趣区域的尺寸远大于波长，因此不可能计算得到麦克斯韦方程的精确解，必须寻求近似值。许多年来，人们根据几何光学和模理论来求解折射问题，根据几何绕射理论来求解地形问题。现在这些方法在很大程度上被PE算法所取代，因为该算法对大多数远距离无线电波传播问题可提供快速有效的数值解。

Ko等[73]提出利用PE方法计算反常传播环境中的场强。很快，这种技术被许多研究人员采用，并开发出了高效的Split－step/Fourier代码[40,45,41,77,46]和有限差分算法[50]。刚开始时，PE方法应用于海上或平坦地形条件下的电波传播，但是不久，人们发现该方法也可以处理不规则地形情况下的传播问题[85,107,101,11]。

最初这种新颖的基于PE方法的传播工具就被很好地接受，因为人们可以借此解决直到当时还很难处理的实时问题。然而，一旦用户习惯于计算复杂环境下雷达覆盖图或路径损耗曲线的观念，对快速算法的需求也就日益迫切。这推动了混合模型的发展，混合模型结合射线描迹和抛物方程技术以获得对极大区域无线电传播问题的快速解。混合模型是目前多数雷达传播评估工具的基础，其想法首先由Hitney[58]以无线电物理光学模式提出[93,125]。

最近几年，人们认识到PE方法也可能应用于目标散射问题，作为连接严格方法如精确求解麦克斯韦方程的矩量法或FDTD和基于射线描迹或物理光学的近似方法之间鸿沟的桥梁。本书最后几章致力于PE在目标散射方面的应用。

本书不企图详尽地介绍电磁波传播抛物方程方法的发展概要，而是尽量描述构造有效PE模型所必需的组成部分。对于远距离无线电波传播，PE方法已经足够成熟，具备了进行系统整理的可能性。目标散射应用相对较新，因此这部分内容的阐述必然也就相对缺乏系统性。

本书的大部分内容是关于二维标量抛物型波方程的，许多无线电问题可简化为这种形式。第2章介绍二维标量波方程的近轴框架，并说明PE解决方案与经典绕射问题的Fresnel - Kirchhoff近似的关系。第3章介绍最常用的PE算法，给出了Split - step/Fourier正弦变换技术和Crank - Nicolson有限差分方案的详细推导。

第4章介绍利用平地球坐标系，如何从麦克斯韦方程推导出适合对流层传播的抛物方程。在第5章中，我们概述了射线描迹和模理论的基本原理。多年来，它们是唯一可用的方法，因此有必要了解其技术基础。除此之外，其实际意义还在于，虽然已不再单独利用射线描迹计算发射机的覆盖范围，但它是快速混合模型（本书后面章节将会介绍）必不可少的基本组成部分；同样，基于模理论的模型是超视距传播应用中验证PE方法有效性的至关紧要的手段，因为再无别的办法可供利用。

第6章专门针对海上的无线电波传播，给出了许多大气波导传播算例，包括与射线描迹和模理论比较的结果。第7章介绍不规则地形的PE方法模型。第8章讨论域截断。第9章介绍地面/大气分界面边界条件的建模。第10章应用抛物方程方法对粗糙海面传播进行建模。第11章介绍在覆盖区计算中可显著加速的混合模型。

最后3章介绍目标散射问题。第12章给出二维散射应用基础模块。第13章讨论三维标量问题，介绍了在X射线绕射和建筑物散射中的应用。第14章讨论可以求解麦克斯韦方程组近轴情况的矢量 PE 方法。

附录中给出了一些更偏重于数学推导技巧的内容。附录 A 是介绍艾里函数的材料。附录 B 给出远场表达式，这在远距离应用中对场源的建模和在散射应用中关于双基地雷达散射截面的计算方面都是需要的。附录 C 给出模展开的数学构架。最后，附录 D 证明矢量 PE 推导中必不可少的能量守恒定律。

第 2 章　抛物方程框架

2.1　引言

在本书各章节中，场的时谐因子均采用 $\exp(-i\omega t)$ 形式，其中 ω 为角频率。我们首先考虑在笛卡儿坐标系（x,y,z）中的情况。本章关注二维电磁场问题，即场与横坐标 y 无关，这样就不存在去极化效应，所有的场可分解为独立传播的水平和垂直极化波分量。

对于水平极化，电场 E 只有 E_y 一个非零分量；而对于垂直极化，磁场 H 只有一个非零分量 H_y。可引入场量 ψ，水平极化时定义为

$$\psi(x,z) = E_y(x,z) \tag{2.1}$$

垂直极化时定义为

$$\psi(x,z) = H_y(x,z) \tag{2.2}$$

对于我们将要求解的波动方程，假设其计算区域内的折射指数 $n(x,z)$ 平缓变化，并且在区域边界位置可定义适当的边界条件。典型情况下，底部为地表/大气分界面，顶部边界扩展到无限远处。我们感兴趣的是解决沿某一方向小角度范围内的能量传播问题，该方向称为近轴方向。根据无线电传播问题惯例，我们选择 x 轴正方向为近轴方向。一个对流层传播示意图例如图 2.1 所示，模拟的传播方向构成近轴锥形区域。

若传播介质均匀分布，折射指数为 n，则场量 ψ 满足二维标量波动方程

$$\frac{\partial^2\psi}{\partial x^2} + \frac{\partial^2\psi}{\partial z^2} + k^2 n^2 \psi = 0 \tag{2.3}$$

其中 k 为真空中波数。一般情况下，折射指数随距离 x 和高度 z 变化，因此方程（2.3）并不精确[25]。然而如果在一个波长范围内 n 变化缓慢，该式则为很好的近似。

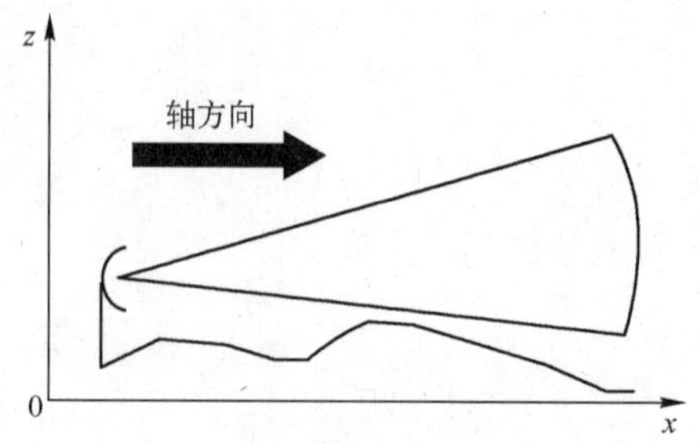

图 2.1　对流层近轴传播，模拟角度接近水平方向的能量传播

2.2　基本推导

2.2.1　近轴波动方程

我们引入与 x 轴方向相关的简化函数

$$u(x,z)=\mathrm{e}^{-ikx}\psi(x,z) \tag{2.4}$$

利用该简化函数的要点在于：接近传播轴小角度内的能量随距离变化缓慢，这提供了便于处理的数值特性。

以 u 表示的标量波动方程为

$$\frac{\partial^2 u}{\partial x^2}+2ik\frac{\partial u}{\partial x}+\frac{\partial^2 u}{\partial z^2}+k^2(n^2-1)u=0 \tag{2.5}$$

上式从形式上可分解为

$$\left\{\frac{\partial u}{\partial x}+ik(1-Q)\right\}\left\{\frac{\partial u}{\partial x}+ik(1+Q)\right\}u=0 \tag{2.6}$$

其中伪微分算子 Q 定义为

$$Q=\sqrt{\frac{1}{k^2}\frac{\partial^2}{\partial z^2}+n^2(x,z)} \tag{2.7}$$

伪微分算子由变量的偏导数和普通函数构成[150]。为精确给出 Q 表达式中平方根算符的意义，需要某种数学构架形式。函数 u 必须满足平方根对应的组合算子为

$$Q(Q(u))=\frac{1}{k^2}\frac{\partial^2 u}{\partial z^2}+n^2 u \tag{2.8}$$

平方根符号的合理构造，与函数 u 的运算类型相关联，并取决于式（2.5）给出的偏微分方程边界条件。在2.4.3节中，我们将展示真空中传播时如何构造 Q。更一般地，我们需要假设 Q 可明确定义，且常用的平方根展开函数能够应用于 Q。

式（2.6）给出的因式分解存在固有误差：如果折射指数 n 随距离变化，则算子 Q 的距离导数不可交换，使因式分解不正确。因此，应用时必须考虑如何确保结果误差维持较小。

接下来是把式（2.6）表示的波动方程分离为两部分，并考虑满足其中一个伪微分方程的函数

$$\frac{\partial u}{\partial x}=-ik(1-Q)u \tag{2.9}$$

$$\frac{\partial u}{\partial x} = -ik(1+Q)u \tag{2.10}$$

式（2.9）和式（2.10）分别对应于前向和后向波传播。以射线的观点，前向传播对应于向 x 增加方向传播的射线，而后向传播对应于向 x 减小方向传播的射线。式（2.9）和式（2.10）则是前向和后向抛物型波方程。

在不随距离变化的介质中，式（2.6）的因式分解不存在不可交换的问题，式（2.9）或式（2.10）的解自动满足最初简化函数的波动方程，即式（2.5）。然而，这种解与实际电磁场通常不一致。例如，前向传播方程式（2.9）的解忽略了后向散射场。为了得到式（2.5）的精确解，需同时求解包含式（2.9）和式（2.10）的方程组

$$\begin{cases} u = u_+ + u_- \\ \dfrac{\partial u_+}{\partial x} = -ik(1-Q)u_+ \\ \dfrac{\partial u_-}{\partial x} = -ik(1+Q)u_- \end{cases} \tag{2.11}$$

我们分别单独求解各式的近似法是近轴近似：例如，对于前向传播抛物方程，我们求解的是集中于 x 轴正方向锥形区域内的能量传播。

式（2.9）和式（2.10）是 x 的一阶伪微分方程（术语“抛物型”）。给定垂直分布初始场、计算区域的顶部和底部边界条件，能够通过步进求解。前向传播抛物型波方程式（2.9）的解表示为

$$u(x+\Delta x,.) = \mathrm{e}^{ik\Delta x(-1+Q)}u(x,.) \tag{2.12}$$

给定距离上的前向传播场由前一步场、计算区域顶部和底部适当的边界条件计算获得，也就是说，解是通过距离向步进求得的。与椭圆形波方程相比，这种计算方式具有很大的优点，因为求解变量 x 和 z 上均为二阶导数的椭圆形波方程，必须在计算区域对所有的点同时进行计算，如图 2.2 所示。

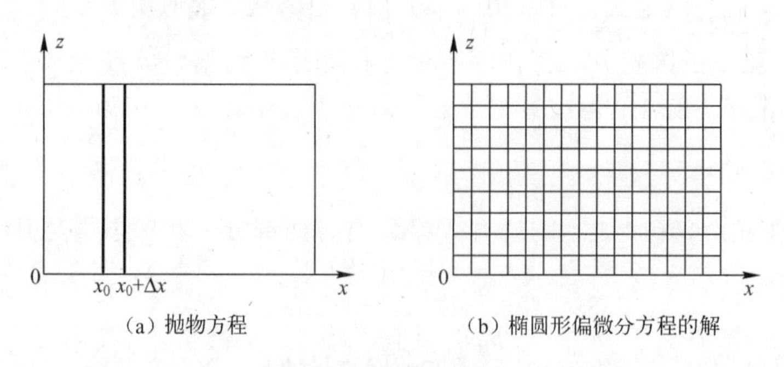

（a）抛物方程　　（b）椭圆形偏微分方程的解

图 2.2　抛物方程和椭圆形偏微分方程的解

波动方程分离为两个近轴项意味着只能模拟在近轴锥形区域内的能量传播，这限制了可精确代表的传播类型。例如，考虑一个平面波向一个直径为 d 的小理想导体圆柱照射，如图 2.3 所示，将会引起绕散射体的表面波传播，上述分离就不能正确表示这种表面波。正确的方法需要解方程组（2.11）。然而对很多问题来说，近轴近似足够精确，并且可获得实质性的计算优势。

本节推导的 PE 提供了二维标量波动方程的一种近轴近似。标量结构自然不能充分描述一般三维问题，而极化问题需要矢量描述。对于三维情况，必须把标量 PE 表示的电磁场分量通过分界面边界条件和辐射条件组成方程组。第 14 章将介绍矢量 PE 构造。

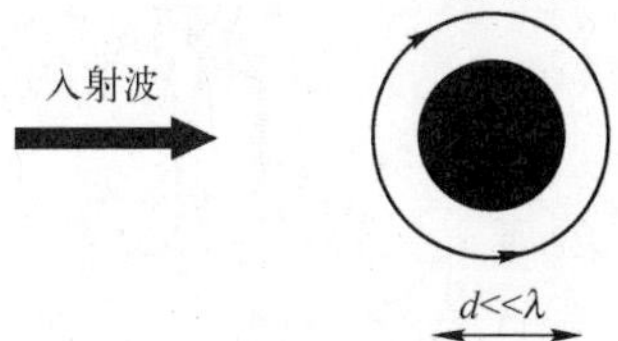

图 2.3　电磁场入射理想导体圆柱激发表面波

2.2.2　圆柱坐标系

对于一些无线电波传播问题，在圆柱坐标系（x,θ,z）下处理较为方便，其中 x 为离圆柱中心轴的距离，假设方位对称。如果 Ψ 为某电磁场分量（水平极化条件下为横向电场 E_θ，垂直极化条件下为横向磁场 H_θ），Ψ 满足圆柱坐标系下的标量波动方程

$$\frac{\partial^2 \Psi}{\partial x^2}+\frac{1}{x}\frac{\partial \Psi}{\partial x}+\frac{\partial^2 \Psi}{\partial z^2}+k^2n^2\Psi=0 \tag{2.13}$$

简化函数 u 的适当形式为

$$u(x,z)=\sqrt{kx}\,\mathrm{e}^{-ikx}\Psi(x,z) \tag{2.14}$$

平方根因子考虑柱面扩散。把 u 代入式（2.13），得

$$\frac{\partial^2 u}{\partial x^2}+2ik\frac{\partial u}{\partial x}+\frac{\partial^2 u}{\partial z^2}+k^2(n^2-1)u=-\frac{1}{4x^2}u \tag{2.15}$$

或者，在无量纲坐标系 $\xi=kx$ 和 $\zeta=kz$ 下，有

$$\frac{\partial^2 u}{\partial \xi^2}+2i\frac{\partial u}{\partial \xi}+\frac{\partial^2 u}{\partial \zeta^2}+k^2(n^2-1)u=-\frac{1}{4\xi^2}u \tag{2.16}$$

假定远场情况下 $kx\gg1$，可获得与直角坐标系中式（2.5）相同的简化函数波动方程。在这以后，推导过程与以前一致。为了消除圆柱源场造成的奇点（在二维直角坐标系中不存在），需要远场假设。对于无线电传播应用，通常不要求近场计算，因此圆柱坐标系中的远场假设不会给 PE 方程的应用带来什么限制。

利用式（2.14）表示的简化函数的根本原因是，真空中，圆柱坐标系下的波动方程[式（2.13）]有以下规范前向传播解

$$v(x,z) = H_0^1(kx) \tag{2.17}$$

式中，H_0^1 是零阶第一类汉克尔函数。

在远场，汉克尔函数等效于它的第一项渐进展开项

$$H_0^1(kx) \sim \sqrt{\frac{2}{\pi kx}}\mathrm{e}^{-\frac{i\pi}{4}}\mathrm{e}^{ikx} \tag{2.18}$$

该项与表达式（2.14）中的常数因子一致。对于与地平线成小角度的传播解，u 是 x 的慢变化函数。令

$$\phi(x,z) = \sqrt{kx}\,\Psi(x,z) \tag{2.19}$$

函数 ϕ 考虑了圆柱展开，但是不包含任何相位项，有

$$\frac{\partial^2\phi}{\partial x^2} + \frac{\partial^2\phi}{\partial z^2} + k^2n^2\phi = -\frac{1}{4x^2}\phi \tag{2.20}$$

因此，在远场，ϕ 满足式（2.3）的一般二维波动方程近似。在第 4 章中，我们将会看到选择适当的坐标系和修正折射指数，二维波动方程可用来模拟对流层的无线电传播。

2.3 平方根算子近似

2.3.1 标准抛物方程

利用平方根泰勒一阶展开和指数函数，可得到式（2.9）的最简单近似，得到标准抛物方程（SPE）

$$\frac{\partial^2 u}{\partial z^2}(x,z) + 2ik\frac{\partial u}{\partial x}(x,z) + k^2(n^2(x,z) - 1)u(x,z) = 0 \tag{2.21}$$

这个形式最简单的抛物方程在求解远距离对流层无线电传播问题时特别有用。大气折射指数很接近于 1，不会带来显著的误差。标准 PE 近似的局限性在于大传播角情况下的性能差：对于传播方向与水平面成一定夹角的平面波来说，泰勒展开忽略的第一项与下式成比例

$$\frac{1}{k^2}\left|\frac{\partial^2 u}{\partial z^2}\right| = \sin^2\alpha \tag{2.22}$$

因此，误差与$\sin^4\alpha$ 成比例，从角度为 1°时的 10^{-7} 到角度为 10°时的 10^{-3} 再到角度为 20°时的 10^{-2}。这说明 SPE 是抛物方程的窄角近似。由于感兴趣的对流层问题的传播角一般小于几度，因此远距离计算具有很好的精度。在接下来的章节中将会看到，SPE 的

简单形式使得进行数值求解时既可采用 Split - step Fourier 技术也可采用有限差分方法，而下面将描述的复杂的近似形式不能采用傅里叶技术。

2.3.2　宽角形式

对于涉及大传播角的问题，要求算子 Q 有更为精确的展开形式。容易想到的策略是利用平方根的高阶多项式展开；不幸的是，这样得到的结果数值不稳定[4,5]。正确的替代方法是有理近似。该思想是由 Claerbout 提出的[28]。Claerbout 解包含 Pade(1,1)近似，形式如下

$$\sqrt{1+Z}=\frac{1+aZ}{1+bZ} \tag{2.23}$$

算子 Z 定义为

$$Z=\frac{1}{k^2}\frac{\partial^2}{\partial z^2}+n^2(x,z)-1 \tag{2.24}$$

选择 $a=0.5$，$b=0.25$ 确保式（2.23）两侧与泰勒二阶展开有相同形式。与水平面传播角为 α 的平面波误差量级为$(\sin\alpha)^6$，这样与传播轴方向直到 45°左右都可接受。考虑另一种 Z 近似引入的误差的方法，重写 Claerbout 方程为

$$\left(1+\frac{Z}{4}\right)\frac{\partial u}{\partial x}-ik\frac{Z}{2}u=0 \tag{2.25}$$

考虑真空中平面波解与原始方程之间的误差。设 u 为平面波简化函数，形式为 $\exp\{ikx(1-\cos\theta)+ikz\sin\theta\}$，有

$$\left|\left(1+\frac{Z}{4}\right)\frac{\partial u}{\partial x}-ik\frac{Z}{2}u\right|=2k\left(\sin\frac{\theta}{2}\right)^6 \tag{2.26}$$

对 SPE 做同样的分析，有

$$\left|\frac{\partial u}{\partial x}-ik\frac{Z}{2}u\right|=2k\left(\sin\frac{\theta}{2}\right)^4 \tag{2.27}$$

这进一步表明了 Claerbout 近似的精度优点。

Collins 提出宽角传播建模的一种非常成功的方法——Split - step Pade 抛物方程[34]。其思想是直接对式（2.12）步进解中的指数算子进行近似，而不是平方根算子。通过以下形式 Pade -(1,1)展开获得

$$\mathrm{e}^{ik\Delta x(-1+\sqrt{1+Z})}\sim 1+\sum_{l=1}^{N}\frac{a_l Z}{1+b_l Z} \tag{2.28}$$

$2N$ 个联合系数(a_l,b_l)由泰勒展开约束和稳定性条件确定。系数对距离步进 Δx 的依

赖是一个重要特点：通过 Pade 近似展开，计算精度得到改善。式（2.28）的 Pade 展开后得到 Split - step Pade 解为

$$u(x+\Delta x,z)=u(x,z)+\sum_{l=1}^{N}(1+b_l Z)^{-1}a_l Z u(x,z) \tag{2.29}$$

上式中只有二阶偏导数。通过分别求解累加中的每一项，实现方程在距离上的步进。由于每一项之间不存在耦合，因此该方法非常适合进行并行计算。随着项数 N 的增加，有效的角锥区域也会增加。例如，若 $N=8$，则可模拟的传播角增大到 70°。该方法非常稳定，并且允许较大的步进。

上述关于宽角方法简洁的概述，只是给出了近似式（2.9）的单向波方程可能性的最初想法。还可得到其他近似方法，最佳选择要根据建模所感兴趣的角度区域和边界条件类型而定。在接下来的章节，会看到一些相关近似的详细内容。

2.4 真空中传播

2.4.1 角谱

我们考虑真空中传播的特殊情况，这将使我们引入求解抛物方程的谱技术，并理解场的平面波分解方法[29,115]。对于某些类型的偏微分方程，傅里叶变换技术能非常高效地进行求解。其思想是变换偏微分方程，在谱域求解变换后的方程（如果选择了合理的变换，往往比原方程变得简单），然后通过逆变换回到最初的域内。

我们引入函数 $u(x,z)$ 关于高度的傅里叶变换 F。令 $U=Fu$，有

$$U(x,p)=Fu(x,p)=\int_{-\infty}^{+\infty}u(x,z)\mathrm{e}^{-2i\pi pz}\mathrm{d}z \tag{2.30}$$

逆傅里叶变换 F^{-1} 为

$$u(x,z)=\int_{-\infty}^{+\infty}U(x,p)\mathrm{e}^{2i\pi pz}\mathrm{d}p \tag{2.31}$$

式中，$u=F^{-1}U$。

适合我们利用的数学框架是广义函数的傅里叶变换，或 Schwartz 分布[146]。这样允许在形式上处理涉及不可积函数表达式的情况。例如，在处理 $u(x,z)=\mathrm{e}^{ik\sin\alpha z}$ 的傅里叶变换时，可以用狄拉克 delta 函数表示，而不会造成什么困难。

我们可以利用性质：如果函数 $u(x,z)$ 充分规则，它的二阶偏 z 导数的傅里叶变换为

$$F\left(\frac{\partial^2 u}{\partial z^2}\right) = -4\pi p^2 Fu \tag{2.32}$$

而它的偏 x 导数的傅里叶变换为

$$F\left(\frac{\partial u}{\partial x}\right) = \frac{\partial(Fu)}{\partial x} \tag{2.33}$$

我们注意到证明式（2.32）可以利用分部积分法，这要求 $u(x,z)$ 在整个实数轴上关于 z 二次连续可微。对于涉及地面和大气分界的问题，函数 $u(x,z)$ 只是在 z 高于地面时有定义，一般不太可能在自动满足边界条件的方式下把它推广到整个实数轴。我们将在第 3 章看到，涉及理想导体面问题时，傅里叶变换能够用正弦变换代替。对于更一般的问题，必须定义适当的变换，把地面的边界条件考虑进去（见第 9 章）。

我们来看式（2.31）给出的逆傅里叶变换表达式，该式将垂直方向的场 $u(x,z)$ 分解为基于谱变量 p 的平面波角谱。为理解 p 的物理意义，考虑如下形式的平面波

$$\psi(x,z) = \exp(ikx\cos\alpha + ikz\sin\alpha) \tag{2.34}$$

平面幅度为 1，沿与水平夹角 α 方向传播。相应的简化函数 u 为

$$u(x,z) = \exp\{ikx(\cos\alpha - 1) + ikz\sin\alpha\} \tag{2.35}$$

它的傅里叶变换为

$$U(x,p) = \exp\{ikx(\cos\alpha - 1)\}\delta(p - \lambda\sin\alpha) \tag{2.36}$$

式中，δ 是在原点的狄拉克函数。

也就是说，谱变量 p 对应的是一个与水平面夹角为 α 的平面波传播，有

$$\sin\alpha = \frac{p}{\lambda} \tag{2.37}$$

如果 p 大于波长 λ，则角度 α 是复数，因此有

$$\cos\alpha = i\sqrt{\sin^2\alpha - 1} \tag{2.38}$$

这样保证了相应的平面波是倏逝波。最终，傅里叶变换对 $\{F, F^{-1}\}$ 使我们能在空域和它的角谱表示的谱域之间进行场的转换。下面通过确定角谱 $U(x,p)$ 如何随距离进行变化来求解真空中的抛物方程。

2.4.2　真空中的 SPE

若传播介质是真空，标准抛物方程变为

译者注：式（2.32）等式右侧应为 $-4\pi^2p^2Fu$，式（2.36）中的 $\lambda\sin\alpha$ 应为 $\frac{\sin\alpha}{\lambda}$，式（2.37）应为 $\sin\alpha = p\lambda$。

$$\frac{\partial^2 u}{\partial z^2}(x,z)+2ik\frac{\partial u}{\partial x}(x,z)=0 \tag{2.39}$$

利用式（2.32）和式（2.33）给出傅里叶变换特性，我们可以写出式（2.39）的傅里叶变换为

$$-4\pi^2 p^2 U(x,p)+2ik\frac{\partial U}{\partial x}(x,p)=0 \tag{2.40}$$

现在得到一个可以用闭合形式求解的普通微分方程，解为

$$U(x,p)=\mathrm{e}^{\frac{-2i\pi 2p2x}{k}}U(0,p) \tag{2.41}$$

可以证明上式中的指数项 $\exp(-2i\pi^2 p^2 x/k)$ 的逆傅里叶变换为

$$F^{-1}\{\mathrm{e}^{\frac{-2i\pi 2p2x}{k}}\}(x,z)=\sqrt{\frac{1}{\lambda x}}\mathrm{e}^{\frac{-i\pi}{4}}\mathrm{e}^{\frac{ikz2}{2x}} \tag{2.42}$$

式中，λ 是波长。

通过扩展高斯函数 $\mathrm{e}^{-\alpha t^2}$ 的积分推导过程可得到上式，高斯函数中的 α 是正实数，而上述情况对应于 α 为一个非负实部的复数。若要变换回原场，我们得到卷积式如下

$$u(x,z)=\sqrt{\frac{1}{\lambda x}}\mathrm{e}^{-\frac{i\pi}{4}}\int_{-\infty}^{+\infty}u(0,z')\mathrm{e}^{\frac{ik(z-z')2}{2x}}\mathrm{d}z' \tag{2.43}$$

该式表明任意距离处的场完全由初始场 $u(0,z)$ 决定。对初始场 $u(0,z)$ 唯一的限制是不能违反 SPE 约束，也就是说，只能有窄角谱分量。

实际上，我们获得的闭合表达式解只是均匀介质中传播的特殊情况。一般情况下，PE 积分不得不通过数值方法进行求解，因此不可能直接得到任意距离处的场。与式（2.43）的闭合卷积式不同，式（2.41）的逆变换可表示为

$$u(x,z)=F^{-1}\{F\mathrm{e}^{\frac{-2i\pi 2p2x}{k}}(u(0,z))\} \tag{2.44}$$

该方程式提供了场的一种数值计算途径：对初始场 $u(0,z)$ 进行变换，乘以谱域传播算子，然后再逆傅里叶变换回来。快速傅里叶变换提供了高效率的数值实现，但是存在需采用适当滤波方法以防止混叠的缺陷，在第 8 章将详细研究这一问题。

2.4.3 平方根算子

对于真空中的传播情况，实际上可以直接利用傅里叶变换技术构造平方根算子 Q。为此，我们考虑在谱域中定义乘法算子 M 为

译者注：式（2.44）应为 $u(x,z)=F^{-1}\{\mathrm{e}^{\frac{-2i\pi 2p2x}{k}}F[u(0,z)]\}$。

$$MU(x,p)=\sqrt{1-\frac{4\pi^2p^2}{k^2}U(x,p)} \tag{2.45}$$

其中平方根为

$$\begin{cases}\sqrt{1-\frac{4\pi^2p^2}{k^2}} & 当\quad |p|\leqslant\frac{k}{2\pi}\\ i\sqrt{\frac{4\pi^2p^2}{k^2}-1} & 当\quad |p|>\frac{k}{2\pi}\end{cases} \tag{2.46}$$

这样我们定义平方根算子 Q 为

$$Qu=F^{-1}\{MFu\} \tag{2.47}$$

容易发现，算子 Q^2 对应于谱域中的乘积 M^2，这表明 Q 满足式（2.8）。根据 Q 的上述定义，式（2.9）的傅里叶变换是常微分方程

$$\frac{\partial U}{\partial x}+ik(1-M)U=0 \tag{2.48}$$

上式的解为

$$U(x,p)=U(0,p)\mathrm{e}^{ik(M-1)x} \tag{2.49}$$

这表明我们选择的平方根是前向传播的唯一可能解。最终解可表示为

$$u(x,p)=F^{-1}\{\mathrm{e}^{ik(M-1)x}Fu_0\} \tag{2.50}$$

式中，$u_0(z)=u(0,z)$是初始场。此时对 u_0 的角度谱并没有什么限制。当然，u_0 应该表示一种前向传播的电磁波。

近轴传播因子的逆傅里叶变换可用汉克尔函数表示为

$$F^{-1}\{\mathrm{e}^{ik(M-1)x}\}=\frac{ikx}{2\sqrt{x^2+z^2}}\mathrm{e}^{-ikx}H_1^{(1)}\left(k\sqrt{x^2+z^2}\right) \tag{2.51}$$

式中，$H_1^{(1)}$ 是一阶第一类汉克尔函数，附录 B 给出了证明。这样能获得类似式（2.43）的卷积表达式，在近轴框架中用来导出近场/远场变换（见附录 B）。

2.5　与菲涅耳－基尔霍夫绕射比较

为了解近轴框架的优缺点，值得探讨一下与菲涅耳－基尔霍夫绕射理论类似的内容[21,29,115]。考虑电磁波入射到零点距离放置半空间绕射屏的情况，如图 2.4 所示。

菲涅耳－基尔霍夫公式假定距绕射屏一定距离处的场，能够用近轴传播因子加权的平面波角谱的积分表示。事实上，这与抛物方程公式一致。

为简单起见，我们假设入射波是水平传播的平面波。无绕射屏时，PE 简化函数 u_i 可表示为

$$u_i(x,z)=1 \tag{2.52}$$

忽略边界电流效应，在零距离处，有

$$\begin{cases}u(0,z)=1 & \text{当}\quad z>0\\ u(0,z)=0 & \text{当}\quad z\leqslant 0\end{cases} \tag{2.53}$$

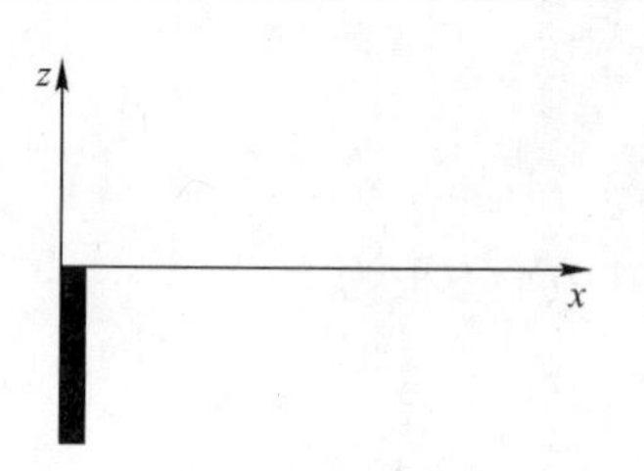

图 2.4　半空间理想导体屏的绕射

用上式代替卷积公式（2.43）中的平面波简化函数式，得到

$$u(x,z)=\sqrt{\frac{1}{\lambda x}}\mathrm{e}^{-\frac{i\pi}{4}}\int_0^{+\infty}\mathrm{e}^{\frac{ik(z-z')^2}{2x}}\mathrm{d}z' \tag{2.54}$$

通过改变积分变量，得

$$u(x,z)=\sqrt{\frac{1}{\lambda x}}\mathrm{e}^{-\frac{i\pi}{4}}\int_{-\infty}^{z}\mathrm{e}^{\frac{ikz'^2}{2x}}\mathrm{d}z' \tag{2.55}$$

根据菲涅尔积分

$$F(\nu)=\int_0^{\nu}\mathrm{e}^{\frac{i\pi}{2}\tau^2}\mathrm{d}\tau \tag{2.56}$$

场量可以表示为

$$u(x,z)=\frac{1}{2}+\frac{\sqrt{2}}{2}\mathrm{e}^{-\frac{i\pi}{4}}F(\nu) \tag{2.57}$$

其中，无量纲菲涅尔参数 ν 为

$$\nu=z\sqrt{\frac{1}{\lambda x}} \tag{2.58}$$

这显然就是著名的半空间屏菲涅尔绕射公式[21]。因为近轴近似公式忽略了边缘的后向散射效应，因此它与严格的 Sommerfeld 表达式有所不同[21]。特别是上式完全忽略了深度阴影区的极化效应。值得感兴趣的是，式（2.44）的傅里叶变换公式的一个有趣现象是提供了利用 FFT 计算菲涅尔积分的另一种途径。

上述分析可方便地普遍化到与水平面夹角为 α 的平面波传播上，只要夹角足够小，满足 SPE 的限制条件。若入射场不违反 SPE 的约束，同样可考虑任意入射场的情况。通过令 $z=0$ 处障碍屏的部分初始场为零，相似的分析可应用到任意形状障碍屏情况中。将这些想法推广到三维障碍屏，可得到光学问题的 PE 解[129]。

第 3 章 抛物方程算法

3.1 引言

从第 2 章中可知，真空中传播的抛物方程模型能够用傅里叶变换求解。当存在折射指数变化时，情况变得比较复杂，这时将不能直接采用傅里叶变换技术。3.2 节介绍了 Hardin 和 Tappert 提出的高效的 Split - step/Fourier 技术[56,149]，该技术把原始问题替换为相位屏序列的传播问题。本节从标准抛物方程开始讨论，限于窄角情况。

Split - step/Fourier 求解算法的数值实现，关键在于如何满足传播区域的顶部和底部边界条件。3.3 节假设底部边界为平面，讨论了边界位置场为零的情况。事实上这种简单的结构至关紧要，因为适用于非常重要的光滑海面上微波传播的情况，可通过离散正弦变换进行求解，第 9 章介绍了更一般的 Split - step/Fourier 方法。3.4 节介绍 Thomson 和 Chapman 引入的一种可以用 Split - step Fourier 实现的简单形式的宽角抛物方程近似。

因为数值高效性，Split - step/Fourier 方法极具吸引力，但是该方法在边界条件建模方面不太灵活。对于复杂的边界条件，最好采用有限差分法，主要以有限差分法构成第二类 PE 算法。最常用的有限差分 PE 方案是 SPE 的克兰克 - 尼科尔森法[79]，3.5 节将会介绍，本节也会简要讨论宽角 Claerbout 方程的克兰克 - 尼科尔森法实现过程[28]。第 12 章会更详细地描述 PE 方法的有限差分算法。本章中的最后一节涉及发射源的建模问题。

3.2 SPE 的 Split - step 公式

我们从式（2.21）给出的标准抛物方程开始。首先重写 SPE 为

$$\frac{\partial u}{\partial x}=\frac{ik}{2}\left\{\frac{1}{k^2}\frac{\partial^2}{\partial z^2}+(n^2(x,z)-1)\right\}u \tag{3.1}$$

上式看起来像是距离变量的普通微分方程，只是公式右端 u 的系数中存在 z 的微分算子。若我们对高度 z 直接运用傅里叶变换，最终会得到包括折射指数剖面的傅里叶变

换的卷积项，这就没希望得到一种简单解法。因此，我们必须找到单独考虑折射指数项影响的方法。

3.2.1　水平均匀

我们首先假设折射指数不依赖于距离 x，这样解在形式上可表示为

$$u(x+\Delta x,z)=\mathrm{e}^{\delta(A+B)}\cdot u(x,z) \tag{3.2}$$

式中的符号分别表示为

$$A=\frac{1}{k^2}\frac{\partial^2}{\partial z^2} \tag{3.3}$$

$$B=n^2(z)-1 \tag{3.4}$$

$$\delta=\frac{ik\Delta x}{2} \tag{3.5}$$

如果能够把指数中的两项分离，写成只包含 A 或 B 的因式相乘的形式，我们的目的就可以达到了。毫无疑问，算子 A 的影响能够用傅里叶变换有效地表示，而算子 B 的影响用简单的乘法就可表达。最简单的分离形式为

$$S_1=\mathrm{e}^{\delta B}\mathrm{e}^{\delta A} \tag{3.6}$$

上述分离方法对于非均匀介质并不严格，因为除非折射指数为常数，否则指数中的两项算子不可交换，即如果折射指数 n 依赖于高度 z，则

$$\frac{\partial^2\{(n^2-1)u\}}{\partial z^2}\neq(n^2-1)\frac{\partial^2 u}{\partial z^2} \tag{3.7}$$

现在若折射指数随高度的变化相对比较缓慢，则指数项分离带来的误差保持较小。更精确地，我们可以定义交换

$$[A,B]=AB-BA \tag{3.8}$$

根据 A 和 B 的定义，有

$$[A,B]=-\frac{1}{2k^2}\left(\frac{\partial^2 n^2}{\partial z^2}u+2\frac{\partial n^2}{\partial z}\frac{\partial u}{\partial z}\right) \tag{3.9}$$

分离引入的误差 E 是

$$E=\mathrm{e}^{\delta B}\mathrm{e}^{\delta A}-\mathrm{e}^{\delta(A+B)} \tag{3.10}$$

如果我们利用指数项的泰勒级数展开，则可把误差表示为 Δx 的级数。给出主要的误差项 ε 为

$$\varepsilon=\frac{k^2}{8}(\Delta x)^2[A,B] \tag{3.11}$$

由此可见，误差是距离步长的二次幂。从式（3.9）可知，误差也依赖于折射指数随高度的变化。

根据这种分离方式，在下一距离 $x+\Delta x$ 处的 Split - step 解为

$$u(x+\Delta x)=\mathrm{e}^{\delta B}\cdot\{\mathrm{e}^{\delta A}\cdot u(x,z)\}\tag{3.12}$$

我们可以把 Split - step 解看作以一系列相位屏形式向前传播的场，如图 3.1 所示。首先用指数项 A 表示场在均匀介质中的传播，然后用指数项 B 表示的折射指数变化调制相位屏。由于忽略了不可交换性，这种替代原问题的相位屏问题近似未考虑绕射效应（指数算子 A）和折射效应（指数算子 B）之间的耦合，相位屏垂直于轴方向。

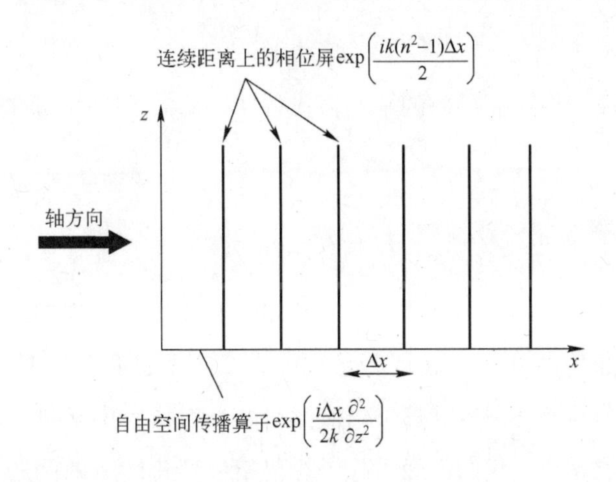

图 3.1　分步解得相位屏解释

前面采用的分离方法可能是最简单的，另一种分离方法可表示为

$$S_2=\mathrm{e}^{\frac{1}{2}\delta B}\mathrm{e}^{\delta A}\mathrm{e}^{\frac{1}{2}\delta B}\tag{3.13}$$

第二种方法的优点是可获得 Δx 三次幂量级的误差，当然一般需增加一些计算量[66]。在水下声传播中，声速的梯度可能比较大，这种改进就非常重要。对于无线电传播应用来说，折射指数梯度通常保持较小，式（3.12）中那种简洁的分离方法通常就足够了。

3.2.2　水平不均匀

若折射指数也依赖于距离，则折射指数算子必须重新定义为积分

$$B_x=\frac{1}{\Delta x}\int_x^{x+\Delta x}n(\xi,z)\,\mathrm{d}\xi\tag{3.14}$$

假设折射指数与距离是线性关系，用一系列距离点处的折射指数代替水平不均匀介

质，上式通常近似为

$$B = n\left(x + \frac{1}{2}\Delta x, z\right) \tag{3.15}$$

如果我们采用最简单的分离形式 S_1，则最终近似误差为

$$\begin{aligned} E &= e^{\delta A} e^{\delta B} - e^{\delta(A+B_x)} \\ &= e^{\delta A} e^{\delta B_x} - e^{\delta(A+B_x)} + e^{\delta A}(e^{\delta B} - e^{\delta B_x}) \end{aligned} \tag{3.16}$$

由于 $B-B_x$ 是距离步进的二次幂，因此上式中的最后一项是距离的三次幂，可忽略。主要的误差项为

$$\varepsilon = \frac{k^2}{8}(\Delta x)^2[A, B_x] \tag{3.17}$$

除了高度导数被一切片上导数的平均值代替外，交换子 $[A,B_x]$ 在形式上与式（3.9）相似。

3.2.3　算子实现

指数项算子 B 的影响通过直接乘上一个标量指数项即可体现。现在主要的困难在于如何构建便于计算的伪微分算子 A 的指数项。在 2.4 节，我们已经了解到真空中传播时，怎么利用傅里叶变换去进行计算，当然此时的折射指数为常数且不存在边界条件问题。通过分离原指数算子，我们已经去除了折射指数变化影响的问题，然而，我们仍然需要考虑边界条件的影响，因此，需要调整傅里叶变换方法以准确处理该情况。

3.3　Split - step 正弦变换解法

海上传播环境下雷达的覆盖计算是 PE 模型的重要应用之一。微波频段和小掠射角条件下，对于水平和垂直极化波，假设海面阻抗无穷大，这都是良好的近似。目前我们假设海面非常光滑，并且把海面看作平坦的分界面，坐标为 $z=0$。这意味着简化场 u 在海表面满足均匀 Dirichlet 边界条件

$$u(x,0) = 0 \quad x \geqslant 0 \tag{3.18}$$

对于电磁波向无穷远处的传播，通常边界条件是 Sommerfeld 辐射条件[37]。针对三维问题，可以按以下公式表示：若考虑一个场分量 ψ，对所有的单位矢量 $\vec{e}$ 一致有

$$\lim_{r\to\infty} r\left\{\frac{\partial\psi(r\vec{e})}{\partial\vec{e}} - ik\psi(r\vec{e})\right\} = 0 \tag{3.19}$$

从物理上讲，这实际上可解释为包含了边界体内所有的发射源。对于二维问题，Sommerfeld 辐射条件表示为

$$\lim_{r\to\infty}\sqrt{r}\left\{\frac{\partial\psi(r\vec{e})}{\partial\vec{e}}-ik\psi(r\vec{e})\right\}=0 \tag{3.20}$$

对所有的单位矢量 $\vec{e}$ 一致。根据上述定义：当半径 r 较大时，场量在球面（三维）或圆（二维）上的均值保持有界[37]。这里我们应该提出附加略强的条件，即要求简化函数 u 满足有限能量条件，即对所有 $x>0$，有

$$\int_0^{+\infty}|u(x,z)|^2\mathrm{d}z<\infty \tag{3.21}$$

为了使 SPE 的传播解满足式（3.18）和式（3.21）所要求的条件，适当的变换是以高度为参数的简化函数的傅里叶正弦变换 $\boldsymbol{S}$。其定义为

$$\boldsymbol{S}u(x,p)=U(x,p)=\int_0^{+\infty}u(x,z)\sin(2\pi pz)\mathrm{d}z \tag{3.22}$$

根据 $\boldsymbol{S}$ 的定义，逆变换 $\boldsymbol{S}^{-1}$ 等于 $4\boldsymbol{S}$。

根据前面章节的讨论可知，我们希望计算出绕射算子 $\exp(\delta B)$ 的影响。把序列 x_0，$x_0+\Delta x$ 间看作真空，我们考虑在该序列间传播的场 v，表示为

$$v(x,z)=\mathrm{e}^{\frac{i(x-x_0)}{2k}B}\cdot u(x_0,z) \tag{3.23}$$

根据边界条件，在每一距离步进序列，v 能量有限且 $z=0$ 处为零。也就是说，v 满足偏微分方程

$$\frac{\partial^2 v}{\partial z^2}+2ik\frac{\partial v}{\partial x}=0 \tag{3.24}$$

和边界条件 v 在 $z=0$ 处值为零，v 能量有限且 $v(x_0,z)=u(x_0,z)$。下面我们将要把 v 表示成用正弦变换 $\boldsymbol{S}$ 表达的形式。

利用分部积分法，由于 $v(x,0)=0$，可得 v 满足

$$\begin{aligned}\boldsymbol{S}\left\{\frac{\partial^2 v}{\partial z^2}\right\}(x,p)&=\int_0^{+\infty}\frac{\partial^2 v}{\partial z^2}(x,z)\sin(2\pi pz)\mathrm{d}z\\&=-2\pi p\int_0^{+\infty}\frac{\partial v}{\partial z}(x,z)\cos(2\pi pz)\mathrm{d}z\\&=2\pi pv(x,0)-4\pi^2p^2\int_0^{+\infty}v(x,z)\sin(2\pi pz)\mathrm{d}z\\&=-4\pi^2p^2\boldsymbol{S}v(x,p)\end{aligned} \tag{3.25}$$

译者注：式（3.22）中的 $\boldsymbol{S}u(x,p)$ 应为 $\boldsymbol{S}u(x,z)$；$\exp(\delta B)$ 应为 $\exp(\delta A)$；式（3.23）中的 B 应为 A。

也就是说，满足要求条件的式（3.24）的正弦变换为

$$-4\pi^2p^2V(x,p)+2ik\frac{\partial V}{\partial x}(x,p)=0 \tag{3.26}$$

式中，V 表示 v 的正弦变换。根据条件 $v(x_0,z)=u(x_0,z)$，有

$$V(x,p)=\mathrm{e}^{-\frac{i}{2k}\pi^2p^2(x-x_0)}U(x_0,p) \tag{3.27}$$

因此，唯一可能的解为

$$v(x,z)=4\int_0^{+\infty}\mathrm{e}^{-\frac{i}{2k}\pi^2p^2(x-x_0)}U(x_0,p)\sin(2\pi pz)\,\mathrm{d}p \tag{3.28}$$

由 v 的定义知 v 在 $z=0$ 时等于零，并且根据 Parseval 定理[146]，对于所有的距离 $x\geqslant x_0$，我们有

$$\int_0^{+\infty}|v(x,z)|^2\mathrm{d}z=2\int_0^{+\infty}|U(x_0,p)|^2\mathrm{d}p=\int_0^{+\infty}|u(x_0,z)|^2\mathrm{d}z<\infty \tag{3.29}$$

因此 v 能量有限。

从式（3.28）的推导可发现两个有意义的性质：第一，式（3.28）给出的解是唯一的（我们在附录 B 中给出了更一般分界面条件的唯一性证明）；第二，式（3.29）表明，在绕射步进过程中能量守恒。如果折射指数是实数，则相位屏调制的模为 1，因此传播过程中 Split - step 解保持能量守恒。这与我们假设大气/地面分界处发生全反射情况相一致。

现在我们得到了 SPE 的完整 Split - step 正弦变换解

$$u(x+\Delta x,z)=\mathrm{e}^{\frac{ik(n2-1)\Delta x}{2}}\boldsymbol{S}^{-1}\{\mathrm{e}^{\frac{-i\pi2p2\Delta x}{2k}}\boldsymbol{S}u(x,z)\} \tag{3.30}$$

我们可以注意到，倘若折射指数是实数，由于此时折射指数项模为 1，Split - step 正弦变换解保持能量守恒。如果是有耗介质，随着场的传播，能量减少（见 6.6 节）。

很明显，解的数值实现需要离散化。这样我们立即能够想到可利用离散傅里叶变换实现 Split - step 正弦变换解。那么，主要的困难则在于无限高度区域的截断。我们暂时先不讨论域截断问题，而是讨论一个简单的波导问题，以获得一些稍微不同的看法。

3.3.1 波导：离散正弦变换解

在进行式（3.30）的离散化之前，我们首先考虑如图 3.2 所示的波导问题。积分域在两条水平线 $z=0$ 和 $z=z_{\max}$ 之间，边界条件为

译者注：式（3.27）、式（3.28）、式（3.30）中的 $\frac{i}{2k}$ 应为 $\frac{2i}{k}$。

$$u(x,0)=u(x,z_{\max})=0 \quad x\geqslant 0 \tag{3.31}$$

在积分域内，折射指数可能随距离和高度而变化。前述章节中的连续正弦变换不太适用于该问题，因为与区域上边界条件不匹配。对于波导问题最好的办法是在高度 Z 离散化 PE，以采用离散正弦变换，且匹配积分域的上部和下部边界条件。

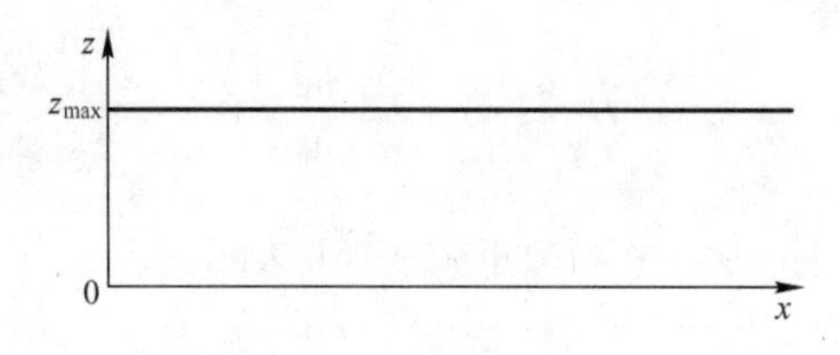

图 3.2　波导问题

我们选择的高度间隔为 Δz，使存在整数 L，满足 $z_{\max}=L\Delta z$。用$\tilde{u}(x)=(u_1(x),\cdots,u_{L-1}(x))$表示 u 的离散化形式，其中符号

$$u_j(x)=u(x,j\Delta z) \tag{3.32}$$

我们可以把对 z 的二阶偏导数用常见的有限差分表示式近似表示为

$$\frac{\partial^2 u}{\partial z^2}(x,z)=\frac{u(x,z+\Delta z)+u(x,z-\Delta z)-2u(x,z)}{\Delta z^2}=w(x,z) \tag{3.33}$$

令 D^2 为相应的离散化算子，表示为 $D^2\tilde{u}=\tilde{w}$，其中

$$w_1(x)=\frac{u_2(x)-2u_1(x)}{\Delta z^2}$$

$$w_j(x)=\frac{u_{j+1}(x)+u_{j-1}(x)-2u_j(x)}{\Delta z^2},\quad j=2,\cdots,L-2 \tag{3.34}$$

$$w_{L-1}(x)=\frac{u_{L-2}(x)-2u_{L-1}(x)}{\Delta z^2}$$

易知，上式确实是在点 Δz 和$(L-1)\Delta z$ 之间正确的二阶偏导数离散化形式，因为 u 满足波导边界条件

$$u(x,0)=u(x,L\Delta z)=0 \quad 所有\ x \tag{3.35}$$

我们还需要根据点数 L 离散化正弦变换 $\boldsymbol{S}$。对于点数为 $L-1$ 的矢量$\tilde{u}(x)=(u_1(x),\cdots,u_{L-1}(x))$，$\boldsymbol{S}\tilde{u}=\widetilde{U}$为

$$U_l=\sqrt{\frac{2}{L}}\sum_{j=1}^{L-1}u_j\sin\left(\frac{\pi jl}{L}\right),\quad j=1,\cdots,L-1 \tag{3.36}$$

如果 L 是 2 的整数幂，利用 $L/2$ 点的快速傅里叶变换能够非常快地实现离散正弦变

换[39,130]。根据我们的归一化方式，离散正弦变换的逆变换与正变换相同，并且保持内积范数恒定。有

$$\sum_{l=1}^{L-1} |U_l|^2 = \sum_{j=1}^{L-1} |u_j|^2 \tag{3.37}$$

式（3.24）的离散化形式为

$$D^2 \tilde{u}(x) + 2ik \frac{\partial \tilde{u}}{\partial x} = 0 \tag{3.38}$$

重新整理各项，我们把 $D^2 \tilde{u}$的离散正弦变换$\widetilde{W}$表示为

$$W_l = -4 \sin^2\left(\frac{\pi l}{2L}\right) U_l, \quad l = 1, \cdots, L-1 \tag{3.39}$$

因此，我们可以直接将式（3.38）的离散变换表示为

$$\frac{\partial U_l}{\partial x} = -\frac{2i}{k}\sin^2\left(\frac{\pi l}{2L}\right) U_l, \quad l = 1, \cdots, L-1 \tag{3.40}$$

给出解为

$$\widetilde{U}(x + \Delta x) = \widetilde{P}\widetilde{U}(x) \tag{3.41}$$

其中传播算子$\widetilde{P}$定义为

$$\widetilde{P} = \exp\left(-\frac{2i\Delta x}{k}\sin^2\left(\frac{\pi l}{2L}\right)\right), \quad k = 1, \cdots, L-1 \tag{3.42}$$

返回到空域，我们得到完整的 PE 离散正弦变换步进解为

$$\tilde{u}(x + \Delta x) = \mathrm{e}^{\frac{ik(n^2-1)\Delta x}{2}} \boldsymbol{S}\{\widetilde{P}\boldsymbol{S}\{\tilde{u}(x)\}\} \tag{3.43}$$

同样可注意到这里的解是唯一确定的，且如果折射指数是实数，则具有离散形式能量守恒的属性。解的精度与高度二阶导数的离散化有关。

3.3.2 无限边界问题的离散

我们希望连接起来离散和连续变换，期待某种程度上 $\boldsymbol{S}$ 可以近似为 S。假设在高度 $(L-1/2)\Delta z$ 以上，u 的能量可以忽略，因此，我们可以在该高度上截断计算区域，表示为 $U = \boldsymbol{S}u$。由于 u 在 $z=0$ 时为零，则有

$$\begin{aligned} U(x,p) = & \int_0^{\Delta z} u(x,z)\sin(2\pi pz)\,\mathrm{d}z + \\ & \sum_{j=1}^{L-1} \int_{(j-1/2)\Delta z}^{(j+1/2)\Delta z} u(x,z)\sin(2\pi pz)\,\mathrm{d}z \end{aligned} \tag{3.44}$$

这样离散化后的积分可表示为

$$U(x,p) \sim \Delta z \sum_{j=1}^{L-1} u(x,z)\sin(2\pi pj\Delta z) \tag{3.45}$$

我们使

$$\Delta p = \frac{1}{2L\Delta z} \tag{3.46}$$

且与前面一致，利用符号$\tilde{u}(x)$表示$u(x)$的高度离散形式，则正弦变换的离散形式可以表示为

$$U(x,l\Delta p) \sim \sqrt{\frac{L}{2}}\Delta z U_l(x), \quad l=1,\cdots,L-1 \tag{3.47}$$

式中，$\tilde{U}(x)=(U_1(x),\cdots,U_{L-1}(x))$是$\tilde{u}(x)$的离散正弦变换。也就是说，考虑归一化因子后，我们已经把连续正弦变换近似成离散正弦变换。

我们在谱域采用相同的方法，假设在高于$(L-1/2)\Delta p$处，$U(x,p)$的能量可以忽略，那么我们构造U的角度离散形式$\tilde{U}$。逆正弦变换的连续和离散形式关系为

$$u(x,j\Delta z) \sim 4\sqrt{\frac{L}{2}}\Delta p u_j(x), \quad j=1,\cdots,L-1 \tag{3.48}$$

利用Δp的定义式（3.46），简化归一化项，我们获得PE步进求解的离散正弦变换形式为

$$\tilde{u}(x+\Delta x) = \mathrm{e}^{\frac{ik(n2-1)\Delta x}{2}} S\{\tilde{P}' S\{\tilde{u}(x)\}\} \tag{3.49}$$

该解与波导解形式相似，只是传播项$\tilde{P}'$为

$$\tilde{P}'_l = \exp\left(-\frac{i\pi^2 l^2 \Delta x}{2kL^2}\right), \quad l=1,\cdots,L-1 \tag{3.50}$$

如果比较无限边界问题和波导问题的离散形式，可以看到，对于小角度，对应于小的l/L比值，传播项是等价的，但是对于大角度，它们存在很大的差别。原因在于这两种方法实际上求解的是两种非常不同的问题。在波导情况下，区域顶部的零边界条件是描述问题的一部分，而对于无限区域，我们不得不在每一步进强加一个人工边界条件，允许在有限高度上进行域截断。

3.3.3　抽样和域截断

我们现在来看对连续问题离散化所带来的误差。显然，利用离散正弦变换近似连续正弦变换，引入的误差与L和Δz的选择［两者自动确定Δp，见式（3.46）］有关。我

们必须确保连续函数在空间 z 域和频谱 p 域内均被正确表示。首先考虑谱域的要求，我们回想到频谱 p 域对应于场的垂直角度谱。采用傅里叶正弦变换而不完全是傅里叶变换，只是为了便于表示理想导体边界条件。实际上，可以写为

$$u(x,z)=\frac{1}{2i}\int_0^{+\infty}U(x,p)\left(e^{2i\pi pz}-e^{-2i\pi pz}\right)dp \tag{3.51}$$

上式表明了任意距离处 u 的垂直角谱是 p 的奇函数的事实。根据第 2 章中的推导，我们有

$$\lambda p=\sin\alpha \tag{3.52}$$

式中，λ 是波长；α 是与水平方向的传播角。我们看到，对 $p\geqslant L\Delta p$，若 $U(x,p)=0$，可认为实际每一距离上，u 的非零垂直平面波分解分量应该满足奈奎斯特条件

$$\sin\alpha\leqslant\lambda L\Delta p=\frac{\lambda}{2\Delta z} \tag{3.53}$$

实际上，满足该条件并不容易。为了避免混叠现象，采用高角度滤波会比较安全。该情况下，因为滤波范围内的角分量会被改变，则式（3.53）给出的不等式不够严格。为简单起见，我们假设只在区域的上半部采用滤波，这样必须有

$$\sin2\alpha_{\max}\leqslant\lambda L\Delta p=\frac{\lambda}{2\Delta z} \tag{3.54}$$

式中，$\alpha_{\max}$是所表示的未失真的参考水平方向的最大传播角。假设角度较小，则高度分辨率为

$$\Delta z\leqslant\frac{\lambda}{4\sin(\alpha_{\max})} \tag{3.55}$$

然后根据区域高度确定变换点数 L。至于谱域，实际上很难确定哪个高度以上的能量可被忽略。如果不采用滤波，该高度有可能非常大，造成计算时间超过长度限制。考虑用感兴趣的高度 H 代替最大高度更为现实。为保证没有能量从高度 H 上反射回计算区域，必须采用一些预防措施。一旦确定 H，我们必须增大区域到高度 H 以上，并对增加的上层区域运用滤波，以避免上部区域的欺骗性反射。如果我们假设该吸收层占据区域的上半部分，则必须满足

$$L\geqslant2\,\frac{H}{\Delta z} \tag{3.56}$$

显然，通过利用更有效的滤波器，可以减弱该条件的要求。8.2 节描述了常用的滤波器。

3.4　宽角步进算法

在第 12 章，我们将会看到，对于任意大角度，都有可能确定有限差分方案。而对于分步傅里叶方法，情况却不是这样，因为需要分裂开折射指数效应和绕射传播算子部分。然而 Feit 和 Fleck[48] 建议的分裂算子提供了一种无线电传播应用的良好近似。这基于近似

$$\sqrt{1+a+b} \sim \sqrt{1+a}+\sqrt{1+b}-1 \tag{3.57}$$

误差的量级是 $|ab|$。重新考虑算子 Q，我们写作

$$Q=\sqrt{1+A+B} \tag{3.58}$$

其中 A 和 B 的定义见 3.2 节。Feit 和 Fleck 近似给出

$$Q=\sqrt{1+A}+\sqrt{1+B}-1 \tag{3.59}$$

误差量级是耦合项 AB。真空中，表达式（3.59）是精确的。为了评估误差，我们根据文献［153］，并考虑 $n=1+\delta n$ 的均匀介质。利用傅里叶变换，我们可精确计算各种伪微分算子。采用符号

$$Q_1=1+\frac{A}{2}+\frac{B}{2} \tag{3.60}$$

$$Q_2=\sqrt{1+A}+\sqrt{1+B}-1 \tag{3.61}$$

分别表示 Q 的窄角和宽角近似。根据第 2 章中定义的关于 z 的傅里叶变换，Q、Q_1 和 Q_2 的影响分别表示为

$$\widehat{Q}(p)=\sqrt{1+\delta n-\frac{4\pi^2p^2}{k^2}} \tag{3.62}$$

$$\widehat{Q}_1(p)=1+\frac{\delta n}{2}-\frac{2\pi^2p^2}{k^2} \tag{3.63}$$

$$\widehat{Q}_2(p)=1+\delta n+\sqrt{1-\frac{4\pi^2p^2}{k^2}} \tag{3.64}$$

利用泰勒展开，我们得到下面的误差界

$$\varepsilon_1(p)=|\widehat{Q}_1(p)-\widehat{Q}(p)|\leqslant\frac{1}{8}\left[\frac{4\pi^2p^2}{k^2}+\delta n\right]^2 \tag{3.65}$$

$$\varepsilon_2(p)=|\widehat{Q}_2(p)-\widehat{Q}(p)|\leqslant\frac{\pi^2p^2}{k^2}\delta n \tag{3.66}$$

回想到傅里叶变量 p 对应于以下形式的平面波分量

$$\psi(x,z)=\exp[ik(x\cos\alpha+z\sin\alpha)] \tag{3.67}$$

式中

$$2\pi p=k\sin\alpha \tag{3.68}$$

我们看到，窄角误差界的量级是 $(\sin^2\alpha+\delta n)^2$，而宽角误差界的量级是 $\delta n\ \sin^2\alpha$。图3.3所示为当 $\delta n=0.001$ 时，误差函数结果随角度的变化情况。为了解得更为清楚，我们注意到地球表面大气折射指数的极大值约为1.0004[16]，因此低高度内的变化远小于上面假设的 δn。在大高度上，变动的主要因素是为得到平坦地球，采用共形变换所引入的高度指数项（见第6章），但在几千米高度内，变化同样保持在不超过0.001。相比之下，水下声呐问题中的声速变化可能非常大，即使宽角近似，也可能会引起显著的相位误差[153]。

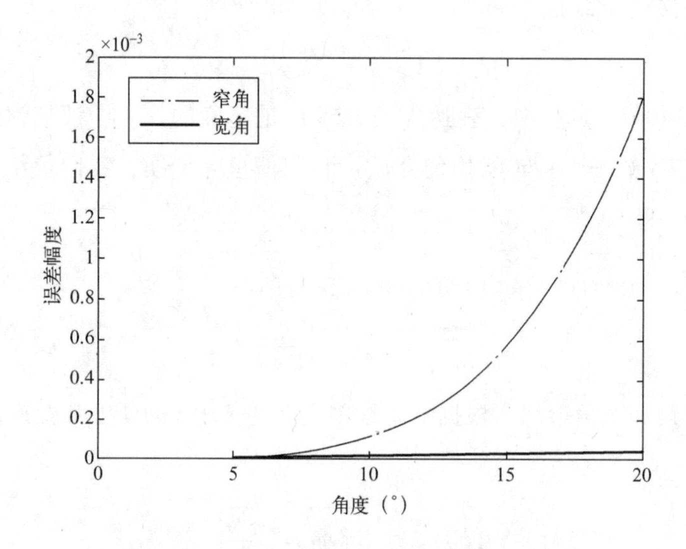

图3.3　$\delta n=0.001$ 时算子 Q 随角度变化的误差函数

式（3.59）给出的宽角PE形式的最大优点是，它可通过分步傅里叶方法求解，就像窄角情况一样。该宽角PE的简化场函数 u 为

$$\frac{\partial u}{\partial x}=ik\left(\sqrt{1+\frac{1}{k^2}\frac{\partial^2}{\partial z^2}}-1\right)u+ik(n-1)u \tag{3.69}$$

依次考虑折射和绕射项求解，可获得步进解。如果采用最简单的分裂方法，得到解的形式为

$$u(x+\Delta x,z)=\mathrm{e}^{ik\Delta x\left(\sqrt{1+\frac{1}{k^2}\frac{\partial^2}{\partial z^2}}-1\right)}\mathrm{e}^{ik(n-1)\Delta x}u(x,z) \tag{3.70}$$

在前面章节中，我们了解到在真空中传播时如何用傅里叶变换解释宽角伪微分算子。对于平面理想导体边界，我们易于采用 3.3 节中的正弦变换方法，只需简单地用宽角算子代替窄角算子

$$P_w(p) = \exp\left\{ik\Delta x\left(\sqrt{1+\frac{\pi^2 p^2}{k^2}}-1\right)\right\} \tag{3.71}$$

该式中采用的是非负数平方根的虚部。我们注意到在这种情况下，因存在倏逝波，场的能量随距离缓慢衰减。真空中，宽角 PE 是最优的，因为从波动方程得到原始的抛物方程没有进行任何近似，而窄角近似会使大角度波束部分失真[76]。

3.5　有限差分法

本节中我们讨论 PE 的有限差分算法。这里将要介绍的实现方法是基于 Crank – Nicolson 类型的隐有限差分方案，该方法能够模拟任意边界。它是水下声音传播实现技术的变通方法，一个极好的阐述可以参考文献［79］。

我们假设底部边界是水平方向，位于 $z=0$。我们从积分网格的定义开始，网格在垂直方向是固定的，距离方向则不然，因此可以调整以适应地形变化。令

$$z_j = j\Delta z,\quad j=0,N \tag{3.72}$$

是垂直网格点，并令 $x_0,\cdots,x_m,\cdots$是连续的距离。为了求解时从距离 x_{m-1}前进到距离 x_m，我们考虑中间点

$$\xi_m = \frac{x_{m-1}+x_m}{2} \tag{3.73}$$

求解的基本思路是只利用邻近矩形顶角的函数 u 值，再把点(ξ_m,z_j)的偏导数表示为有限差分形式，如图 3.4 所示。

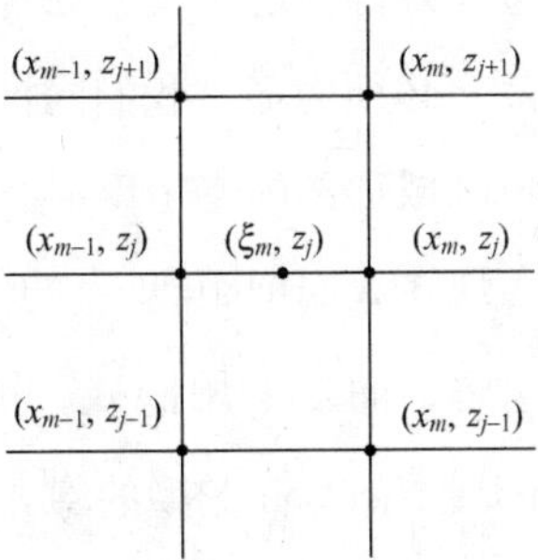

图 3.4　Crank – Nicolson 方案的有限差分网格

距离偏导数的中心差分近似为

$$\frac{\partial u}{\partial x}(\xi_m,z_j) = \frac{u(x_m,z_j)-u(x_{m-1},z_j)}{\Delta x_m} \tag{3.74}$$

其中

$$\Delta x_m = x_m - x_{m-1} \tag{3.75}$$

利用泰勒展开，可验证采用该近似，所引入的误差量级是$(\Delta x_m)^2$。

关于高度二阶导数的中心差分近似为

$$\frac{\partial^2 u}{\partial z^2}(\xi_m, z_j) \sim \frac{u(\xi_{m,} z_{j+1}) + u(\xi_{m,} z_{j-1}) - 2u(\xi_{m,} z_j)}{\Delta z^2} \tag{3.76}$$

此时误差量级是$(\Delta z)^4$。我们注意到，只有涉及的所有点均位于整个区域内时，该式才有意义，这意味着j不能为0或N。为了得到完整的方程组，需要另外结合边界条件的表示式。

3.5.1　窄角情况

现在我们根据SPE，联合式（3.74）和式（3.76），得到

$$\frac{u(\xi_{m,} z_{j+1}) + u(\xi_{m,} z_{j-1}) - 2u(\xi_{m,} z_j)}{\Delta z^2} + 2ik\frac{u(x_{m,} z_j) - u(x_{m-1}, z_j)}{\Delta x_m} + k^2(n^2(\xi_{m,} z_j) - 1)u(\xi_{m,} z_j) = 0 \tag{3.77}$$

最后一步是根据距离x_{m-1}和x_m的值进行平均来近似距离ξ_m处的值。令

$$u_j^m = u(x_m, z_j) \tag{3.78}$$

$$b = 4ik\frac{\Delta z^2}{\Delta x} \tag{3.79}$$

$$a_j^m = k^2(n^2(\xi_{m,} z_j) - 1)\Delta z^2 \tag{3.80}$$

这样有

$$u_j^m(-2 + b + a_j^m) + u_{j+1}^m + u_{j-1}^m = u_j^{m-1}(2 + b - a_j^m) - u_{j+1}^{m-1} + u_{j-1}^{m-1} \tag{3.81}$$

式中，$j = 1, \cdots, N-1$。这提供了$N-1$个方程。为了获得完整的方程组，我们需要考虑方程在区域顶部和底部的情况。从接下来的章节可以看到，有限差分法能够很灵活地处理边界条件。这里我们处理最简单的情况。由于我们假定了理想导体地面，所以在区域底部u必须为零。我们同样暂时使$u(x, z_N) = 0$，利用在正弦变换模型中添加吸收层，以避免区域顶部的寄生反射。

现在我们把距离x_m的值用线性系统形式表示为距离x_{m-1}处值的函数。没有用显式给出解，而是采用隐式，因为我们必须进行矩阵求逆，以获得距离x_m的解u。采用Crank - Nicolson类型的隐式方案[145]，用矩阵形式表示为

$$\boldsymbol{A}_m \boldsymbol{U}_m = \boldsymbol{V}_m \tag{3.82}$$

式中，$\boldsymbol{U}_m$是距离x_m处的场矢量

$$U_m = \begin{pmatrix} u_0^m \\ \vdots \\ u_N^m \end{pmatrix} \tag{3.83}$$

A_m 是三对角线矩阵

$$A_m = \begin{pmatrix} 1 & 0 & 0 & 0 & 0 & \cdots & 0 & 0 \\ 1 & \alpha_1^m & 1 & 0 & 0 & \cdots & 0 & 0 \\ 0 & 1 & \alpha_2^m & 1 & 0 & \cdots & 0 & 0 \\ \vdots & & & & & & & \vdots \\ 0 & \cdots & & & 0 & 1 & \alpha_{N-1}^m & 1 \\ 0 & \cdots & & & & 0 & 0 & 1 \end{pmatrix} \tag{3.84}$$

其中

$$\alpha_j^m = -2 + b + a_j^m \tag{3.85}$$

右端的 V_m 可以通过前一距离的场 U_{m-1}乘上矩阵得到

$$V_m = \begin{pmatrix} 1 & 0 & 0 & 0 & 0 & \cdots & 0 & 0 \\ 1 & \beta_1^m & 1 & 0 & 0 & \cdots & 0 & 0 \\ 0 & 1 & \beta_2^m & 1 & 0 & \cdots & 0 & 0 \\ \vdots & & & & & & & \vdots \\ 0 & \cdots & & & 0 & 1 & \beta_{N-1}^m & 1 \\ 0 & \cdots & & & & 0 & 0 & 1 \end{pmatrix} U_{m-1} \tag{3.86}$$

式中

$$\beta_j^m = -2 + b - a_j^m, \quad j = 1, \cdots, N-1 \tag{3.87}$$

由于矩阵 A_m 是三对角线矩阵，因此只要 A_m 非奇异，求逆可以直接采用高斯消去法。接下来为简单起见，我们忽略索引 m。第一轮，利用前向循环，消去下部的子对角线

$$\begin{aligned} \Gamma_0 &= \frac{v_0}{\alpha_0} \\ \Gamma_j &= \frac{V_j - \Gamma_{j-1}}{\alpha_j}, \quad j = 1, \cdots, N \end{aligned} \tag{3.88}$$

通过向后循环，消去上部的子对角线，则解为

$$U_N = \Gamma_N$$
$$U_j = \Gamma_j - \frac{U_{j+1}}{\alpha_j}, \quad j = N-1, \cdots, 0 \tag{3.89}$$

操作次数的量级为 N。在第 12 章将会看到，Crank – Nicolson 具有良好的数值特性。

3.5.2　Claerbout 近似

如同 SPE，第 2 章中提到的 Claerbout 近似可以毫不困难地直接采用有限差分法实现。Claerbout 方程可写为

$$\left(1 + \frac{Z}{4}\right)\frac{\partial u}{\partial x} = ik\frac{Z}{2}u \tag{3.90}$$

与前面一样，我们在点$(\xi_{m,} z_j)$用有限差分表示该式，得到方程组

$$u_j^m(-2 + b' + a_j^m) + u_{j+1}^m + u_{j-1}^m = \{u_j^{m-1}(-2 + b' + a_j^m) + u_{j+1}^{m-1} + u_{j-1}^{m-1}\} \tag{3.91}$$

式中，$j = 1, \cdots, N-1$，a_j^m 与前面的一样，而

$$c = \frac{1 - ik\Delta x}{1 + ik\Delta x} \tag{3.92}$$

$$b = \frac{(4k^2\Delta z)^2}{1 + ik\Delta x} \tag{3.93}$$

矩阵同样为三对角线矩阵，这样也就可以按前面的步骤求解了。

3.6　发射源模型

我们了解到，必须从垂直初始场开始计算积分。在很多传播问题中，发射源假设在零距离处，且常常不是直接知道孔径场，而是通过远场天线波束形式定义发射源。联系孔径场和波束形式的近场/远场变换提供了一种计算初始场的便利方法。对于 SPE 情况，自由空间中的孔径场 u_{fs} 是

$$u_{fs} = \sqrt{2\pi}\int_{-\infty}^{\infty} B(\lambda p)\,\mathrm{e}^{2i\pi pz}\,\mathrm{d}p \tag{3.94}$$

式中，$B(\theta)$是以仰角 θ 的函数表示的自由空间波束形式，我们假设对于仰角大于几度（这种窄波束近似与窄角 SPE 相一致）时，B 等于零。具体的推导可参见附录 B。采用快速傅里叶变换能够很方便地进行数值实现。

给出的波束形式往往假设发射源高度为零，仰角为零。为调整以适用于任意发射源

高度和仰角，我们利用傅里叶移位定理。用 B_0 表示零高度和仰角时的波束形式，把发射源移到高度 z_s 对应于 B_0 乘上 $\exp(2i\pi z_s)$，而以仰角 θ_0 倾斜的波束则对应于孔径场乘以 $\exp(-2i\pi\theta_0)$。

经常用到高斯波束形式的原因：除了有良好的数学特性外，高斯型波束还可以很好地表示抛物面天线。对于零高度和仰角，半功率波束宽度为 β 的高斯型波束为

$$B(\theta) = A\exp\left(-2\log 2\,\frac{\theta^2}{\beta^2}\right) \tag{3.95}$$

式中，A 是归一化常数。在角度 $\pm\beta/2$，波束形式满足半功率条件，因为

$$B\left(\frac{\beta}{2}\right) = 1 \tag{3.96}$$

这种情况下，可以明确地获得傅里叶变换。对于高度为 z_s，仰角为 θ_0，半功率波束宽度为 β 的高斯型波束发射源，其孔径场为

$$u_{fs}(0,z) = A\,\frac{k\beta}{2\sqrt{2\pi\log 2}}\exp(-ik\theta_0 z)\exp\left(-\frac{\beta^2}{8\log 2}k^2(z-z_s)^2\right) \tag{3.97}$$

在第 6 章中，我们将会看到如何联系 A 和路径损耗，在无线电传播问题中通常需考虑路径损耗值。

利用镜像理论，上述的讨论易于应用于理想反射地面情况。孔径场的表达式则为

$$\begin{aligned} u(0,z) &= u_{fs}(0,z) - u_{fs}(0,-z) \\ &= 2i\sqrt{2\pi}\int_0^{\infty}\{B(\lambda p) - B(-\lambda p)\}\sin(2\pi pz)\,\mathrm{d}p \end{aligned} \tag{3.98}$$

对于宽角形式的抛物方程，必须采用更精确的近场/远场变换（见附录 B）。

第 4 章　对流层无线电传播

4.1　引言

抛物方程技术的主要应用之一是计算对流层中的无线电覆盖区域。为了得到适合对流层无线电传播的标量抛物方程，需要对麦克斯韦方程进行一定的近似。4.2 节中，我们给出关于无线电气象基本概念的简要概述，更详细的内容可参考文献［16,55］。4.3 节推导了水平和垂直极化电磁波的标量波动方程。接下来是选择如何能够简化表示地球表面结构的坐标系，这正是 4.4 节中推导地球平坦化变换的目的。

我们总结了几种与二维标量波动方程相关的无线电传播问题类型，4.5 节概述了不同的构架。4.6 节介绍对流层传播，建立水平和垂直极化波在对流层中传播的抛物方程。最后，在 4.7 节中我们考虑 PE 场的归一化，以及初始场和远场天线方向图的关系。

4.2　无线电折射指数

对于无线电频段（100GHz 以下），对流层传播主要受氧气和水汽分子的影响。作为一种很好的近似，无线电频段范围内，空气可认为是非色散介质。由 Debye 公式给出的无线电折射指数实部为

$$n = 1 + 77.6 \times 10^{-6}\frac{P}{T} + 0.373\frac{e}{T^2} \tag{4.1}$$

式中，P 是大气压（毫巴）；T 是气温（绝对温度）；e 是水汽压（毫巴）。

大气折射指数总是非常接近于单位 1。地表高度处 n 最大，但也很少会超过大约 1.0004。习惯上采用折射率 N，其定义为

$$N = 10^{-6} \times (n - 1) \tag{4.2}$$

折射率用 N-单位表示。

对于充分混合的大气，在地球表面以上，气压、气温和湿度按高度的指数函数递

减。N 的指数模型形式为

$$N(z) = N_0 \times \exp(-z/h_0) \tag{4.3}$$

式中，N_0 是海拔高度处的折射率值；h_0 是对应高度值。

国际电信联盟定义了参考大气[63]，为

$$N(z) = 315 \times \exp(-0.136z) \tag{4.4}$$

式中，z 的单位是 km。

在高度低于 1km 左右的底层区域内，指数折射率剖面常常用线性剖面近似。对于国际电联定义的参考大气，最低 1km 的平均大气梯度是 -40N-单位/km，线性近似则为

$$N(z) = N_0 - 40z \tag{4.5}$$

式中，N_0 是表面折射率值；z 的单位是 km。

-40N-单位/km 是平均梯度值，代表中纬度区域气候。根据当地温度和湿度的不同，充分混合大气的低高度梯度有可能在很大范围内变化[55]。

大气的混合基于气象条件，而形成层结却也并不罕见，若热的干燥气团从陆地平流输送到海上冷湿气团之上，如图 4.1 所示，折射指数则会非常急剧地减小，能够发生大气波导。

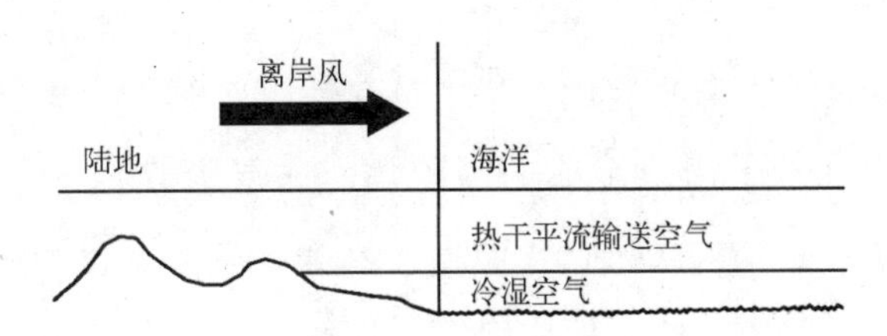

图 4.1　因陆/海平流形成的大气层结

为了解折射传播效应，我们假设一个折射率梯度常数 α，单位是 N-单位/km。利用几何光学，考虑沿水平方向发射的无线电传播射线轨迹，如图 4.2 所示。根据 Bouguer 定律[27]，传播轨迹近似为一个大圆弧，曲率 κ 为

$$\kappa = -\alpha\, 10^{-6}\text{km}^{-1} \tag{4.6}$$

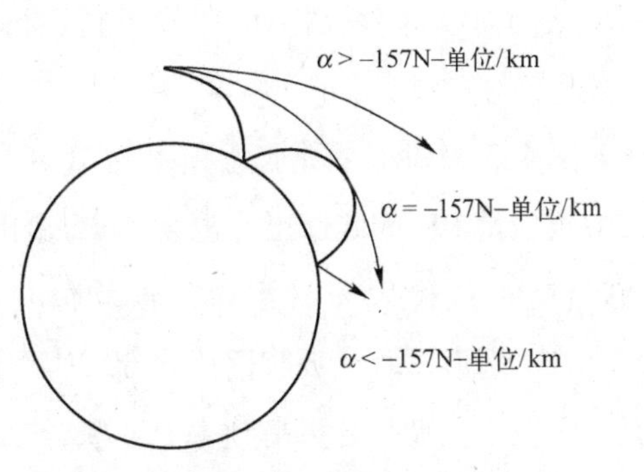

图 4.2　射线弯曲和折射梯度 α

为了确定一条射线是要折射返回地面还是远离地面传播，我们对射线曲率和地球曲率 κ_0 进行比较。用 a 表示地球半径，单位是 km，则

$$\kappa_0 = -\frac{1}{a} \sim 157 \times 10^{-6}\mathrm{km}^{-1} \tag{4.7}$$

因此，使射线朝向地球弯曲的折射率梯度临界值为 $\alpha_0 = -157$N-单位/km。如果地表面是良好的反射体，当 $\alpha < \alpha_0$ 时，会形成波导传播，即射线在波导内上下反射向前传播。对良好混合的标准大气，对应于 $\alpha_0 = -40$N-单位/km，射线向下弯曲，但是没有地球表面弯曲那么快。在光学频段，可忽略大气折射，这对应于 $\alpha_0 = 0$ 的情况，射线沿直线传播。良好混合标准大气条件下，无线电视距总是大于光学视距。随着 α 减小至接近于 α_0，无线电视距变得越来越远。当 $\alpha_0 < \alpha < -80$N-单位/km，称为超折射条件。如果 α 是正数，称为欠折射条件，射线向上弯曲，无线电视距小于光学视距。

应该记住的最重要的关键点之一是：在所关心频段上，即使存在非常强的大气层结，实际大气无线电折射指数实部总是保持非常接近于1。这样在选择波动方程的合理化抛物型近似时，排除了一些困难：显然选择真空中波数作为参考波数，就可获得良好的运行效果。在其他一些传播问题中，如水下声传播，海洋密度、盐度和温度的变化能够使声速产生很大的变化，难以直接确定最优的参考波数[66]。

大气吸收

大气分子能够吸收无线电波能量，特别是在特定频率上。大气的主要吸收媒质是氧气和水汽，它们均有若干谱线组成的吸收谱。大气吸收是一种复杂的量子谐振现象，再考虑低空碰撞效应，大气吸收变得更为复杂。给定谱线不仅在其中心频率，而且在整个频率间隔都会产生一些效应。通常可用经验的形态函数描述吸收谱，采用类似于 MPM[97] 的谱模型，根据气压、温度和湿度来计算折射指数的吸收组成部分。MPM 基于 1000GHz 以下的谱线进行逐行计算，其中增加了相关项以考虑红外频段谱线效应。

图 4.3 和图 4.4 所示为频率为 100GHz 以下的氧气和水汽吸收率，单位是 dB/km，其中压强是 1013.25 毫巴，温度是 15 摄氏度。图 4.4 给出了两个相对湿度的结果：95%（接近饱和）和 75%（温带气候均值）。对于 100GHz 以下的频率，水汽吸收谱线在 22.3GHz 附近，氧气吸收谱线在 60GHz 附近。22.3GHz 吸收谱线叠加在下面的递增函数上，代表水汽吸收在更高频率上的联合效应。我们看到当频率大于 20GHz 左右时，对于超过数十公里的路径，水汽吸收能够使接收信号衰减几十分贝。

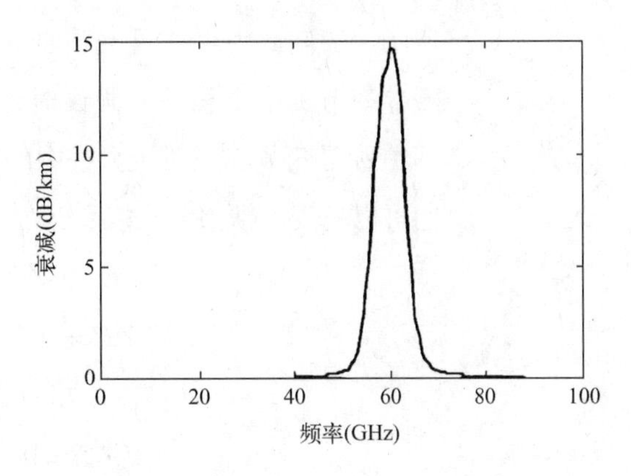

图 4.3　氧气吸收，$P=1013.25$mb，$T=15$℃

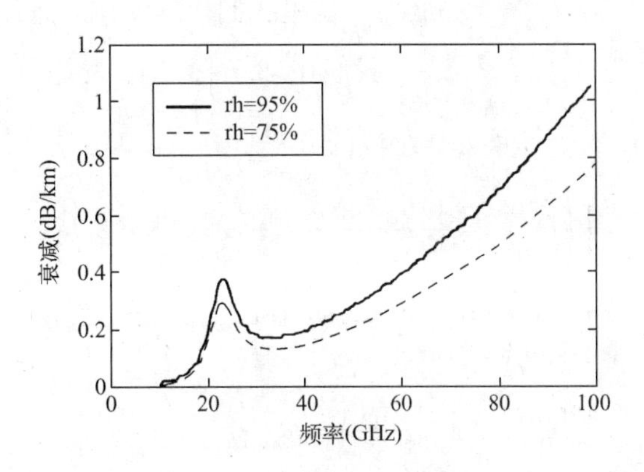

图 4.4　水汽吸收，$P=1013.25$mb，$T=15$℃

4.3　无线电传播的波动方程

第 2 章中，我们考虑了在笛卡儿坐标系中只依赖于两个坐标轴，或圆柱坐标系中不依赖于方位情况的电磁场问题，并利用了麦克斯韦方程的解可表示为垂直和水平极化场的性质。满足标量波动方程，显然比求解最初的麦克斯韦方程更简单。一般情况下，解不能分离，因此，必须考虑完整的麦克斯韦方程组，这就导出了第 14 章讨论的矢量 PE 方法。我们能够为围绕地球的无线电传播问题简化麦克斯韦方程吗？很明显，笛卡儿或圆柱坐标系不是合适的选择，这是由于地球和大气的存在，破坏了采用其二维构架的机会。

很自然的想法是采用球坐标系，原点设在地球中心 O，发射源位于 z 轴上，如图 4.5

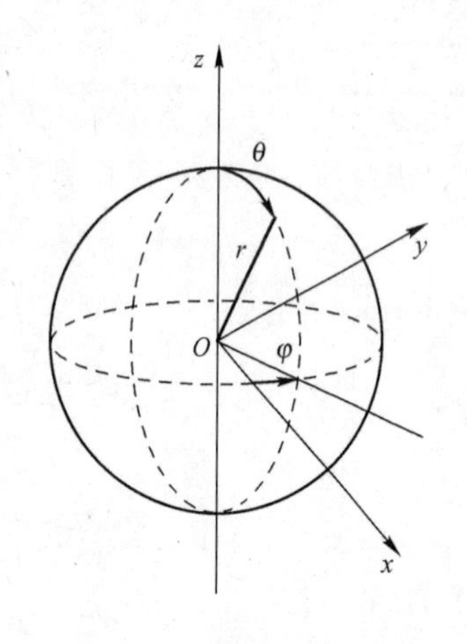

图 4.5　对流层传播的球坐标系，地球球心为坐标原点 O

所示。我们认为大气是光滑变化的非均匀传播介质，磁导率与真空中相同。假设时谐因子为 $\exp(-i\omega t)$，其中 ω 是角频率。对于大气中的磁场 $\boldsymbol{H}$ 和电场 $\boldsymbol{E}$，我们可以把麦克斯韦方程表示为

$$\nabla\times\boldsymbol{E}=ikZ_0\boldsymbol{H} \tag{4.8}$$

$$Z_0\nabla\times\boldsymbol{H}=-ikn^2\boldsymbol{E} \tag{4.9}$$

$$\nabla\cdot n^2\boldsymbol{E}=0 \tag{4.10}$$

$$\nabla\cdot\boldsymbol{H}=0 \tag{4.11}$$

式中，n 是大气折射指数，$Z_0=120\pi$ 是真空中的阻抗[21]。这里我们根据惯例，采用 SI 单位。

我们在球坐标系中表达旋度方程式（4.8）和式（4.9），得到下面由六个标量方程组成的方程组

$$\begin{cases}\dfrac{1}{r^2\sin\theta}\left(\dfrac{\partial(rE_\phi\sin\theta)}{\partial\theta}-\dfrac{\partial(rE_\theta)}{\partial\phi}\right)=ikZ_0H_r\\ \dfrac{1}{r\sin\theta}\left(\dfrac{\partial E_r}{\partial\phi}-\dfrac{\partial(rE_\phi\sin\theta)}{\partial r}\right)=ikZ_0H_\theta\\ \dfrac{1}{r}\left(\dfrac{\partial(rE_\theta)}{\partial r}-\dfrac{\partial E_r}{\partial\theta}\right)=ikZ_0H_\phi\\ \dfrac{Z_0}{r^2\sin\theta}\left(\dfrac{\partial(rH_\phi\sin\theta)}{\partial\theta}-\dfrac{\partial(rH_\theta)}{\partial\phi}\right)=-ikn^2E_r\\ \dfrac{Z_0}{r\sin\theta}\left(\dfrac{\partial H_r}{\partial\phi}-\dfrac{\partial(rH_\phi\sin\theta)}{\partial r}\right)=-ikn^2E_\theta\\ \dfrac{Z_0}{r}\left(\dfrac{\partial(rH_\theta)}{\partial r}-\dfrac{\partial H_r}{\partial\theta}\right)=-ikn^2E_\phi\end{cases} \tag{4.12}$$

为了简化问题，需要一些对称属性。如果环境只依赖于到地球中心的距离 r，则解可以用 Debye 势[21,49]表示。当大气是球面分层，且地球可以被看作理想均匀球体时，显然具有球对称条件。然而，由于我们想要处理与距离有关的情况，希望对环境的限制稍微宽松一些，因此我们将会利用方位对称的较弱假设，也就是说，地形和大气变化不依赖于方位角 ϕ。但这不意味着场不依赖于方位角：例如水平电偶极子发射源情况，源的分布就与方位有关[49]。接下来，我们只关心发射源同样也与方位无关的情况。

在这种假设下，我们能够处理很多无线电传播问题。首先，我们注意到地形和折射

率在方位上的变化通常都比较缓慢。如果感兴趣的波长远小于地球半径，我们就可以忽略侧向地波效应，也就是说，发射机和接收机之间的主要能量被限制在邻近包含天线的大圆平面之内[49]。通过在方位上扩展包含天线的大圆路径上的大气和地形结构，对天线方向图同样如此，我们则可利用对称性问题代替原问题。当然，若存在能量有可能被大的地形特征散射回大圆平面的情况，这样的近似就不太合适。对于地形和海面散射效应的精确建模，很明显也不允许上述对称化处理。然而，这是处理远距离传播问题唯一实际的方法，被该领域内的所有人员采用。

在我们的假设下，麦克斯韦方程组的解可表示为水平和垂直极化场的组合[49]。事实上，由于场不依赖于方位，旋度方程简化为

$$\begin{cases}\dfrac{1}{r^2\sin\theta}\dfrac{\partial(rE_\phi\sin\theta)}{\partial\theta}=ikZ_0H_r\\ \dfrac{1}{r\sin\theta}\dfrac{\partial(rE_\phi\sin\theta)}{\partial r}=-ikZ_0H_\theta\\ \dfrac{1}{r}\left(\dfrac{\partial(rE_\theta)}{\partial r}-\dfrac{\partial E_r}{\partial\theta}\right)=ikZ_0H_\phi\\ \dfrac{Z_0}{r^2\sin\theta}\dfrac{\partial(rH_\phi\sin\theta)}{\partial\theta}=-ikn^2E_r\\ \dfrac{Z_0}{r\sin\theta}\dfrac{\partial(rH_\phi\sin\theta)}{\partial r}=ikn^2E_\theta\\ \dfrac{Z_0}{r}\left(\dfrac{\partial(rH_\theta)}{\partial r}-\dfrac{\partial H_r}{\partial\theta}\right)=-ikn^2E_\phi\end{cases}\tag{4.13}$$

这些方程分离为独立的两组，分别为(H_r,H_θ,E_ϕ)和(E_r,E_θ,H_ϕ)。散度方程的分离并不会存在什么困难，为了更进一步，我们还需要分离大气/地面分界面的边界条件。边界条件要求分界面两侧的切向场必须连续[21]。现在因为方位上对称，地点(r,θ,ϕ)的切向平面由单位矢量$\boldsymbol{e}_\phi$和$\boldsymbol{\tau}$给出，其中切向矢量$\boldsymbol{\tau}$的形式为

$$\boldsymbol{\tau}=\cos\alpha\boldsymbol{e}_r+\sin\alpha\boldsymbol{e}_\theta\tag{4.14}$$

因此，切向场分量的连续性与E_ϕ、$\cos\alpha H_r+\sin\alpha H_\theta$和$\cos\alpha E_r+\sin\alpha E_\theta$、$H_\phi$的连续性一致，这样实际上，连续性可以分解为关于$(E_\phi,H_r,H_\theta)$和$(E_r,E_\theta,H_\phi)$的独立条件。

现在我们的目的是获得每一类型场的简单标量波动方程。先从E_r、E_θ和H_ϕ均为零的情况开始，这对应于垂直磁偶极子发射源。这样电场$\boldsymbol{E}$的非零分量只有方位分量E_ϕ：相对于本地到地球中心的半径，任意位置的电磁场都是水平极化波。根据旋度方程，我

们看到 E_ϕ 满足标量波动方程

$$\frac{1}{r}\frac{\partial^2(rE_\phi)}{\partial r^2}+\frac{1}{r^2}\frac{\partial\left(\frac{1}{\sin\theta}\frac{\partial(\sin\theta E_\phi)}{\partial\theta}\right)}{\partial\theta}+k^2n^2E_\phi=0 \tag{4.15}$$

我们提取出场的柱状扩散因子，使

$$E_\phi=\frac{1}{\sqrt{kr\sin\theta}}\varphi_h \tag{4.16}$$

对于变量 φ_h，式（4.15）变为

$$\frac{\partial^2\varphi_h}{\partial r^2}+\frac{1}{r}\frac{\partial\varphi_h}{\partial r}+\frac{1}{r^2}\frac{\partial^2\varphi_h}{\partial\theta^2}+\left(k^2n^2-\frac{3}{4r^2\sin^2\theta}\right)\varphi_h=0 \tag{4.17}$$

进行变量代换

$$\begin{cases}X=r\sin\theta\\ Z=r\cos\theta\end{cases} \tag{4.18}$$

如图 4.6 所示。

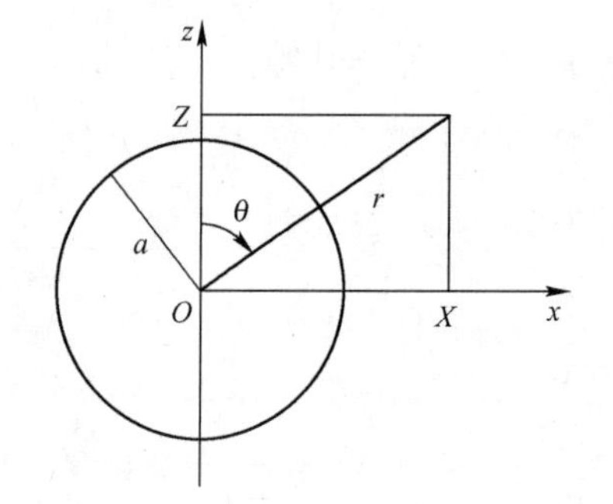

图 4.6　从坐标(r,θ)到(X,Z)的变换

我们能够重写式（4.17）为

$$\Delta\varphi_h(X,Z)+\left(k^2n^2-\frac{3}{4X^2}\right)\varphi_h(X,Z)=0 \tag{4.19}$$

其中拉普拉斯算子在坐标系(X,Z)内。这与我们在第 2 章中导出的柱坐标系中的结果相似。

如前所述，进行远场近似，忽略 $1/X^2$ 项，我们得到通常的波动方程

$$\Delta\varphi_h(X,Z)+k^2n^2\varphi_h(X,Z)=0 \tag{4.20}$$

若 H_r、H_θ 和 E_ϕ 均为零，情况将变得稍微复杂一点点，这对应于垂直电偶极子发射源。这时电场在大圆平面内保持处处为垂直极化波。磁场 $\boldsymbol{H}$ 的唯一非零成分是方位分量 H_φ，满足标量波动方程

$$\frac{1}{r}\frac{\partial\left(\frac{1}{n^2}\frac{\partial(rH_\phi)}{\partial r}\right)}{\partial r}+\frac{1}{r^2}\frac{\partial\left(\frac{1}{n^2\sin\theta}\frac{\partial(\sin\theta H_\phi)}{\partial\theta}\right)}{\partial\theta}+k^2H_\phi=0 \tag{4.21}$$

该情况下，适当的替换为

$$H_\phi=\frac{n}{\sqrt{kr\sin\theta}}\varphi_v \tag{4.22}$$

函数 φ_v 满足波动方程

$$\frac{\partial^2\varphi_v}{\partial r^2}+\frac{1}{r}\frac{\partial\varphi_v}{\partial r}+\frac{1}{r^2}\frac{\partial^2\varphi_v}{\partial\theta^2}+(k^2n^2+\kappa)\varphi_v=0 \tag{4.23}$$

式中

$$\kappa=-\frac{1}{4r^2}+n\sqrt{\sin\theta}\left(\frac{\partial^2}{\partial r^2}+\frac{1}{r^2}\frac{\partial^2}{\partial\theta^2}\right)\left\{\frac{1}{n\sqrt{\sin\theta}}\right\} \tag{4.24}$$

考虑 n 只与距离 r 有关，对应于分层大气情况，则有

$$\kappa=\sin\theta\left\{\frac{\partial^2\log n}{\partial r^2}+\left(\frac{\partial\log n}{\partial r}\right)^2\right\}+\frac{3}{4r^2\sin^2\theta} \tag{4.25}$$

我们看到，远场近似并不足以保证可忽略掉 $\boldsymbol{\kappa}$，我们还需要限制 n 的变化，即要求在波长尺度上，$\log n$ 的高度一阶和二阶导数保持很小。实际上，式（4.1）给出的大气折射率指数的变化很缓慢，这不存在什么问题。通过忽略 $\boldsymbol{\kappa}$，我们同样利用关于 φ_v 的一般波动方程代替了垂直极化波问题

$$\Delta\varphi_v(X,Z)+k^2n^2\varphi_v(X,Z)=0 \tag{4.26}$$

边界条件

首先假设不存在地形变化，且地球表面是理想导体球面。在水平极化波情况下，切向场分量是 E_ϕ 和 H_θ。根据旋度方程，E_ϕ 及其法向导数 $\partial E_\phi/\partial r$ 在大气/地面分界处必须连续；对于垂直极化波情况，切向场分量是 H_ϕ 和 E_θ，同样根据旋度方程，H_ϕ 和 $\partial_r(rH_\phi)/n^2$ 在大气/地面分界处必须连续。

若存在地形变化，用本地法向导数代替径向导数。令 $\boldsymbol{v}$ 表示地形表面向外的法向[因方位对称，在平面(r,θ)内]。利用式（4.14）中的符号，我们可以把函数 F 的法向导数写为

$$\frac{\partial F}{\partial\boldsymbol{v}}=\cos\alpha\frac{\partial F}{\partial r}-\sin\alpha\frac{1}{r}\frac{\partial F}{\partial\theta} \tag{4.27}$$

然后根据旋度方程，水平极化波 E_ϕ 和 $\cos\alpha H_r+\sin\alpha H_\theta$的连续性等价于 E_ϕ 和 $\partial E_\phi/\partial\boldsymbol{v}$ 连续。因此，φ_h 及其法向导数在分界面必须连续。与此类似，垂直极化波 H_ϕ 和 $\cos\alpha E_r+\sin\alpha E_\theta$的连续性等价于 H_ϕ和$\partial\boldsymbol{v}(rH_\phi)/n^2$ 连续。如果忽略 $1/a$ 的高阶项（a 是地球半径），我们发现在分界面，$n\varphi_v$ 和χ_v/n 必须连续，其中

$$\chi_v==\frac{\partial\phi}{\partial\boldsymbol{v}}+\left(\frac{1}{a}+\frac{\partial n}{\partial\boldsymbol{v}}\right)\varphi_v \tag{4.28}$$

如果地面的折射指数足够大，我们可以利用 Leontovich 边界条件[49]。连续性条件可被不需地面以下信息的近似公式代替。第 9 章给出了近轴框架中 Leontovich 边界条件的推导。

我们现在希望用抛物方程替代已经获得的关于 φ_h 和 φ_v 的波动方程。可以选择水平方向 X 作为轴向，并提取 X 方向上在真空中的相位变化，像第 2 章中那样推导。然而，对无线电传播问题，不建议这样：当我们把问题简化为熟悉的波动方程时，需要笛卡儿坐标系(X,Z)，但这完全丧失了球坐标系中存在的潜在对称性。回想到在地球表面必须满足边界条件，而对流层折射指数一般为沿表面的分层结构：实际上，在我们推导波动方程时，利用了这些属性。因此，接下来会利用与地球表面相关的坐标系重新表示我们的问题。

4.4　地球平坦变换

根据前面的讨论可知，若选择距离测量沿理想球面，以及高度测量是沿经过球心的半径的坐标系，将会非常便利，如图 4.7 所示。Pekeris 在文献［127］中介绍了这种想法。结果表明，基于这样的变换，倘若折射指数 n 用修正折射指数代替，在低高度波动方程仍近似有效

$$m(x,h) = n(x,h) + \frac{h}{a} \tag{4.29}$$

式中，a 是地球半径；h 为地面以上高度。修正折射率与 m 的关系为

$$M = 10^6 \times (m-1) \tag{4.30}$$

修正折射率用 M-单位表示。

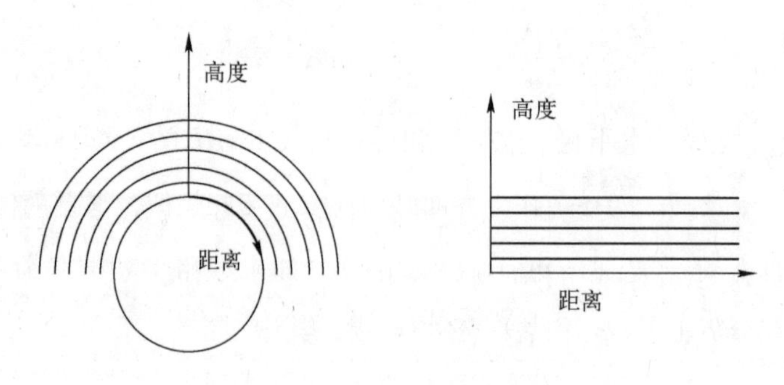

图 4.7　地球平坦化变换

因为不符合复数平面内的共形映射，因此实际上不大可能在保证波动方程不失真的情况下，获得这种理想的地球平坦化变换。为了获得一种共形变换，我们使高度坐标 z 是高程 h 的对数函数

$$z = a\log\left(1 + \frac{h}{a}\right) \tag{4.31}$$

前面显示了我们的问题能够简化为通常的波动方程

$$\Delta\varphi(X,Z) + k^2 n^2(X,Z)\varphi(X,Z) = 0 \tag{4.32}$$

式中，φ 根据极化的不同，与不同的场分量相关。

令 $r = a + h$，我们重写 X 和 Z 为

$$\begin{aligned} X &= (a + h)\sin\theta \\ Z &= (a + h)\cos\theta \end{aligned} \tag{4.33}$$

我们的目标是找到就对数高度 z 和地面距离 $r\theta$ 而言，v 近似满足的简洁的偏微分方程。为此，我们来看非正虚轴外部复平面中定义的变换

$$\xi = ia\log\left(\frac{\varsigma}{ia}\right) \tag{4.34}$$

该式中主要利用了对数定义。如果我们使

$$\begin{cases} \varsigma = X + iZ \\ \xi = x + iz \end{cases} \tag{4.35}$$

我们可以把这个映射同样看作坐标系变换，$(X,Z) \to (x,z)$。

利用式（4.33）中的符号，我们有

$$\varsigma = i(a + h)\mathrm{e}^{-i\theta} \tag{4.36}$$

和

$$\xi = a\theta + ia\log\left(1 + \frac{h}{a}\right) \tag{4.37}$$

或等价地

$$\begin{cases} x = a\theta \\ z = a\log\left(1 + \dfrac{h}{a}\right) \end{cases} \tag{4.38}$$

我们的变换把中心为 0，半径为 $a + h$（南极除外）的圆映射为水平线段 $-\pi a \leqslant x \leqslant \pi a$，$z = a\log(1 + h/a)$。图 4.8（a）所示为半径 $a + h$ 中的 h 以 0.5km 间隔从 0.5 变化到 5km 的圆的影像。在低高度，对于平坦化要求，变换显然能够取得极好的近似，因为有

$$0 \leqslant h - z \leqslant \frac{h^2}{2a} \tag{4.39}$$

图 4.8（b）所示为不同半径［与图 4.8（a）中的一致］圆弧的影像，其中地面距离在 -500km 到 500km 之间。在距离 500km 和高度 5km 处，h 和 z 之差小于 2m。

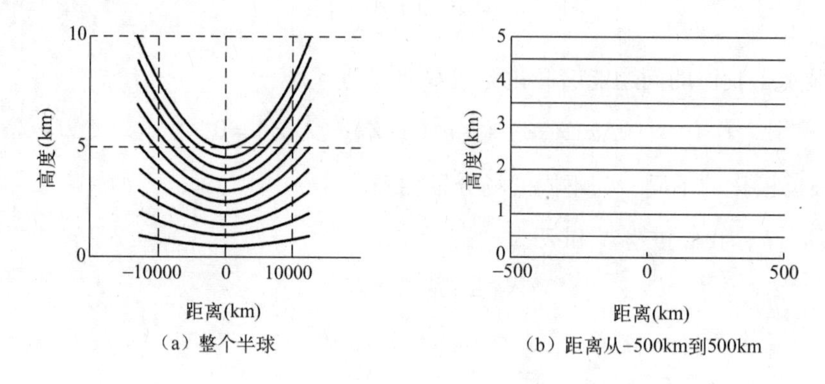

图 4.8　同心圆地球平坦变换后的图像

由于坐标转换符合共形映射，所以新坐标系下的拉普拉斯算子与旧坐标系中的拉普拉斯算子成比例

$$\frac{\partial^2}{\partial x^2} + \frac{\partial^2}{\partial z^2} = \left|\frac{d\varsigma}{d\xi}\right|^2 \left(\frac{\partial^2}{\partial X^2} + \frac{\partial^2}{\partial Z^2}\right) \tag{4.40}$$

该性质的具体推导可参见文献［57］。在新坐标系中，二维波动方程变为

$$\frac{\partial^2 \varphi}{\partial x^2} + \frac{\partial^2 \varphi}{\partial z^2} + k^2 \tilde{n}^2 \left|\frac{d\varsigma}{d\xi}\right|^2 \varphi = 0 \tag{4.41}$$

其中

$$\tilde{n}(x,z) = n(x,z) \tag{4.42}$$

现在我们有

$$\left|\frac{d\varsigma}{d\xi}\right| = \left|\mathrm{e}^{\xi/ia}\right| = \mathrm{e}^{z/a} \tag{4.43}$$

这样，新坐标系中的波动方程为

$$\frac{\partial^2 \varphi}{\partial x^2} + \frac{\partial^2 \varphi}{\partial z^2} + k^2 \tilde{n}^2 e^{2z/a} \varphi = 0 \tag{4.44}$$

相应的修正折射指数$\tilde{m}$为

$$\tilde{m}(x,z) = \tilde{n}(x,z)\,\mathrm{e}^{z/a} \tag{4.45}$$

在这点上，我们没有进行更进一步的近似：式（4.44）在任意高度和距离上有效，除了通过南极的半直线外。我们注意到，如果与地球半径相比，h 很小，有

$$z \sim h \tag{4.46}$$

因此，在低高度上对数高度 z 等价于线性高度 h。

由于我们可以把修正折射指数写为

$$\widetilde{m}(x,z)=\widetilde{n}(x,z)\left(1+\frac{h}{a}\right)=m(x,h) \tag{4.47}$$

我们断定，我们的变换与通常在低高度内的平坦地球近似相一致，修改的波动方程为

$$\frac{\partial^2\varphi}{\partial x^2}+\frac{\partial^2\varphi}{\partial h^2}+k^2m^2(x,h)\varphi=0 \tag{4.48}$$

由于常规平坦地球近似在大高度时精度下降，因此当不得不进行大高度建模时，利用对数高度变换更为可取，这也不会增加计算复杂性。我们注意到，因为共形变换将表面给定地形点上的法向映射为新坐标系中变换表面的法向，所以地球表面边界条件在新坐标系中保持有效。

4.5　二维波动方程总结

准予某些类型的对称性，我们已知无线电传播问题可简化为涉及某一场分量的二维标量波方程

$$\frac{\partial^2\varphi}{\partial x^2}(x,z)+\frac{\partial^2\varphi}{\partial z^2}(x,z)+k^2n^2(z)\varphi(x,z)=0 \tag{4.49}$$

根据我们希望处理的问题，该方程有三种不同的解释方法。

1. 如果我们在笛卡儿坐标系(x,y,z)中，且问题与 y 无关，则对于水平极化波，函数 φ 是横电场 E_y；对于垂直极化波，则是横磁场 H_y。

2. 如果采用柱坐标系(x,θ,z)，且问题不依赖于方位 θ，函数 φ 对应与柱状扩展的方位场分量，水平极化波为$\sqrt{kx}E_\theta$，垂直极化波为$\sqrt{kx}H_\theta$。

3. 最后，如果我们是在得自球坐标的平坦地球坐标系(x,z)中，用修正折射指数$\widetilde{m}(x,z)=n\exp(z/a)$代替式（4.49）中的折射指数 n，则分别对应于水平和垂直极化波的 φ_h 和 φ_v 为

$$\varphi_h=\sqrt{ka\sin\left(\frac{x}{a}\right)}\exp\left(\frac{z}{2a}\right)E_\phi \tag{4.50}$$

和

$$\varphi_v = \frac{1}{n}\sqrt{ka\sin\left(\frac{x}{a}\right)}\exp\left(\frac{z}{2a}\right)H_\phi \tag{4.51}$$

第一种解释常常用于二维散射问题中，而第三种是对流层无线电传播问题的常用方法。

4.6 对流层无线电传播 PE

平坦球坐标系中 PE 的推导与 2.2.2 节相同：我们选择 x 轴正向作为轴向，提取出 x 方向的相位快变化项，使

$$u(x,z) = \mathrm{e}^{ikx}\varphi_j(x,z) \tag{4.52}$$

式中，根据极化的不同，$j=h$ 或 $j=v$。这样，我们把式（4.44）［或式（4.48）］近似为两个抛物项的乘积。忽略后向散射，我们得到前向抛物型波方程

$$\frac{\partial u}{\partial x}(x,z) = -ik\left\{1-\sqrt{\frac{1}{k^2}\frac{\partial^2}{\partial z^2}+\widetilde{m}^2(x,z)}\right\}u(x,z) \tag{4.53}$$

由于在大高度上，修正折射指数变大，所以对于式（2.21）给出的窄角形式 PE，即使对于初始传播角接近水平方向的情况，在高度超过地球表面几公里以上时也会变得不那么准确。平方根近似误差量级是 $h^2/4a^2$，在 12km 高度上大约是10^{-6}。

4.7 路径损耗

对于无线电应用，抛物方程解通常是以路径损耗的形式给出的。特定环境下无线电链路的传输损耗由国际电信联盟定义为：假定在无线电射频电路没有损耗的条件下，发射天线辐射功率与接收天线能够输出功率的比值[63]。传输损耗通常用分贝数表示。这种定义考虑了天线辐射方向图和传播效应因素。

对于很多无线电或雷达应用，如果能分开传播和天线效应，链路性能评估将会非常简单。这引出如下定义：特定环境下无线电链路的基本传输损耗 L_b，定义为等效全向发射天线辐射功率与等效全向接收天线输出功率的比值[63]。该定义下，我们用相同极化的全向天线代替实际天线。同样，该定义中没有包括系统损耗，必须单独考虑。

此框架下，天线型式的模拟依赖于几何光学描述：我们考虑发射机和接收机之间的射线路径，定义射线路径传输损耗为

$$L_t = L_b - G_t - G_r \tag{4.54}$$

式中，G_t 和 G_r 分别为射线路径方向的发射和接收天线增益。当射线光学近似有效时，这样的处理方法常常很有用。然而，我们必须注意到，在强大气波导环境下，聚焦和散焦效应依赖于感兴趣的射线路径，但是基本传输损耗不依赖。因此，由于传播介质损耗与射线路径相关，导致定义不完全一致。

当传播介质是自由空间，且收发终端间距离 d 相对波长 λ 足够大时，我们可以利用远场近似来评估基本传输损耗。自由空间的基本传输损耗 L_{bf} 为

$$L = 20\log\left(\frac{4\pi d}{\lambda}\right) \tag{4.55}$$

传输损耗和基本传输损耗都不太适合用于抛物方程方法，PE 模拟了天线型式，因此避免了基本传输损耗概念的一些缺点。然而，计算结果是计算区域网格点的场量，不是传输损耗。因此通常需要进一步处理，把场耦合进接收天线。

我们采取路径损耗 L_p 的中间概念，定义为实际天线轴向等效全向辐射功率与相同极化的等效全向接收天线接收功率的比值，假设不存在系统损耗。根据定义，天线轴向的等效全向辐射功率（e. i. r. p）要求的功率 P_{iso}，指的是要达到与真空中实际天线轴向远场辐射功率流密度相同时，所需的全向天线输入功率。注意，关于 P_{iso} 的定义未考虑地面效应。

距离发射源 r 处，我们的等效全向天线辐射功率流密度 S_{iso} 为

$$S_{iso} = \frac{P_{iso}}{4\pi r^2} \tag{4.56}$$

视轴方向功率流密度 S_b 与视轴方向电场的远场天线方向图关系为

$$S_b = \frac{|B_{\max}|^2}{2Z_0 r^2} \tag{4.57}$$

由于我们是用比值表示的，故可选择 $B_{\max}$ 的值。对于视轴方向的单位增益，我们使用归一化

$$B_{\max} = \frac{1}{\sqrt{2\pi}} \tag{4.58}$$

则视轴等效全向辐射功率为

$$P_{iso} = \frac{1}{Z_0} \tag{4.59}$$

式中，Z_0 是真空中的阻抗。我们现在需要考虑 PE 输出和路径损耗 L_p 的关系。首先来看

水平极化情况，我们求解的简化函数 u 对应于电场的方位分量 E_{φ}。在坐标点 (X,Z) 的功率流密度为

$$S=\frac{1}{2Z_0}|E_{\varphi}|^2 \tag{4.60}$$

如果我们把接收天线看作各向同性点源，则接收功率 P_r 为

$$P_r(X,Z)=\frac{\lambda^2}{4\pi}S \tag{4.61}$$

根据式（4.16）定义的函数 φ_h，功率比值表示为

$$\frac{P_{iso}}{P_r(X,Z)}=\frac{(4\pi)^2X}{\lambda^3}|\varphi_h(X,Z)|^{-2} \tag{4.62}$$

最后，转换到平地球坐标系 (x,z) 中，我们得到用 PE 简化场 u 表示的路径损耗为

$$L_p(x,z)=-20\log|u(x,z)|+20\log(4\pi)+10\log\left(a\sin\frac{x}{a}\right)-30\log(\lambda) \tag{4.63}$$

如果距离 x 相对于地球半径很小，则可以写为

$$L_p(x,z)=-20\log|u(x,z)|+20\log(4\pi)+10\log(x)-30\log(\lambda) \tag{4.64}$$

对于垂直极化情况，该式同样成立。其推导过程相似，其中利用 H_{φ}，且用导纳 $1/Z_0$ 代替 Z_0。

对于雷达应用，常用传播因子给出结果。传播因子 F 是相对于自由空间的场，用 dB 表达。地面距离 x 近似表示终端间的距离 d，根据式（4.55）和式（4.64），有

$$F(x,z)=20\log|u(x,z)|-10\log(x)-10\log(\lambda) \tag{4.65}$$

4.8　孔径场

本节中，我们讨论利用一定的天线型式生成孔径场。微波天线通常置于地面几个波长高度以上。这样，我们可忽略地面对天线的交互作用，假设不存在地面的孔径函数是对天线实际孔径函数的良好近似。在这种情况下，我们可以利用附录 B 导出的近场/远场关系，通过合适的归一化，得到初始 PE 简化场。在宽角情况下，我们有

$$u(0,z)=\sqrt{2\pi}\,e^{i\pi/4}\int_{-\frac{1}{\lambda}}^{+\frac{1}{\lambda}}\frac{B(\theta(p))}{\sqrt{\cos(\theta(p))}}e^{2i\pi pz}\,dp \tag{4.66}$$

式中，

$$\sin\theta(p)=\lambda p \tag{4.67}$$

实际上，由于因式 $e^{i\pi/4}$不影响幅度计算，故常被丢弃。我们回想到对天线波束函数 B 的路径损耗归一化，视轴方向值为 $1/\sqrt{2\pi}$。因此，利用归一化波束方向图函数更简单些，有

$$B_n = \sqrt{2\pi}B \tag{4.68}$$

在视轴方向值为 1，孔径场表示为

$$u(0,z) = \int_{-\frac{1}{\lambda}}^{+\frac{1}{\lambda}} \frac{B_n(\theta(p))}{\sqrt{\cos(\theta(p))}} e^{2i\pi pz} dp \tag{4.69}$$

对于窄角情况，变为

$$u(0,z) = \int_{-\infty}^{+\infty} B_n(\lambda p) e^{2i\pi pz} dp \tag{4.70}$$

如果我们想在孔径场中考虑地面反射效应，可以引入镜像源，并利用下式

$$u(0,z) = \int_{-\infty}^{+\infty} [B_n(\lambda p) + R(\lambda p)B_n(-\lambda p)] e^{2i\pi pz} dp \tag{4.71}$$

式中，$R(\theta)$是以擦地角 θ 为自变量的反射系数。对于水平极化和理想导体地面，上式可以表示为正弦变换，正如在 3.6 节中所看到的那样。对于窄角情况，如果天线仰角为零和天线高度为零的波束方向图已知，则直接可利用傅里叶移位定理获得任意仰角 θ_0 和天线高度 z_0 的孔径函数。在宽角情况下，傅里叶移位性能可用来模拟天线高度的变化，但是 p 和 $\theta(p)$不再是线性关系，因此，利用傅里叶移位性质难以模拟仰角的变化。

第5章　射线和波模

5.1　引言

多年来，对流层链路的折射效应评估主要是基于几何光学和波模理论。虽然射线光学常常无法给出场强的可靠估值，但对传播情况能提供很好的定性描述，当然应该记住几何光学近似不体现绕射现象。即使目前 PE 技术已成为电波应用领域的主要工具，但几何光学仍然非常有用。在折射效应不太严重的传播角情况下，它可提供快速准确的解，因此在 11 章中描述的高效混合模式建立中有非常大的价值。很多情况下，射线追踪可以提供有关前向波行为的重要信息，这可用来模拟与角度相关的反射效应，如在第 10 章我们将看到的。在 5.2 节，我们给出不依赖距离的线性分层折射指数剖面的简单情况下，射线方程的主要推导过程。更多更全面的关于几何光学和射线追踪的资料可以在参考文献［21,67,25,71］中找到。

Watson[163]提出了波模理论，用来解决地球的绕射问题，随后，被许多作者应用于更一般的问题[27,161]。它依赖于波动方程标准模式结果的本征函数分解。对于只存在有限几种主要模式的情况，它可获得非常大距离上非常高效的解。然而，当模序列中需要很多项时，数值困难就开始显现。这发生在一些重要模式出现的情况下，如出现悬空波导时，以及接近地平线或视距区域。波模理论进一步的缺陷在于难以模拟随距离变化的环境[162,122]。对于对流层传播应用，波模理论模型很大程度上已被不存在这些局限的抛物方程技术所取代。然而，出于验证目的，波模理论结果仍然非常有用。特别是 MLAYER 波导模型[14,123]可对很多测试提供可靠的参考解。在 5.3 节，我们概述不依赖于距离情况的模理论基本原理，并推导线性分层折射指数剖面的模理论解。附录 C 给出了关于模序列更完整的讨论。

5.2 射线追踪

5.2.1 基本原理

本节中，我们描述一种简单的适用于水平均匀介质的解析射线追踪。介质用重叠的水平层结表示，每一层内的折射指数是高度的线性函数。假设水平分界面位于 $z=0$ 处。我们从与场分量相关函数 ψ 的二维波动方程开始

$$\frac{\partial^2\psi}{\partial x^2}(x,z)+\frac{\partial^2\psi}{\partial z^2}(x,z)+k^2n^2(z)\psi(x,z)=0 \tag{5.1}$$

为了简化，在方程（5.1），我们采用符号 n，但在大多数应用中，实际上 n 是对应于地球平坦化的修正折射指数（见 4.5 节）。发射源位于距离 $x=0$ 处。

几何光学基于 ψ 的局部行为类似于平面波的假设，表示为

$$\psi\sim\psi_0\exp(ik\Phi(x,z)) \tag{5.2}$$

式中，幅度 ψ_0 是常数。

代入波动方程后，我们发现相位 Φ 满足

$$\left|\frac{\partial\Phi}{\partial x}\right|^2+\left|\frac{\partial\Phi}{\partial z}\right|^2-n^2=\frac{i}{k}\left(\frac{\partial^2\Phi}{\partial x^2}+\frac{\partial^2\Phi}{\partial z^2}\right) \tag{5.3}$$

现在我们进行高频近似，对于大波数 k，式（5.3）的 RHS 可被忽略，则结果是著名的程函方程

$$\left|\frac{\partial\Phi}{\partial x}\right|^2+\left|\frac{\partial\Phi}{\partial z}\right|^2=n^2 \tag{5.4}$$

波阵面沿常数相位 Φ 弯曲。根据定义，射线是垂直于波阵面的轨迹。由此得出以弧长 s 为参数的沿射线切线 $\boldsymbol{\tau}(s)$ 一定平行于 Φ 的梯度的结论。因为 τ 是一个单位向量，我们由式（5.4）得

$$\boldsymbol{\tau}(s)=\frac{1}{n}\nabla\Phi \tag{5.5}$$

由于我们考虑 n 仅随 z 变化的分层介质，因此有

$$\frac{\mathrm{d}}{\mathrm{d}s}\left(n\frac{\mathrm{d}x}{\mathrm{d}s}\right)=0 \tag{5.6}$$

$$\frac{\mathrm{d}}{\mathrm{d}s}\left(n\frac{\mathrm{d}z}{\mathrm{d}s}\right)=\frac{\mathrm{d}n}{\mathrm{d}z} \tag{5.7}$$

方程（5.6）与斯涅尔定律等价，即沿着射线有

$$n\cos\theta = C \tag{5.8}$$

式中，θ 是射线的本地水平夹角。沿着射线的曲率几何半径 $R(s)$ 定义为

$$\frac{1}{R(s)} = \left|\frac{\mathrm{d}\boldsymbol{\tau}(s)}{\mathrm{d}s}\right| \tag{5.9}$$

由式（5.5），我们有

$$\frac{1}{R(s)} = \frac{\nabla n \cdot \boldsymbol{\tau}(s)}{n} \tag{5.10}$$

因为 n 只与 z 有关，我们得到

$$\frac{1}{R(s)} = \frac{1}{n}\frac{\mathrm{d}n}{\mathrm{d}z}\cos\theta \tag{5.11}$$

在低空，折射指数（或修正折射指数）接近于1。对于小仰角发射的射线，$\cos\theta$ 同样接近于1。因此从方程（5.11）中可以看出，折射率梯度为常数的区域，射线的曲率半径近似为常数；也就是说，射线轨迹近似为圆弧。

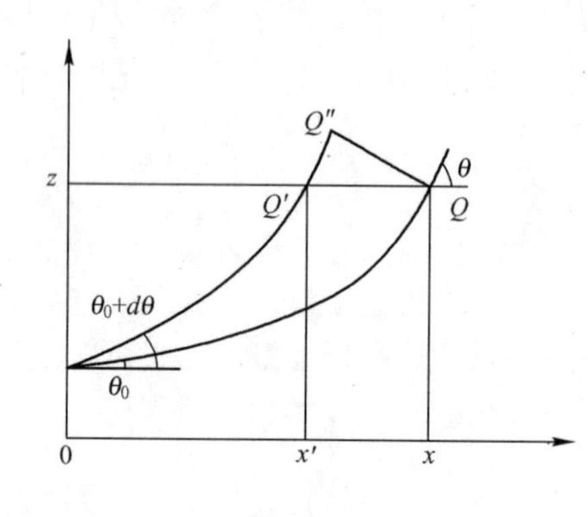

图 5.1　射线管截面计算

简单情况下，场幅度可由几何光学强度定理给出。基于的原理是，实际能量流沿着射线管保持恒定，因此场强一定与射线管横截面的倒数成比例。强度定理可以用沿射线波阵面的主曲率半径表示[72,26]。对于这里要考虑的分层介质，可以推导出更为简单的表达式[25]。令 θ_0 为射线发射仰角。图5.1显示了发射仰角为 θ_0 和 $\theta_0 + d\theta$ 的射线所确定的射线管。令 $Q = (x, z)$ 及 $Q' = (x', z)$ 为两条射线到达高度 z 的点。如果我们固定高度 z，则距离 x 只是发射仰角的函数。在 (x, z) 平面的一维横截面等于 $Q'Q''$ 段的长度。其水平投影是 QQ'，可以写成

$$QQ' = \left|\frac{\partial x}{\partial \theta_0}\right| \tag{5.12}$$

则一维横截面是

$$\left|\frac{\partial x}{\partial \theta_0}\right|\sin\theta \tag{5.13}$$

式中，θ 是到达 Q 点射线的仰角。令 ϕ 为方位角，横截面积 $\mathrm{d}A$ 为

$$\mathrm{d}A = \left|\frac{\partial x}{\partial \theta_0}\right|\sin\theta\mathrm{d}\theta_0 x\mathrm{d}\phi \tag{5.14}$$

假设一个等方向性源，总的辐射功率为 P，则辐射进射线管内的功率为

$$\mathrm{d}P=\frac{P}{4\pi}\cos\theta_0\mathrm{d}\theta_0\mathrm{d}\phi \tag{5.15}$$

因此在点 Q 上的强度 I 为

$$I=\frac{\mathrm{d}P}{\mathrm{d}A}=\frac{P_0\cos\theta_0}{4\pi\left|\frac{\partial x}{\partial\theta_0}\right|\sin\theta} \tag{5.16}$$

而自由空间中在 Q 点的强度 I_0 为

$$I_0=\frac{P}{4\pi r^2} \tag{5.17}$$

式中，r 为从源点到 Q 的距离。因而得出相对自由空间的场（或传播因子）F 满足

$$|F|^2=\frac{I}{I_0}=\frac{r^2\cos\theta_0}{x\left|\frac{\partial x}{\partial\theta_0}\right|\sin\theta} \tag{5.18}$$

关于扩展场强计算到横截面趋近于零的奇异情况，人们已经进行了大量的研究工作，这与焦散的形成相联系（实例见文献［176］）。我们也应该提及 Keller 提出的几何绕射理论，它将计算延伸到了包括绕射和多重绕射的阴影区域。关于这方面实例的详细信息可参见文献［64,22,67］。

5.2.2　分段线性剖面

我们现在假设高度在 z_1 到 z_2（$z_1<z_2$）水平分层间的折射指数如下式所示

$$n(z)=n_1+\gamma(z-z_1) \tag{5.19}$$

式中，γ 不为零。我们利用实际大气折射指数 n 接近于 1 的条件，推导射线的简化方程。令 $\alpha=\sin\theta$，用下标 i 指示高度 z_i 上的值，$i=1$，2。忽略 $(n-1)^2$ 项，从式（5.8）得到

$$\alpha^2\sim 2(n-n_1)+\alpha_1^2 \tag{5.20}$$

因此，我们可以用 α 的函数表示 z

$$z=\frac{\alpha^2-\alpha_1^2}{2\gamma} \tag{5.21}$$

注意到，如果 γ 为正，以正的仰角到达高度 z_1 的射线一定会到达高度 z_2；如果 γ 为负，且 α_1^2 小于 $|\gamma|(z_2-z_1)$，则射线在到达 z_2 前将回转。假设仰角很小，则 $\tan\theta\sim\alpha$，且

$$\frac{\mathrm{d}x}{\mathrm{d}\alpha}\sim\frac{1}{\alpha}\frac{\mathrm{d}z}{\mathrm{d}\alpha}=\frac{1}{\gamma} \tag{5.22}$$

因此如果射线不回转，我们有

$$\alpha_2 = \sqrt{2(n - n_1) + \alpha_1^2} \tag{5.23}$$

和

$$x_2 - x_1 = \frac{\alpha_2 - \alpha_1}{\gamma} \tag{5.24}$$

通过对可能出现的地面反射和负梯度层内的射线回转进行适当的控制，我们可以在任意分段线性折射率环境进行射线追踪。为了增加直接射线和反射射线的相位项，我们还需要光学路径长度 d，它是沿射线 $n\mathrm{d}s$ 的积分

$$n\mathrm{d}s = n\mathrm{d}\alpha\sqrt{\left(\frac{\mathrm{d}x}{\mathrm{d}\alpha}\right)^2 + \left(\frac{\mathrm{d}z}{\mathrm{d}\alpha}\right)^2} \tag{5.25}$$

忽略高于 α^2 的项，变为

$$n\mathrm{d}s = \frac{1}{\gamma}\left(n_1 - \frac{\alpha_1^2}{2} + \alpha^2\right)\mathrm{d}\alpha \tag{5.26}$$

通过积分，我们得到高度 z_1 与 z_2 之间的光学路径长度增量

$$d_2 - d_1 = \frac{1}{\gamma}\left(\left[n_1 - \frac{\alpha_1^2}{2}\right](\alpha_2 - \alpha_1) + \frac{\alpha_2^3 - \alpha_1^3}{3}\right) \tag{5.27}$$

倘若射线不回转，我们能够利用式（5.18）给出的强度比。对于一条发射仰角为 α_0 的射线，高度 z_1 与 z_2 之间的扩展增量 $\mathrm{d}S$ 为

$$\mathrm{d}S = \frac{\partial x_2 - x_1}{\partial \alpha_0} = \frac{1}{\gamma}\left(\frac{\alpha_0}{\alpha_2} - \frac{\alpha_0}{\alpha_1}\right) \tag{5.28}$$

为理解上式，我们注意到高度 z_1 与 z_2 之间，有

$$\alpha = \sqrt{\alpha_0^2 + b} \tag{5.29}$$

式中，b 与 α_0 无关。因此有

$$\frac{\partial \alpha}{\partial \alpha_0} = \frac{\alpha_0}{\alpha} \tag{5.30}$$

利用式（5.22）则得到式（5.28）。通过增加连续增量，我们得到距离 x 处的传播因子。利用式（5.18）中的小角近似，我们有 $r \sim x$，$\theta_0 \sim \alpha_0$ 及 $\cos\theta_0 \sim 1$，得

$$F = f(\alpha_0)\sqrt{\frac{x}{\alpha S}}\mathrm{e}^{ikd} \tag{5.31}$$

式中，f 是天线方向图因子；α 是射线终点的仰角；d 和 S 分别通过累加折射率斜率为常数的高度段内的光学路径长度和扩展增量获得。对于反射射线，表达式需要乘以与擦地

角相关的表面复反射系数 R。

5.3 波模理论

5.3.1 基本原理

我们还是从如式（5.1）所示的二维波动方程开始。如同在射线追踪章节中那样，我们假设传播介质随高度 z 分层，边界为位于 $z=0$ 处的平坦分界面。ψ 的边界条件是：ψ 应该向无穷远处传播，且满足分界面的表面阻抗条件，形式为

$$\frac{\partial\psi}{\partial z}(x,0)=ik\delta\psi(x,0) \tag{5.32}$$

其中表面阻抗 δ 依赖于极化方式和地面的电磁特性。关于表面阻抗边界条件的更多信息可以从第 9 章看到。辐射条件主要意味着在无限远处的任何方向 ψ 趋近于零。

波模理论的基本原理是将式（5.1）的解展开为

$$\psi(x,z)=\sum_{j=1}^{\infty}A_j f_j(z)\exp(ikC_j x) \tag{5.33}$$

其中累加中的每一项本身就是波动方程满足 $z=0$ 处表面阻抗边界条件的一个前向解。在波模理论术语中，C_j 是模，f_j 是高度增益函数，A_j 是激励因子。由于我们处理的是泄漏波导，所以针对标准模式展开的常用数学工具是无效的。实际上对于一般的折射指数剖面，无法保证这种展开存在。幸运的是波模理论对大多数实际感兴趣的、与绕地球的电波传播相联系的情况有效，如附录 C 中所示。

由于累加的每一项必须满足波动方程，我们可知与模 C 相关的高度增益函数 f 满足

$$f''(z)+k^2(n^2-C^2)f(z)=0 \tag{5.34}$$

分界面的边界条件变成

$$f'(0)=ik\delta f(0) \tag{5.35}$$

波模和模函数的确定与特征值问题等效：我们考虑满足式（5.35）边界条件的有界函数，并定义如下算子

$$Tf=f''+k^2(n^2-A)f \tag{5.36}$$

式中，A 是选择的适当常数。模式与 T 的特征值 μ 有关

$$\mu=-k^2(A-C^2) \tag{5.37}$$

高度增益函数与特征函数相联系。这里我们注意到 Sommerfeld 辐射条件暗示如果一

个模 C 与1不同，则 C 的虚部一定是正值。因此，模与特征值之间存在一一对应关系。

目前考虑折射指数为常数的情况。假设 n 恒等于1。我们取 $A=1$。如果 μ 是不为零的特征值，则特征函数形式为

$$f(z)=a\mathrm{e}^{ikSz}+b\mathrm{e}^{-ikSz} \tag{5.38}$$

其中

$$\mu=-k^2S^2 \tag{5.39}$$

S 的虚部为非负数。此时辐射条件使 $b=0$。我们看到若不同时令 $a=0$，则不可能满足 $z=0$ 处的阻抗边界条件，这与特征函数不能恒等于零相矛盾。相似原因表明零也不能是特征值。我们得出结论：这种情况下没有波模存在。

很明显，我们需要将模理论限制于模展开有意义的情况下，特别意味着 T 必须有特征值的无穷离散序列。尽管如此，模序列收敛于期望的波动方程解多年以来一直是个悬而未决的问题。幸运的是，对于大多数类型的折射率剖面，模展开是有意义的。在下文中，我们将假设在大高度上折射指数平方线性增加的剖面

$$n^2(z)=n^2(H)+\alpha(z-H) \qquad z\geqslant H \tag{5.40}$$

这里的 α 是一个正的常数。实际上这种类型的剖面是我们在低高度对流层电波传播中经常需要处理的剖面：如果我们只关心高度 H 以下的传播，可以假设所有的折射指数扰动均在高度 H 以下。采用平地球坐标系内的计算，我们用高度 H 以上修正折射指数平方线性增加的剖面取代此位置良好混合的大气，如图5.2所示。

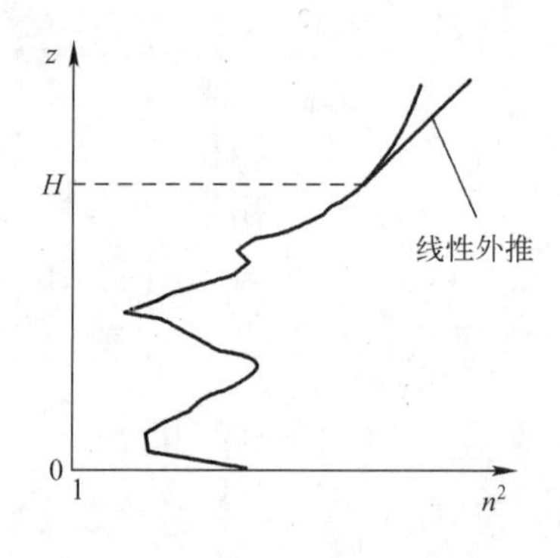

图5.2　模理论所用的折射指数剖面，显示在高度 H 以上用线性外推代替

在附录C中，泛函分析工具用来显示对于某种类型的剖面，波动解可以通过式（5.33）所示形式的模展开以任意小误差近似，对于固定的 z，只需 x 的累加收敛序列数目足够大。推导需要用到复高度。激励因子由下式给出

$$A_j = \frac{\int_\Gamma \psi(0,z) f_j(z)\,\mathrm{d}z}{\int_\Gamma f_j^2(z)\,\mathrm{d}z} \tag{5.41}$$

这里，Γ 是如图 5.3 所示复平面内的弧度，在 $\pi/3$ 方向上趋于无穷大。我们注意到，高度增益函数在弧度 Γ 上是平方可积的，但在实数正半轴上却不是。分母中的标准化因子依赖于弧度 Γ 上的特征函数。

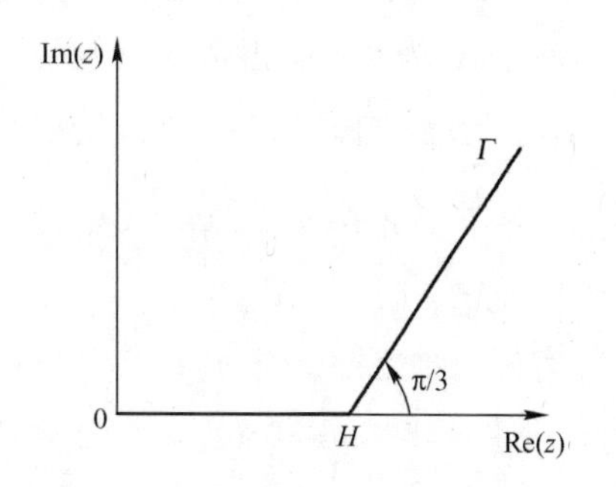

图 5.3　归一化高度增益函数的积分廓线

原则上，分子上的积分也需要关于复高度 z 的初始场信息 $\psi(0,z)$。实际上，如果选择的高度 H 足够大，足以保证 H 以上的能量可以忽略不计，则不需要这种信息。对于位于高度 z_t 上偶极子的情况，初始场 $\psi(0,z)$ 是一个狄拉克函数，在接收高度 z_r 处有

$$\psi(x,z_r) = \sum_{j=1}^{\infty} \frac{f_j(z_t) f_j(z)}{\int_\Gamma f_j^2(z)\,\mathrm{d}z} \exp(ikC_j x) \tag{5.42}$$

该表达式是模扩展最常用的。我们现在计算波模和特征函数。

5.3.2　分段线性剖面

对于数值实现，很容易将折射指数平方剖面用分段线性函数近似[105,84]，假设高度 H 以上是固定的正斜率，如图 5.4 所示。我们在高度 $z_0=0,\cdots,z_L=H$ 处表示断点。对于 $l<L$，有

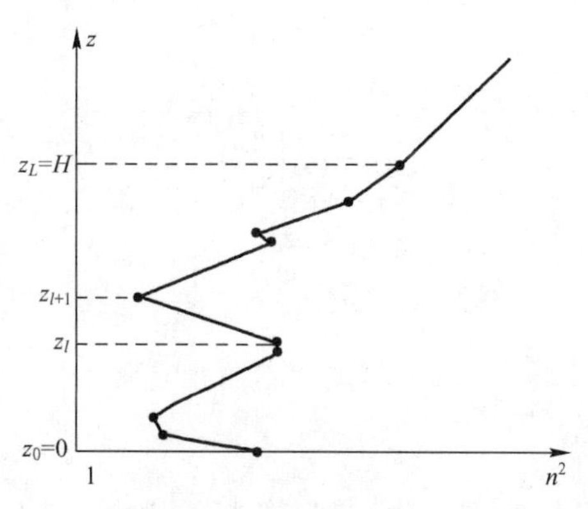

图 5.4　分段线性剖面

$$n^2(z)=n_2(z_l)+\alpha_l(z-z_l),\qquad z_l\leqslant z\leqslant z_{l+1} \tag{5.43}$$

和

$$n^2(z)=n^2(z_L)+\alpha_l(z-z_l),\qquad z\geqslant z_L \tag{5.44}$$

斜率 α_l 为实数，并限定 α_L 必须为正数。为了简化描述，我们令斜率不为零。

在每个高度段 $[z_l,z_{l+1}]$，折射指数平方斜率为常数。特征函数方程是艾里微分方程的一个变体（见附录 A）

$$w''(\zeta)=\zeta w(\zeta) \tag{5.45}$$

有两个独立解 w_1、w_2，与艾里函数 Ai 的关系为

$$w_1(\zeta)=Ai(\zeta e^{2i\pi/3}),w_2(\zeta)=Ai(\zeta e^{-2i\pi/3}) \tag{5.46}$$

在常数斜率的每一段，与特征值 μ 相关的特征函数形式如下

$$f(z)=A_l w_1\{\zeta_l(z,\mu)\}+B_l w_2\{\zeta_l(z,\mu)\}\qquad z_l\leqslant z\leqslant z_{l+1} \tag{5.47}$$

其中

$$\zeta_l(z,\mu)=\left(\frac{k^2}{\alpha_l^2}\right)^{1/3}\left(n^2(z_l)-\frac{\mu}{k^2}+\alpha_l(z-z_l)\right) \tag{5.48}$$

利用艾里函数的渐进展开，可以看出 w_1 在 ζ 中是输出，w_2 是输入（见附录 A）。因为高度 z_L 以上的斜率是正的，输出条件使得

$$f(z)=A_L w_1\{\zeta_L(z,\mu)\}\qquad z\geqslant z_L \tag{5.49}$$

从顶部开始，我们现在在每个断点 z_l 处进行函数匹配，以便得到函数和它们导数的连续性。令 $A_L=1$，z_L 处的匹配条件方程组为

$$\begin{cases}A_{L-1}(\mu)w_1\{\chi_L(\mu)\}+B_{L-1}(\mu)w_2\{\chi_L(\mu)\}=w_1\{\eta_L(\mu)\}\\ A_{L-1}(\mu)w_1'\{\chi_L(\mu)\}+B_{L-1}(\mu)w_2'\{\chi_L(\mu)\}=\dfrac{\beta_L}{\beta_{L-1}}w_1'\{\eta_L(\mu)\}\end{cases} \tag{5.50}$$

其中，β_l、χ_l 和 η_l 的定义如下

$$\beta_l=\alpha_l\left(\frac{k^2}{\alpha_l^2}\right)^{1/3} \tag{5.51}$$

$$\chi_l(\mu)=\zeta_{l-1,\mu(z_l)} \tag{5.52}$$

和

$$\eta_l(\mu)=\zeta_{l,\mu}(z_l) \tag{5.53}$$

该系统的决定因素为

$$D_L=\beta_{L-1}[w_1\{\chi_L(\mu)\}w_2'\{\chi_L(\mu)\}-w_1'\{\chi_L(\mu)\}w_2\{\chi_L(\mu)\}]=\beta_{L-1}W(w_1,w_2) \tag{5.54}$$

式中，$W(w_1, w_2)$ 是 w_1 和 w_2 的朗斯基矩阵，并不依赖于 χ_L。

因为 w_1 和 w_2 是艾里方程的独立解，所以它们的朗斯基矩阵非零，且该系统对于给出的任意 μ 有一个特征解 $(A_{L-1}(\mu), B_{L-1}(\mu))$。因为朗斯基矩阵是个常数,很容易表明 $A_{L-1}(\mu), B_{L-1}(\mu)$ 是 μ 的整函数。我们重复向下匹配到第一段，在每一步找到对于系数 $A_l(\mu)$ 和 $B_l(\mu)$ 的一个特征解，则 $A_l(\mu)$ 和 $B_l(\mu)$ 是 μ 的全函数。决定 μ 是否是特征值的最后一步，是保证 $z=0$ 处的边界条件得到满足。模条件为

$$\beta_0[A_0(\mu)w_1'\{\eta_0(\mu)\}] + B_0(\mu)w_2'\{\eta_0(\mu)\} = ik\delta[A_0(\mu)w_1\{\eta_0(\mu)\} + B_0(\mu)w_2\{\eta_0(\mu)\}] \tag{5.55}$$

最后，我们看到模数量的确定等效于寻找用艾里函数表示的零正则函数。实际上，我们只对虚部小的模感兴趣，因为累加中大虚部对应的模式随距离衰减得很快。然而，即便寻找这些“锁住的”模，也是一件非常耗时的工作，尤其是在高频，当弱衰减模数目变得很大时。因为艾里函数范围涉及小指数到大指数，这同样会面临棘手的数值过程。更多的数值条件信息及寻根算法可以在文献［105,124,119］中找到。

一旦所要求的模被找到，根据艾里函数的属性，归一化因子可以由艾里函数[123]以闭合形式计算。注意到，如果 w 满足艾里微分方程式（5.45），我们有

$$(\zeta w^2 - w'^2)'(\zeta) = w^2 \tag{5.56}$$

对于符合特征值 μ_j 的特征函数 f_j，归一化因子由下式给出

$$\int_\Gamma f_j^2 = \sum_{l=0}^{L} \gamma_l \tag{5.57}$$

其中

$$\gamma_L = -\frac{1}{\beta_L}\{\eta_L(\mu_j)f_j^2(z_L) + f'^2_j(z_L)\} \tag{5.58}$$

是区间［z_L, ∞］内的贡献，以及

$$\gamma_l = \frac{1}{\beta_l}\{\chi_{l+1}(\mu_j)f_j^2(z_{l+1}) + f'^2_j(z_{l+1}) - \eta_l(\mu_j)f_j^2(z_l) - f'^2_j(z_l)\} \tag{5.59}$$

是区间［z_l, z_{l+1}］的贡献，$l=0,\cdots,L-1$。

模方程根的查找及高度增益函数的求解都需要准确地计算复艾里函数。这就需要自变量较小时的泰勒级数和自变量较大时的渐进序列有效相结合[14]。

第6章 海上传播

6.1 引言

第3章介绍的窄角分步正弦变换PE算法已足以处理海上传播的许多问题。如果我们仅仅考虑海面小掠射角情况，且忽略粗糙效应，则不论什么极化方式，当频率大于300MHz时，假定海面具有无限阻抗均是合理的。忽略表面反射的极化依赖性，本章考虑的所有算例均利用正弦算法来处理。考虑极化及粗糙海面的情况将在第9章及第10章进行讨论。

我们讨论经常出现的海洋环境。6.2节中考虑蒸发波导。6.3节讨论以双线性和三线性折射指数剖面给出的表面波导和抬升波导，比较PE结果与射线描迹方法和模理论结果。6.4节讨论了依赖距离的环境。6.5节给出了实际测量的相关例子。本章最后在6.6节讨论了吸收模型。

6.2 蒸发波导

大片水面区域上方的边界层，湍流输运过程会在近地面产生强烈的湿气梯度，最终导致蒸发波导的出现。由于海洋上空在大部分时间均存在蒸发波导，所以会对舰载雷达和通信系统造成重要影响。

温度和湿度的垂直剖面可用来得到蒸发波导，然而在非常低的高度上测量这些参数剖面是相当困难的。作为替代，我们不得不求助于一种基于相似理论[151]的模型，该模型根据整体参数进行剖面的参数化。稳定理论中的标量参数——稳定长度是通过海温和某一固定高度上的气温、湿度和风速四个参量的函数得到的。当海温和气温几乎相等时，边界层是中性不稳定层，稳定长度为 $-\infty$。这样允许利用波导高度一个参数简化模型。此时的修正折射率剖面是一个高度的对数线性函数，形式为

$$M(z)=M(0)+0.125\times\left(z-d\log\left(\frac{z}{z_0}\right)\right) \tag{6.1}$$

式中，d 为波导高度；z_0 为粗糙长度，通常粗糙长度值较小，典型值为 $z_0=1.5\times10^{-4}$m。图 6.1 所示为一个蒸发波导高度是 10m 的修正折射率剖面，其中 $M(0)=330$M-单位。修正折射率曲线呈现在近地面急剧减小，而在波导高度附近缓慢变化的特点，这正是蒸发波导剖面的典型特征。

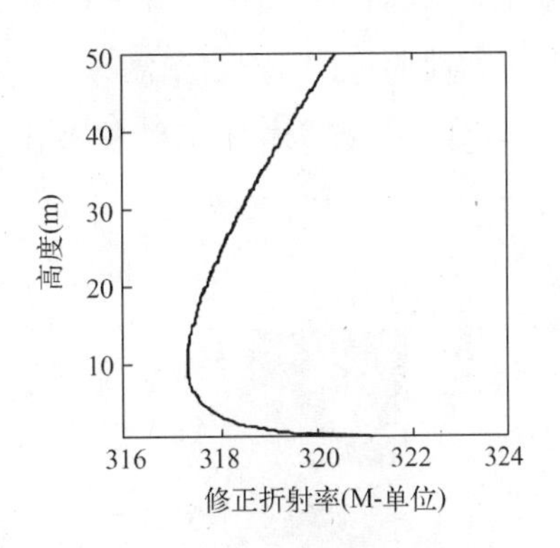

图 6.1 10m 蒸发波导剖面

图 6.2 表示 3GHz 电磁波传播的蒸发波导效应，天线置于离海面 25m 高处，波导高度分别为 0m、10m、20m 和 30m。在平坦地球坐标系中显示出路径损耗的等值线图。波导高度为 0 的情况是一种标准大气：由于修正折射率梯度为正，能量沿离开地球的方向传播，因此在平坦地球坐标系中波束向上弯曲。由于地球附近的绕射效应，当超出无线电视距时信号不是突然变为零，而是逐渐衰

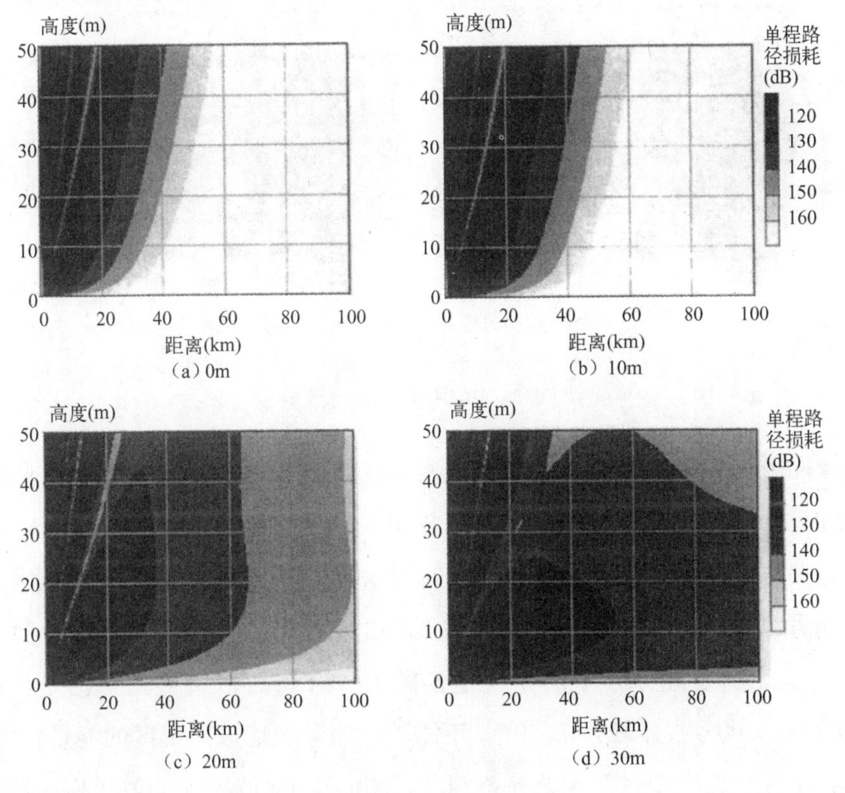

图 6.2 3GHz 蒸发波导效应

减。在此频率，10m 的波导没有造成显著的效应，仅仅是稍微增大覆盖范围。20m 波导的覆盖范围扩展效应则相当显著。在 30m 波导的情况下，我们可以看到能量开始弯曲返回到地面。图 6.3 给出了 10GHz 发射源的相关效应。在 10GHz，即使是 10m 的蒸发波导也已经显著增加了覆盖范围。同时，我们可以看到，随着高度增加至 20m 和 30m，连续的干涉波瓣在波导中是如何被捕获的。

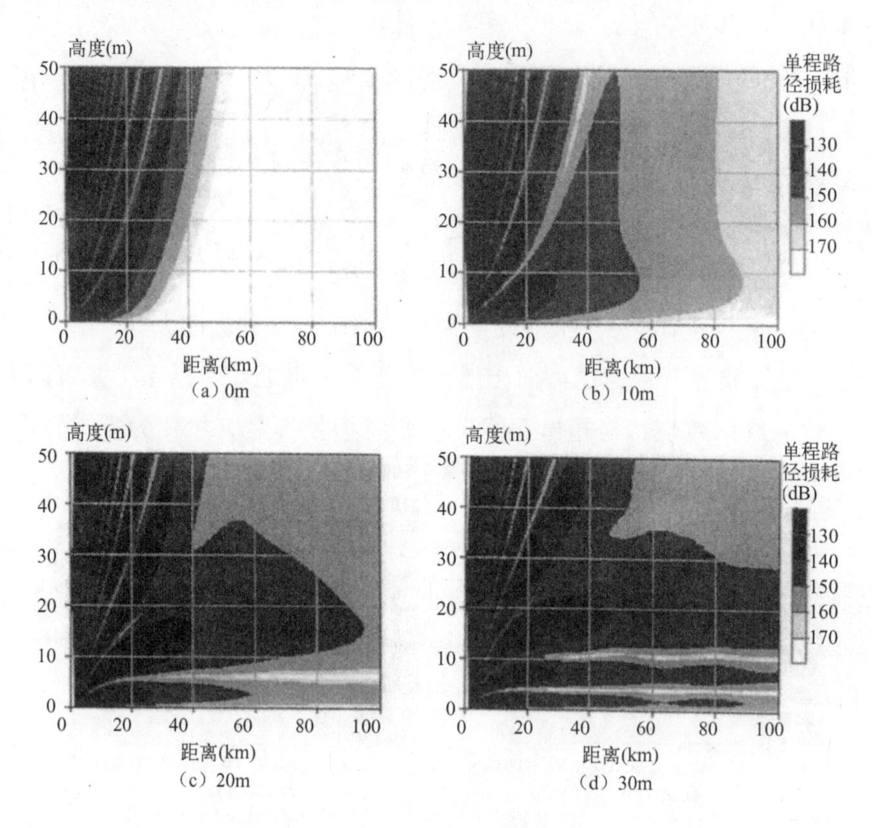

图 6.3　10GHz 蒸发波导效应

图 6.4 和图 6.5 给出了海面上方 25m 处，路径损耗沿视轴方向随距离的变化，频率分别为 3GHz 和 10GHz，蒸发波导高度依次为 0m、10m、20m 和 30m。在远距离上，路径损耗在强波导情况下减小缓慢，显示出可大大增强雷达低空探测性能的结果。

将抛物方程的结果与几何光学和模理论结果进行比较是有意义的。图 6.6（a）给出了标准大气（无蒸发波导）中的射线描迹结果。射线的初始仰角范围是 $-0.15°\sim0.15°$，间隔为 0.005°。显然，几何光学不能表示能量在地球阴影区的能量传播，因此在无线电视距处存在突变过渡。图 6.6（b）给出了 20m 波导中的射线描迹传播结果。波导效应几乎没能从射线描迹中看出。

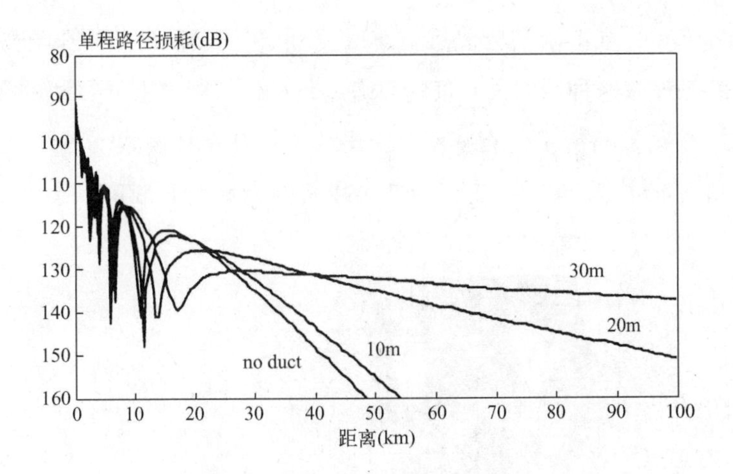

图6.4　3GHz蒸发波导高度分别是0m、10m、20m和30m随距离变化的路径损耗（离海面高度25m）

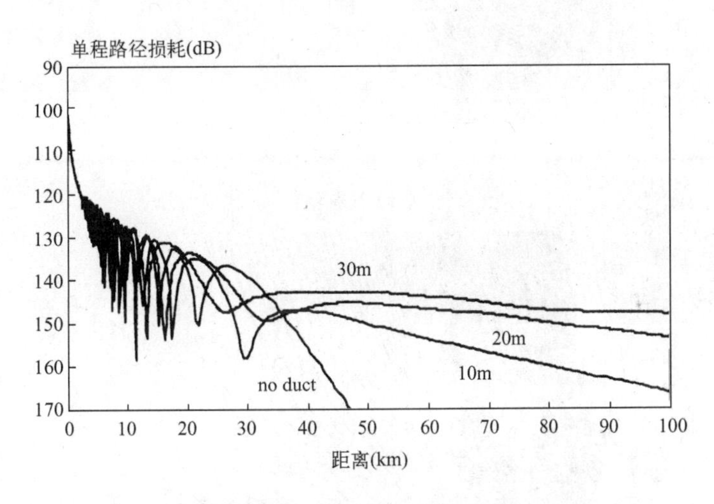

图6.5　10GHz蒸发波导高度分别是0m、10m、20m和30m随距离变化的路径损耗（离海面高度25m）

与之形成对比，模理论给出了球体绕射和蒸发波导情况下超出视距区域很好的结果。因蒸发波导情况下少量波模传播时没有显著衰减，因此模理论可相当好地处理此类问题。而由于近地面及视距范围内模级数序列收敛较慢，所以这种方法不能应用于此。下面给出通过模理论程序MLAYER[123]得到的相干模叠加结果。

图6.7（a）给出了3GHz，接收高度在25m的球体绕射模理论结果。为了比较，同时也给出了PE结果，设置了10dB偏移量以看清结果。模理论结果与PE结果在超视距

范围内一致。由于积分域上限的数值反射，PE 结果在场较弱的情况下开始出现数值问题。而模理论结果没有这种情形：一旦模数确定，在任意距离上计算模的叠加均不存在数值计算困难。在这种情况下，衰减小于 5dB/km 共有 6 种模式。图 6.7（b）给出了 20m 蒸发波导高度下的比较结果，此时有 7 种模式的衰减小于 5dB/km。

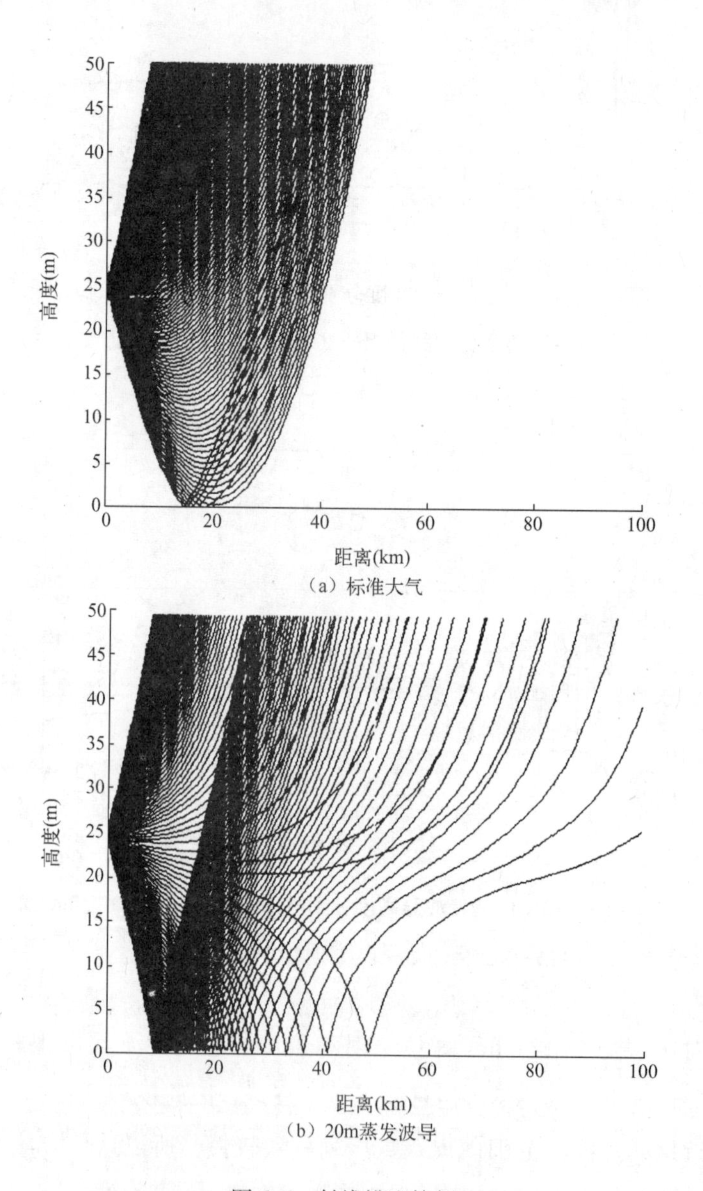

图 6.6　射线描迹算例

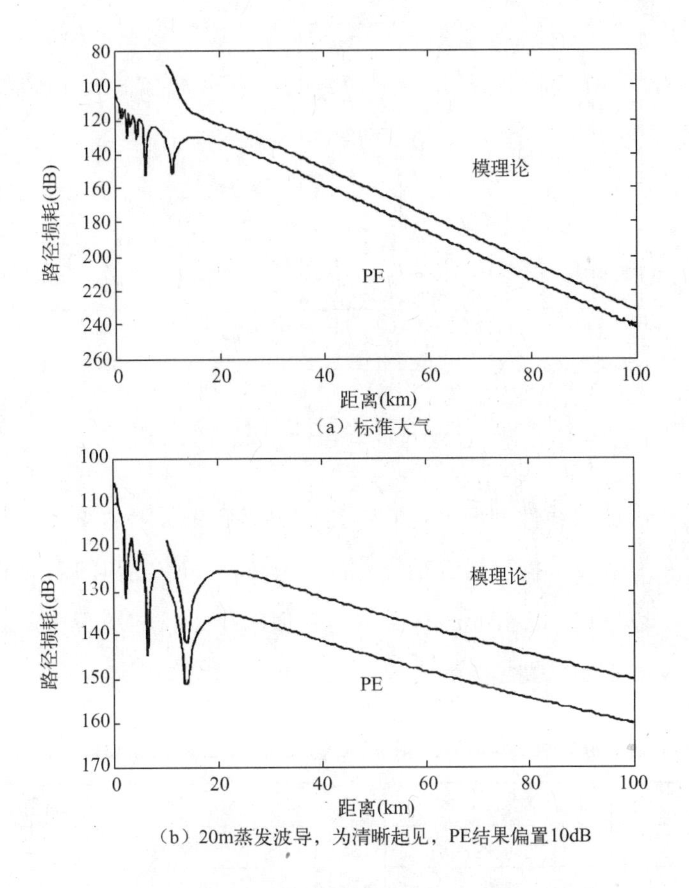

图6.7　3GHz 发射源的模理论和 PE 结果的比较（离海面25m）

6.3　双线性和三线性剖面

大气中的波导层通常可以用简单的双线性或三线性折射率剖面来表示。表面层结可以用高度的双线性函数模型，如图6.8（a）所示，在通常情况下结果是一种表面波导，能够捕获在表面与波导层顶之间的能量。抬升层需要用三线性剖面表示，结果可为如图6.8（b）所示的表面波导，或如图6.8（c）所示的悬空波导。在后一种情况下，捕获层的下边界是与上边界有相同折射率的高度。

在感兴趣的频率范围内，因为这些波导能够牵涉到大量的有效模式，所以在PE模型出现之前，求解这类问题往往是比较困难的。由于剖面形状不影响PE模型的性能，所以处理双线性模型和三线性模型并没有特别的困难。

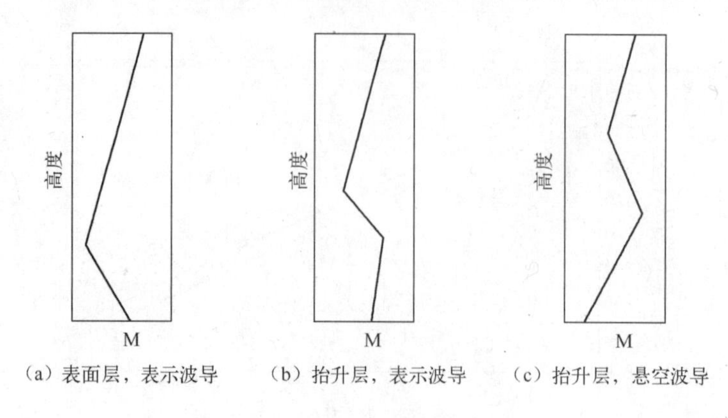

（a）表面层，表示波导　（b）抬升层，表示波导　（c）抬升层，悬空波导

图 6.8　双线性和三线性修正折射率剖面

采用表 6.1 给出的双线性剖面，我们得到了如图 6.9 所示的路径损耗分布图，发射源频率是 3GHz 和 10GHz，折射指数结构对应于 0 ~ 150m[注] 之间的表面波导。射线描迹结果也在图 6.9（c）中给出。图 6.10 所示为类似的结果，利用表 6.2 给出的三线性剖面，表示 20 ~ 150m 之间的悬空波导。

表 6.1　双线性剖面模拟的表面波导折射率

高度（m）	折射率（M - 单位）
0	330
100	320
1100	438

表 6.2　三线性剖面模拟的悬空波导折射率

高度（m）	折射率（M - 单位）
0.0	330.0
100.0	341.8
150.0	331.8
1150.0	449.8

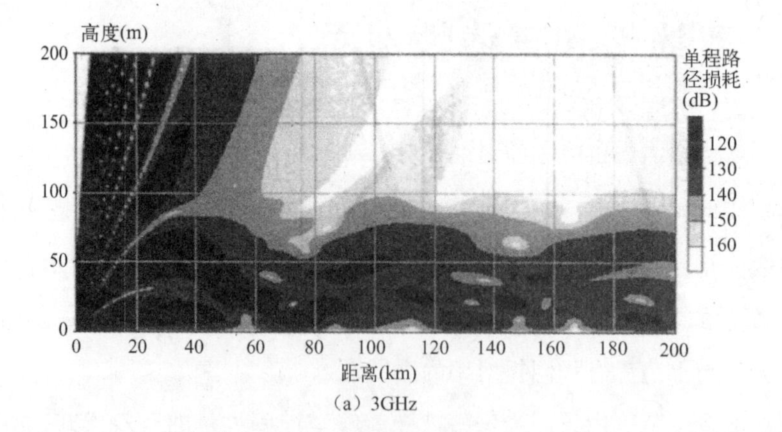

（a）3GHz

图 6.9　双线性表面波导模型，PE 结果

译者注：0 ~ 150m 应为 0 ~ 100m。

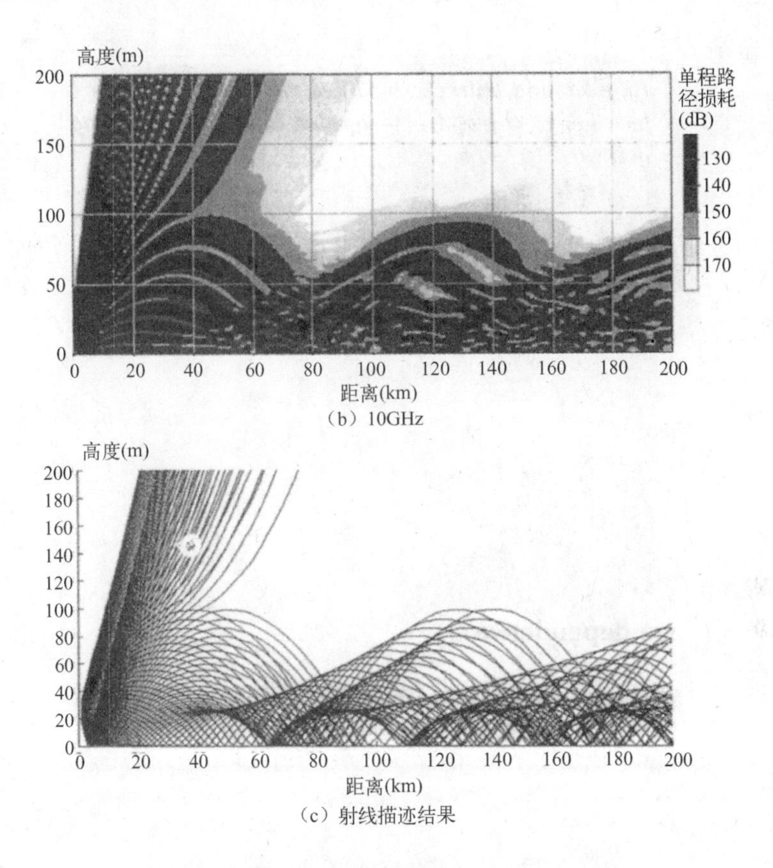

（b）10GHz

（c）射线描迹结果

图6.9　双线性表面波导模型，PE结果（续）

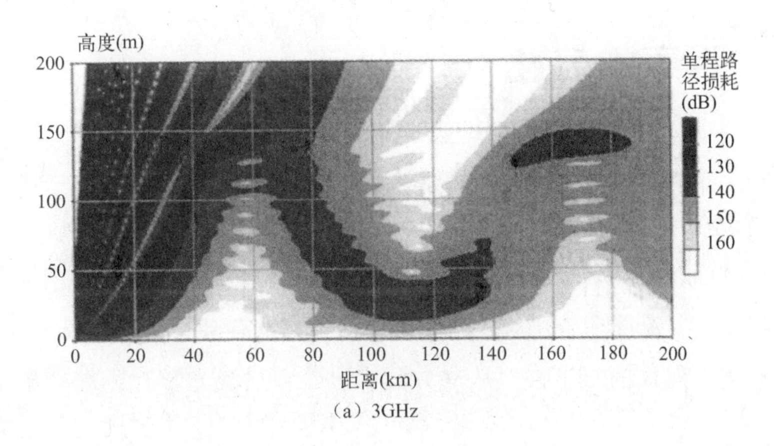

（a）3GHz

图6.10　三线性悬空波导模型，PE结果

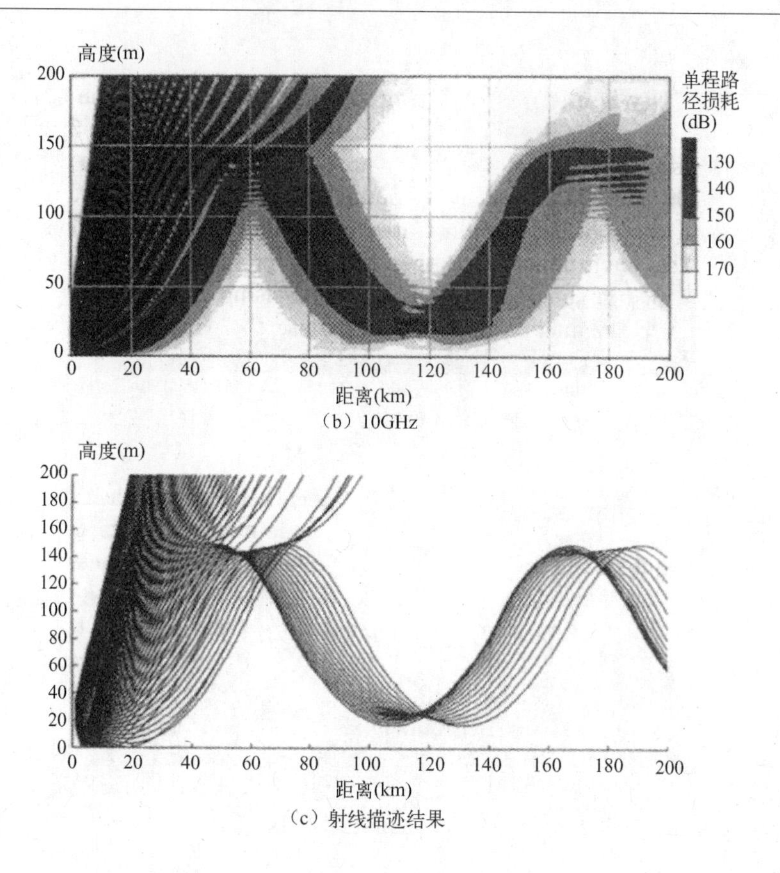

（b）10GHz

（c）射线描迹结果

图 6.10　三线性悬空模型，PE 结果（续）

6.4　距离的变化

将折射指数相位屏视为距离的函数，易于采用分步正弦变换方法处理随距离变化的环境。这相当于在每一距离间隔（$x,x+\Delta x$）上，将求解距离无关的问题转换为与每一步的折射指数剖面相关。显然，对于某一给定距离步长，解的精度依赖于折射指数的距离变化。在典型的对流层环境，这样的变化相当小，没有必要调整步长，本质上不会增加距离相关环境中建模的复杂性。从这方面来讲，与射线光学及模理论相比，PE 方法相当强大。

大气层不必平行于地球表面。表 6.3 给出了倾斜层结的例子。利用对高度和折射率的线性插值，得到每一距离的剖面。层结在 0 ~ 100km 之间向上倾斜，厚度从 50 增加到 100m，强度从 10 减少到 5 M-单位。然后在 100 ~ 200km 之间层结向下倾斜，变得更窄更强。图 6.11 给出的传播结果表明：此环境中 3GHz 的发射源随着 0km、100km、200km 上的剖面，能量从零距离被捕获，沿着层结向上传播，然后随着波导变弱，能量也在泄漏，然后随着层结的再次增强，能量重新聚集，随着层结向下传播。

表 6.3　倾斜层修正折射率值

距离：0km		距离：100km		距离：200km	
高度（m）	折射率（M-单位）	高度（m）	折射率（M-单位）	高度（m）	折射率（M-单位）
0.0	300.0	0.0	300.0	0.0	300.0
50.0	310.0	150.0	315.0	100.0	310.0
100.0	300.0	250.0	310.0	150.0	300.0
200.0	311.8	350.0	321.8	250.0	311.8

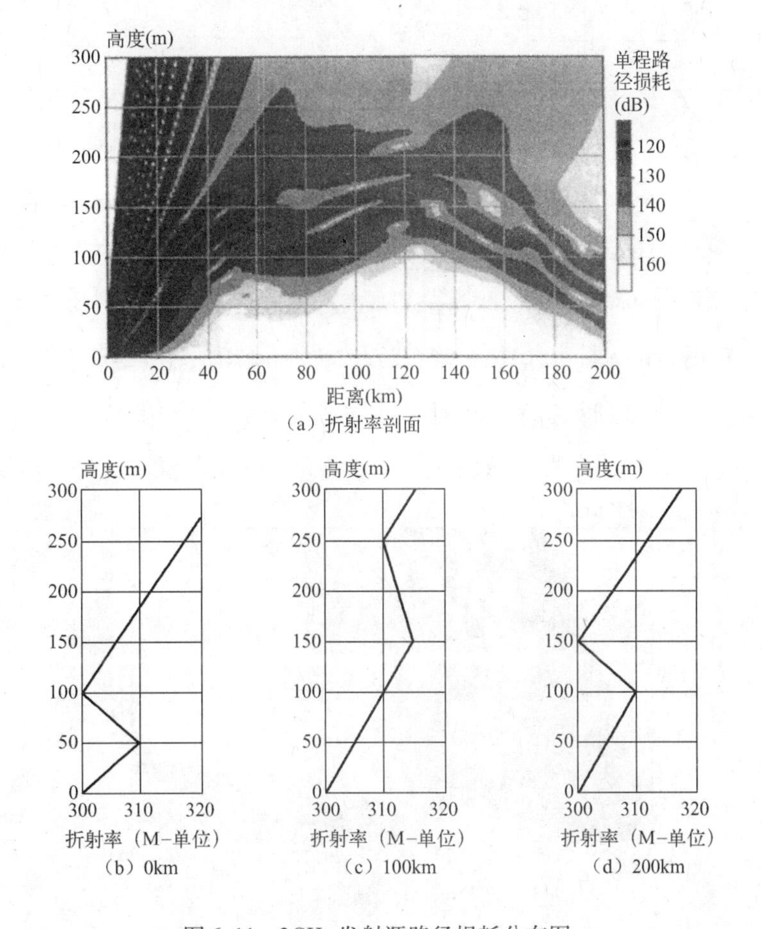

图 6.11　3GHz 发射源路径损耗分布图

6.5 折射率测量数据

PE 模型的最大好处之一是能够直接利用无线电气象测量数据，这些数据通常包含多层波导或小尺度特征。图 6.12 所示为 VOCAR 实验期间的折射率剖面数据，测试时间是 1993 年 8 月 25 日，在加利福尼亚海岸的 Mugu 测试点[137]。当时存在非常强的表面波导，并且在大约 1000m 还存在一个比较弱的悬空波导。以表格的形式给出了相应的折射率剖面，如表 6.4 所示。图 6.13 给出了此环境下 3GHz 源的路径损耗图。天线位于海平面上方 25m 处。这个例子用来作为传播模型评估的一个测试验证[126]。在处理这种复杂的情况方面，PE 模型不存在任何问题。

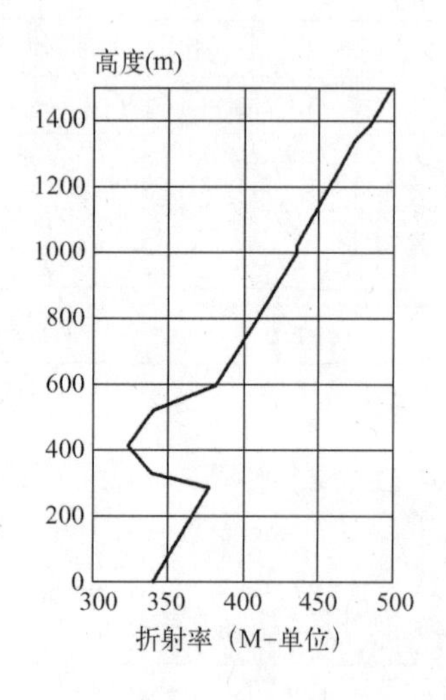

图 6.12　无线电探空剖面，1993 年 8 月 25 日，Mugu 测试点

如果提供二维折射率测量数据，同样可以直接作为 PE 模型的输入。1989 年在英吉利海峡开展了机载测量活动[96]。用于气象学研究的 Flight Hercules C130 飞机携带全面的气象设备，进行二维折射率结构的精细研究。利用折射率仪直接测量折射率，同样利用 Debye 公式通过压强、温度及相对湿度来计算折射率。此外，飞机上安装一个 400MHz 的接收机，发射装置安置在英国海岸的伯恩茅斯，从而建立一条链路。为了测量对流层环境随高度和距离

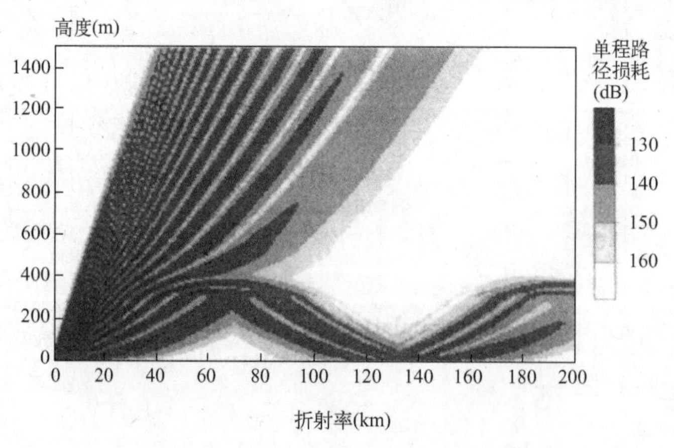

图 6.13　3GHz 发射源在图 6.12 环境下的路径损耗

的变化，飞机沿着锯齿状的飞行路线。感兴趣的最大高度是1500m，最远距离为250km。尽管在更高的频率上我们可以测量到更显著的波导效应，然而400MHz的测量信号也可以用来评估基于PE的预测。

表6.4　修正折射率剖面，1993年8月25日，Mugu测试点

高度（m）	折射率（M-单位）	高度（m）	折射率（M-单位）
0.0	339.8	998.0	435.4
292.0	378.1	1016.0	435.2
332.0	337.9	1083.0	443.7
403.0	322.7	1328.0	474.5
514.0	338.6	1379.0	484.3
590.0	381.1	2000.0	557.5

这里给出1989年7月18日的结果。当时是反气旋情况，造成低空逆温层的出现。我们利用位折射率参数，排除了气压造成的温度变化，使得辨识大气层的变化变得简单[38]。将式（4.1）表示的Debye式中的温度T用气团向下表面运动时的位温θ代替，位温表示为

$$\theta = T\left(\frac{P_0}{P}\right)^{0.286} \tag{6.2}$$

式中，P_0为表面气压[148]。

图6.14给出了测量的位折射率等值线图，测试时间是格林尼治子午时间12:48—15:04，即在午后进行。在感兴趣的两小时内，进行了4次横跨海峡的锯齿状飞行。空域采样结果相当好，允许在矩形网格上进行简单的插值。在一般情况下，难以获得像这样的细节信息，因而只能利用稀疏的垂直折射率（无线电气象得到）剖面。在这种情况下，有必要采取特征插值，以充分表示与距离相关的结构，如有倾斜度的波导[10]。

图6.15所示为一次飞行过程中400MHz信号的变化情况。测试结果与基于二维折射率结构的PE结果一并给出。为方便比较，也给出标准混合大气的PE结果。超出标准视距的信号测量表明存在反常传播效应。尽管有不同来源的实验误差[96]，PE结果与测量结果还是有令人欣慰的一致性。

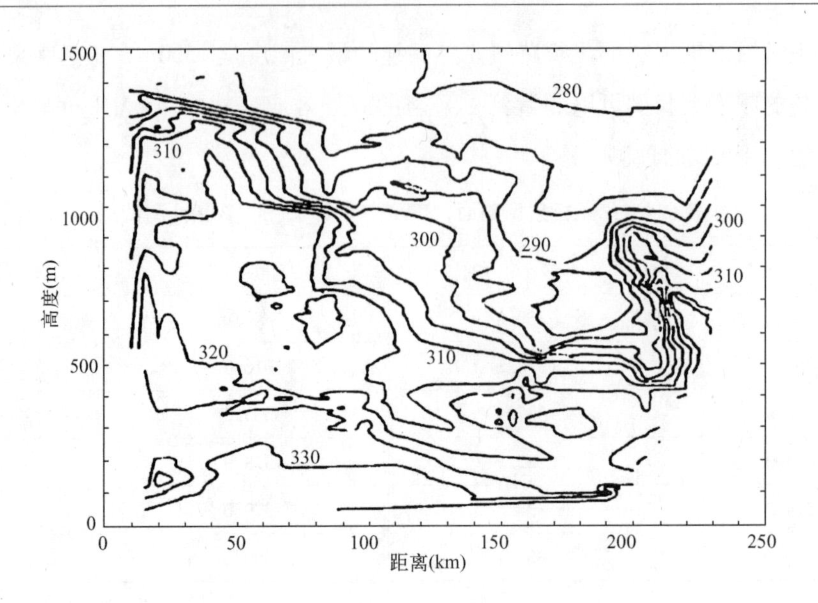

图 6.14　位折射率等值线图，1988 年 7 月 18 日 12：28GMT－15：04GMT

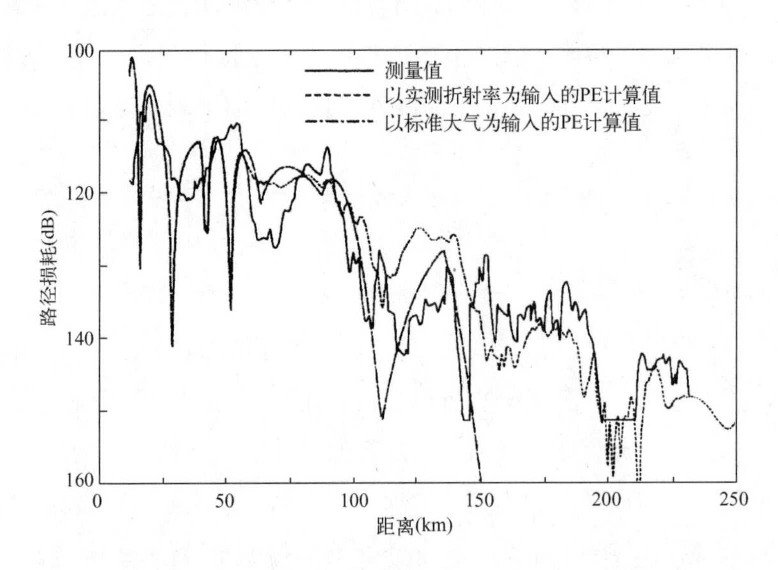

图 6.15　一次 MRF 飞行中 400MHz 的信号传播，1989 年 7 月 18 日

6.6　大气吸收

在折射指数加入一个虚数项，PE 模型即可包含吸收效应。如果我们利用 $a(x,z)$ 来表示这个吸收部分，则窄角分步 PE 变为

$$u(x+\Delta x,z)=\mathrm{e}^{-\frac{ik\Delta x}{2}(n^2(x,z)-1)}\mathrm{e}^{-ka(x,z)\Delta x}\mathrm{e}^{\frac{i\Delta x}{2k}\frac{\partial^2}{\partial z^2}}u(x,z) \tag{6.3}$$

如果大气吸收不随着高度变化，效应建模会非常简单，在场的每步乘以适当指数项，或者等效地在路径损耗结果中增加一个吸收项。对于海上传播，由于近地面较大的湿度梯度，蒸发波导伴随着大气吸收随高度产生相对较大的变化。在这种情况下，不同的吸收效应是显而易见的，此时利用方程（6.3）给出的修正 PE 式更为精确。

图6.16 给出了22GHz 的吸收（dB/km）剖面，蒸发波导高度为22m，利用海温和气温为18℃的整体参数，相对湿度为71%、风速为10m/s。吸收从离海面开始的几米内锐减。图6.17 所示为22GHz 的源位于离海面高度15m 的路径损耗图，使用式（6.3）表示的变化吸收模型，以及利用0.25dB/km 的常数衰减模型，即为图6.16 中剖面给出的基准值。两种吸收模型的波瓣分裂不同：两种情况下尽管一些干涉波瓣均被蒸发波导捕获，但根据不同的衰减模型，由于高的衰减值在下方，近地的波瓣衰减较快。这一点可由图6.18 给出的路径损耗在30km 距离上随着高度的变化得到证实。

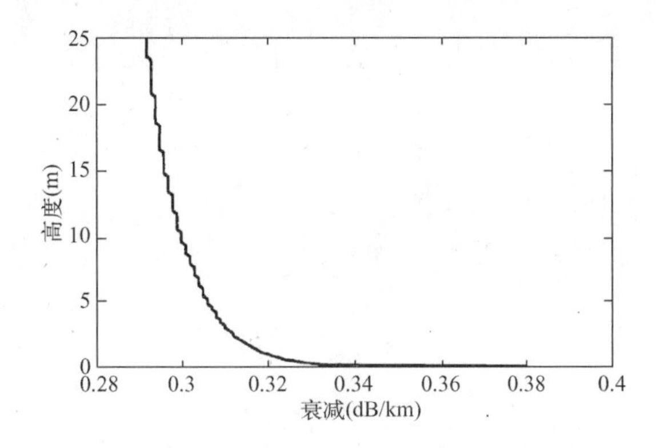

图6.16 22GHz 在蒸发波导中的大气吸收剖面

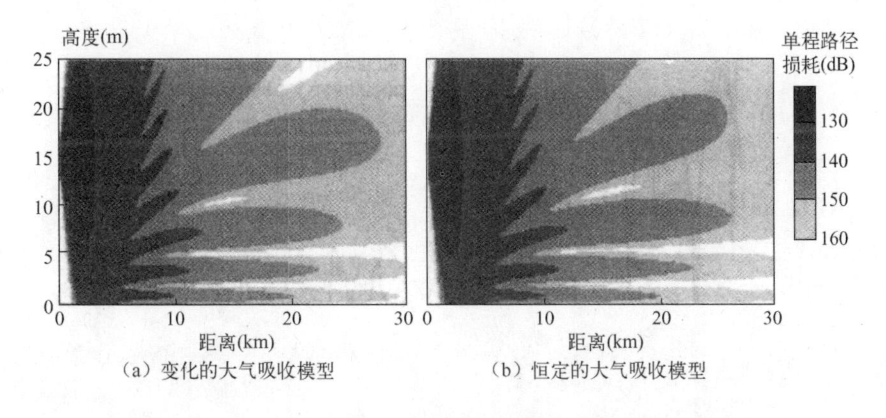

（a）变化的大气吸收模型 （b）恒定的大气吸收模型

图6.17 22GHz 发射源在20m 蒸发波导中的路径损耗覆盖图

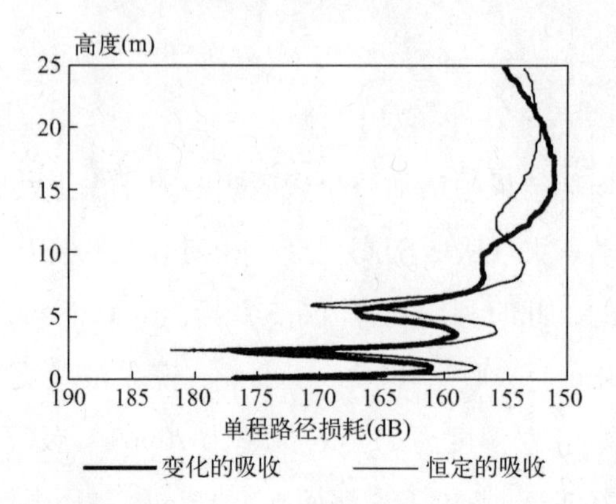

图 6.18　22GHz 发射源在 20m 蒸发波导中在 30km 处路径损耗随高度的变化

第 7 章　不规则地形模型

7.1　引言

对于蜂窝式无线通信网络规划和海岸环境雷达性能预测，不规则地形条件下建立准确的无线电传播模型是至关重要的。许多应用模型基于非常高效的简化多刃峰绕射 Deygout 解[43,44]。还可获得更精确的绕射模型，将地形剖面表现为连续的刃峰、楔形、圆柱或平坦地带[159,98,143,165]。另一类重要的模型是利用积分方程公式[120,118]，根据该公式并采用近轴近似，可以得到极大的简化[60]。所有上述技术均假定传播介质为均匀或线性大气。相比之下，抛物方程方法可模拟地形绕射和大气折射的联合效应[85,107,11]，且易于直接实现。

模拟不规则地形上传播的 PE 模型依赖于坐标系统和地形表示方法，正如 7.2 节中讨论的。模拟地形最简单的技术是水平阶梯序列，阶梯序列只能近似模拟倾斜地形效应。阶梯方法非常有效：网格本质上是与地形无关的，因此可以采用很大的距离步进。利用随地形变化的坐标系统可以获得斜面更精确的模拟结果[65]。文献[102]介绍了一种简单有效的处理方法，利用依赖于距离的简化函数，把地形高度表示为距离的连续分段线性函数。另外一种更复杂的共形变换方法要求提供地形曲率信息[11]。所有这些技术可以利用前面章节中描述的正弦变换方法直接实现。作为另一种选择，有限差分法可采用地形形状网格，仍然保持直角坐标系统[85]，这将在 7.3 节中给出。7.4 节给出应用于地球附近的绕射、多刃峰绕射和不规则地形的传播。

本章中我们假设地面是良导体，入射波是水平极化。第 9 章将给出一般化的阻抗边界情况。

7.2　地形模型

7.2.1　阶梯地形模型

这种模型是利用连续的水平片段近似实际地形，如图 7.1 所示。在每一恒定高度的片段，场是按普通方式进行传播的，在水平面上应用恰当的边界条件。当地形高度发生变化时，拐角的绕射被忽略，在垂直地形面内，场被设置为零。阶梯地形处理方式如图 7.2 所示。如果是上升地形，如图 7.2（a）所示，距离 $x+\Delta x$ 的计算步骤如下：

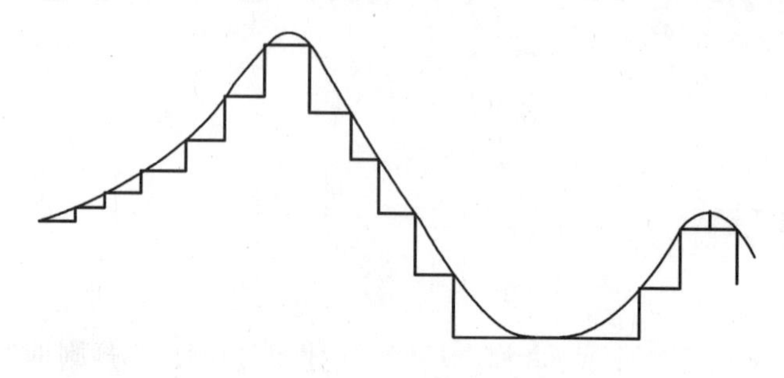

图 7.1　地形的阶梯表示

- 忽略垂直边界 S_2 的存在，计算在水平面 S_1 上的传播场，这与忽略后向散射的近轴近似相一致；
- 通过设置低于 S_2 面上的场为零来截断场，这与假设感兴趣的波长在地面以下不能传播相一致。

如果是下降地形，如图 7.2（b）所示，计算顺序则为：

- 忽略垂直边界 S_2 的存在，计算在水平面 S_1 上的传播场，这样我们忽略了拐角的后向散射；
- 在 S_2 上补零，增加场值。

如果地形确实是阶梯形，该模型则会相当精确，第 2 章中描述了扩展 PE 解到半空间屏绕射的情况。对于光滑地形，这种表示方法显然存在误差，因为倾斜面边界条件没有被适当地考虑。

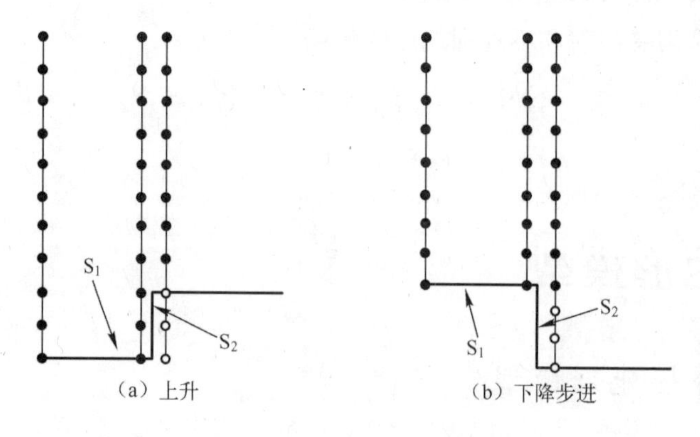

（a）上升　　（b）下降步进

图 7.2　阶梯地形上 PE 步进求解

7.2.2　分段线性地形

这里的地形被表示为线性分段序列，如图 7.3 所示。坐标系统根据地形确定高度，换句话说，我们定义新的距离和高度变量为

$$\begin{cases}\xi = x \\ \varsigma = z - h(x)\end{cases} \tag{7.1}$$

式中，$h(x)$是地形高度（见图 7.3）。

假设在分段 $x_1 \leqslant x \leqslant x_2$ 上的地形斜率是 α，于是在对应的垂直切片上有

$$\begin{cases}\xi = x \\ \varsigma = z - h(x_1) - \alpha(x - x_1)\end{cases} \tag{7.2}$$

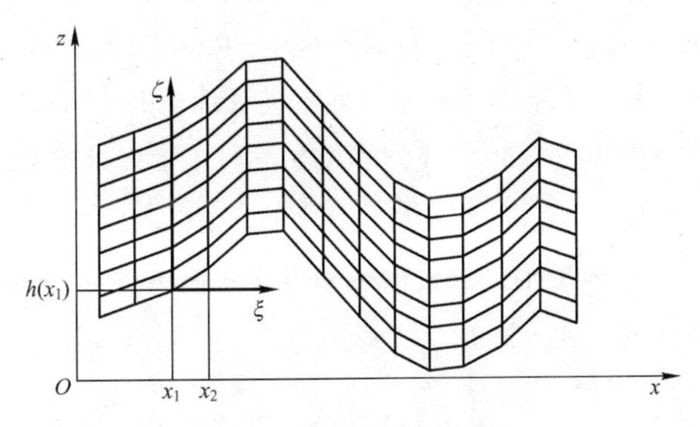

图 7.3　线性地形坐标系统

现在来看新函数 v，定义为

$$v(\xi,\varsigma) = \exp(ik\alpha\,\varsigma)\,u(x,z) \tag{7.3}$$

该方程对因地形引起的波阵面的改变进行了补偿。我们有

$$\begin{aligned}
\frac{\partial u}{\partial x} &= \exp(ik\alpha\,\varsigma)\left\{\frac{\partial v}{\partial \xi} - \alpha\frac{\partial v}{\partial \varsigma}\right\} \\
\frac{\partial u}{\partial z} &= \exp(ik\alpha\,\varsigma)\left\{\frac{\partial v}{\partial \varsigma} + ik\alpha v\right\} \\
\frac{\partial^2 u}{\partial z^2} &= \exp(ik\alpha\,\varsigma)\left\{\frac{\partial^2 v}{\partial \varsigma^2} + 2ik\alpha v\right\}
\end{aligned} \tag{7.4}$$

因此，用变量 v 表示的 SPE 为

$$\frac{\partial^2 v}{\partial \varsigma^2} + 2ik\frac{\partial v}{\partial \xi} + k^2(n^2 - 1)v = 0 \tag{7.5}$$

我们重新得到了普通 PE 形式，但是现在求解的是根据地形的函数，对连续地形片段采用适当的角度改变。可直接利用正弦变换进行实现。我们用(r_0, h_0),$(r_1, h_1)\cdots$表示地形

折点，用 $\alpha_1, \alpha_2 \cdots$ 表示连续地形斜率。假定已经计算得到了距离 r_{m-1} 处场，则可以按下列操作顺序得到距离 r_m 处的步进解。

（1）转移波阵面，使

$$v_m(r_{m-1}, \varsigma) = u(r_{m-1}, h_{m-1} + \varsigma)\exp(-ik\alpha_m \varsigma) \tag{7.6}$$

（2）利用正弦变换方法传播 v_m 到距离 r_m，在间隔$[r_{m-1}, r_m]$，SPE 算法为

$$v_m(\xi + \Delta\xi, \varsigma) = \mathrm{e}^{-\frac{ik(n2-1)}{2}\Delta\xi} S^{-1}\{\mathrm{e}^{-\frac{2i\pi 2p2}{k}\Delta x} S\{v_m(xi, \varsigma')\}\} \tag{7.7}$$

这是在第 m 段地形上场的传播，自动满足地面上场应该为零的边界条件。

（3）在距离 r_m 处，根据式（7.8）重新变回 u

$$u(r_m, h_m + \varsigma) = v_m(r_m, \varsigma)\exp(ik\alpha_m \varsigma) \tag{7.8}$$

（4）为连续处理，再次改变波阵面，根据 v_m 项，给出下一步函数 v_{m+1} 为

$$v_{m+1}(r_m, h_m + \varsigma) = v_m(r_m, \varsigma)\exp(-ik(\alpha_m - \alpha_{m+1})\varsigma) \tag{7.9}$$

此时传播角是根据每一连续切片的倾斜地形进行计量的。高度向的离散化根据 3.3 节中介绍的方法进行。由式（7.3），我们知道如果想正确表示最大到 $\theta_{\max}$ 传播角的解，则 v 必须能表示最大到 $\theta_{\max} + \alpha_{\max}$ 的传播角，其中 $\alpha_{\max}$ 是最大的地形斜率系数。因此，垂直网格分辨力需要实质性地增加。假设谱域角度较小且滤除一半的情况，如 3.3 节所述，我们有奈奎斯特准则［式（3.55）］，形式为

$$\Delta\varsigma \leqslant \frac{\lambda}{4(\theta_{\max} + \alpha_{\max})} \tag{7.10}$$

对于山丘地形，地形斜率很容易达到 5°，模拟地形上传播角达到 1°的情况，要求的高度分辨力是 $\lambda/4$[注]，这对于求解微波频段的大区域传播问题是不现实的。

7.2.3　共形映射

这种方法假设以函数 $h(x)$ 给出光滑地形。假设 h 对 x 存在连续二阶导数。

我们再次定义高度和距离变量为

$$\begin{cases} \xi = x \\ \varsigma = z - h(x) \end{cases} \tag{7.11}$$

现在用一个全局变换函数，而不是如线性分段地形中考虑一系列的垂直切片，给出

$$v(\xi, \varsigma) = \exp\{i\theta(\xi, \varsigma)\} u(x, z) \tag{7.12}$$

其中，地形决定的相位函数 θ 定义为

译者注：“高度分辨力是 $\lambda/4$”应为“高度分辨力是 2.5λ”。

$$\theta(\xi,\varsigma)=k\varsigma h'(\xi)+\frac{k}{2}\int_0^{\xi}h'^2(s)\mathrm{d}s \tag{7.13}$$

用 v 表示的 u 的偏导数为

$$\frac{\partial u}{\partial x}=\mathrm{e}^{i\theta}\left\{\frac{\partial v}{\partial \xi}+iv\frac{\partial \theta}{\partial \xi}-\left[\frac{\partial v}{\partial \varsigma}+iv\frac{\partial \theta}{\partial \varsigma}\right]h'(x)\right\}$$

$$\frac{\partial u}{\partial z}=\mathrm{e}^{i\theta}\left\{\frac{\partial v}{\partial \varsigma}+iv\frac{\partial \theta}{\partial \varsigma}\right\} \tag{7.14}$$

$$\frac{\partial^2 u}{\partial z^2}=\mathrm{e}^{i\theta}\left\{\frac{\partial^2 v}{\partial \varsigma^2}+2i\frac{\partial v}{\partial \varsigma}\frac{\partial \theta}{\partial \varsigma}+v\left[i\frac{\partial^2 \theta}{\partial \varsigma^2}-\left(\frac{\partial \theta}{\partial \varsigma}\right)^2\right]\right\}$$

对于函数 v，SPE 变为

$$\frac{\partial^2 v}{\partial \varsigma^2}+2ik\frac{\partial v}{\partial \xi}+2i\left(\frac{\partial \theta}{\partial \varsigma}-kh'(\xi)\right)\frac{\partial v}{\partial \varsigma}+\left\{k^2(n^2-1)-2k\frac{\partial \theta}{\partial \xi}+2kh'(\xi)\frac{\partial \theta}{\partial \varsigma}+i\frac{\partial^2 \theta}{\partial \varsigma^2}-\left(\frac{\partial \theta}{\partial \varsigma}\right)^2\right\}v=0 \tag{7.15}$$

根据选择的 θ，有

$$\frac{\partial \theta}{\partial \varsigma}=kh'(\xi) \tag{7.16}$$

$$\frac{\partial \theta}{\partial \xi}=k\varsigma h''(\xi)+\frac{k}{2}(h'(\xi))^2 \tag{7.17}$$

因而方程（7.15）可简化为

$$\frac{\partial^2 v}{\partial \varsigma^2}+2ik\frac{\partial v}{\partial \xi}+k^2m_h^2(\xi,\varsigma)v=0 \tag{7.18}$$

该式与 SPE 形式相同，其中的修正折射指数 m_h 定义为

$$m_h^2(\xi,\varsigma)=n^2(\xi,h(\xi)+\varsigma)-2\varsigma h''(\xi) \tag{7.19}$$

因此我们能够利用分步正弦变换方法求解 v。如果只需求场的幅度，由于 u 和 v 比率的模为1，则计算完毕。如果还需要相位，则在每一输出距离上需要根据方程（7.13）计算补偿值。若知道地形剖面的二阶导数，则式（7.15）比式（7.5）更精确。在实际中，通常不了解地形斜率和曲率的信息，则最好的选择是在距离 r_{m-1} 处将二阶导数近似为

$$h''(r_{m-1})\sim\frac{\alpha_m-\alpha_{m-1}}{\Delta x} \tag{7.20}$$

其中采用了前面章节中的符号。因此，由于修正折射指数增加的额外乘数项变为

$$\exp\{ik(\alpha_m-\alpha_{m-1})\varsigma\} \tag{7.21}$$

即与前面章节中的线性变换方法完全一致。然而，共形框架更具一般性，可以用来重新考虑平地球近似。如果我们把地球表面近似为

$$h(x) = -\frac{x^2}{2\alpha} \tag{7.22}$$

其中 α 是地球半径，发现

$$m_h^2(\xi,\varsigma) = n^2(\xi,h(\xi)+\varsigma) + \frac{2\varsigma}{\alpha} \tag{7.23}$$

或者，如果忽略$\frac{\varsigma}{\alpha}$的一阶以上的项，有

$$m_h(\xi,\varsigma) = n(\xi,h(\xi)+\varsigma) + \frac{\varsigma}{\alpha} \tag{7.24}$$

这恰好是第 4 章中定义过的修正折射率指数。

7.3　有限差分实现

对于前面介绍的应用正弦变换实现地形模型的想法，可直接采用第 3 章中描述过的 Crank－Nicolson 方案。相应地，倾斜地形可以通过直接使边界条件 $u=0$ 来实现。当地形向上倾斜时，我们利用式（3.81）计算地形上方的网格点值。如果超前距离 x_m 处的地面高度是 $j_m\Delta z$，我们利用以下 $N+1-j_m$ 个方程组成的方程组

$$\begin{cases} u_{jm}^m = 0 \\ \alpha_j u_j^m + u_{j+1}^m + u_{j-1}^m = \beta_j u_j^{m-1} - u_{j+1}^{m-1} - u_{j-1}^{m-1}, \quad j_m < j < N \\ u_N = 0 \end{cases} \tag{7.25}$$

对于向下倾斜地形，我们假设当前和超前距离处的地形高度恰好相差一个网格增量 Δz。为了利用隐式差分格式，必须近似得到在当前距离 x_{m-1}处边界的高度二阶导数。我们利用近似

$$\frac{\partial^2 u}{\partial z^2}(x_{m-1}, j_{m-1}\Delta z) \sim \frac{\partial^2 u}{\partial z^2}(x_{m-1}, (j_{m-1}+1)\Delta z) \tag{7.26}$$

令 $l=j_{m-1}$，这样得到单侧近似

$$\frac{\partial^2 u}{\partial z^2}(x_{m-1}, l\Delta z) \sim \frac{u_l^{m-1} + u_{l+2}^{m-1} - 2u_{l+1}^{m-1}}{\Delta z^2} \tag{7.27}$$

现在可以将方程组表示为

$$\begin{cases} u_{l-1}^m = 0 \\ \alpha_l u_l^m + u_{l+1}^m + u_{l-1}^m = \gamma_1 u_j^{m-1} - \gamma_2 u_{l+1}^{m-1} - u_{l+2}^{m-1} \\ \alpha_j u_j^m + u_{j+1}^m + u_{j-1}^m = \beta_j u_j^{m-1} - u_{j+1}^{m-1} - u_{j-1}^{m-1}, \quad l < j < N \\ u_N = 0 \end{cases} \tag{7.28}$$

这是右侧 Crank - Nicolson 方案的简单改变。

这种方法的明显缺陷是距离步进必须与斜率相适应。由于使下一地形点的信息作为前行步进算法的一部分，所以这个模型要比阶梯模型准确，但是比不上变换法精确，后者在算法中包含斜率本身的信息。

7.4　算例

7.4.1　地球绕射

可采用两种方法处理球面绕射：把地球表面直接表示为一个球面，或者利用第 4 章介绍的地球平坦变换。图 7.4 所示为离地面高度 25m 发射源的 1GHz 水平极化波传播路径损耗分布图，把地球直接表示为地形变量。当然，对于这种表示法，折射指数不用修正。仿真中利用了线性减小的剖面，相当于良好混合的标准大气，梯度是 - 39 N- 单位/km。地球被当作良导体，因此地面上的场是零。正如所期望的那样，由于折射指数的减小，能量传播轨迹向下弯曲，其曲率半径大于地球，因此以能量离开地面的方向传播。由于围绕地球表面的绕射导致信号强度在无线电视距处没有突然的变化，而在超视距处是光滑地减小。

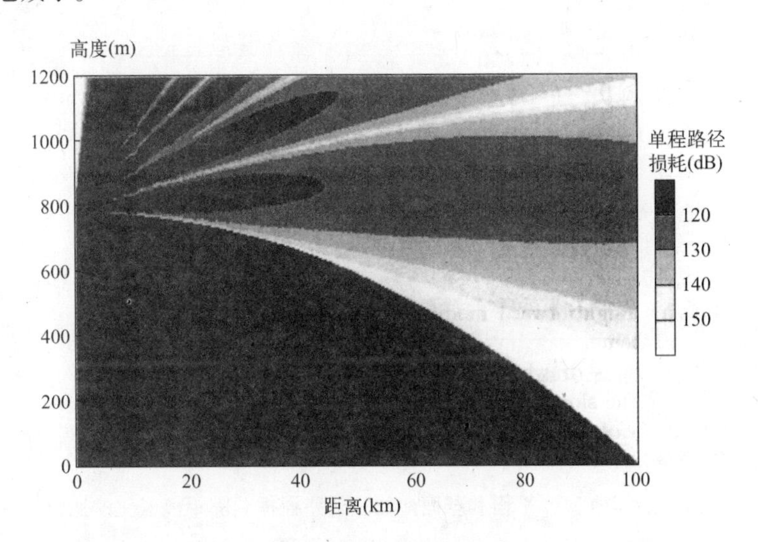

图 7.4　1GHz 发射源位于离地 25m 高的球面绕射，显式处理地球表面

图 7.5 所示是相同参数条件下利用地球平坦化变换得到的计算结果。仿真中利用了修正折射指数剖面，是斜率 118 M- 单位/km 的线性增加剖面。能量离开地面向上传播，

但是共形映射得到平面地球和产生向上弯曲传播的效果。

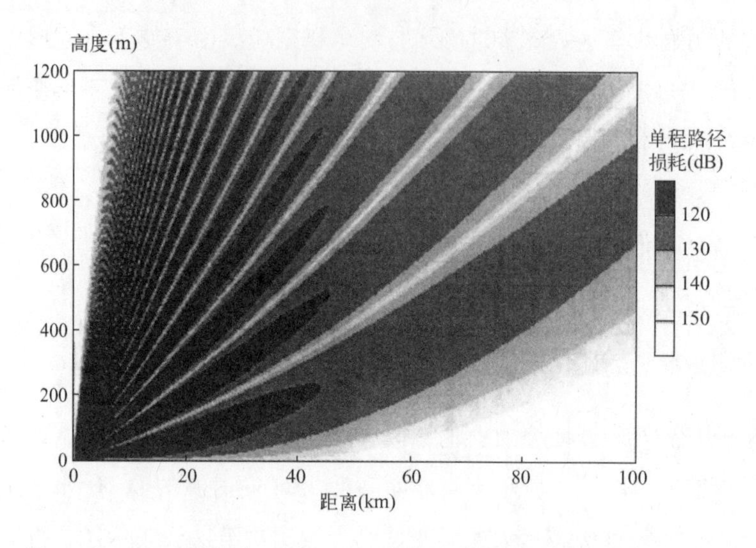

图 7.5　1GHz 发射源位于离地 25m 高的球面绕射，利用地球平坦变换

对于这两种仿真方式，均利用 250m 的距离步进和 1m 的高度步进。这两种方法得到一致的结果，如图 7.6 所示，显示了离地 25m 高度上作为距离函数的路径损耗变化。连续实线表示直接地球表示法的结果，点化线表示共形映射结果。其一致性非常好，证明了地形平坦变换的准确性。

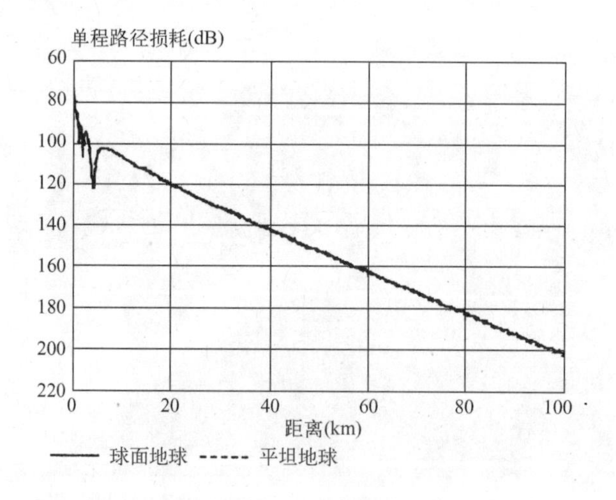

图 7.6　离地 25m 平坦和球面地球模式路径损耗随距离变化的比较

7.4.2　多刃峰绕射

在第 2 章中我们了解到，对于单刃峰障碍，PE 公式在形式上相当于菲涅尔绕射公

式。该结果可以推广到多刃峰绕射。对于双刃峰，小角度绕射可以用菲涅尔表面积分表示[114,113]。这个奇异积分不容易直接计算，需要烦琐地匹配渐进展开和泰勒级数。相比之下，PE 求解提供了一种简单自动的方法来计算相同的积分，采用数值方法求解偏微分方程而得到结果。

考虑如图 7.7 所示的双刃峰几何结构，发射机位于 T 处，接收机位于 R 处。刃峰 K_1 和 K_2 的高度超过视线 TR，分别表示为 h_1 和 h_2。

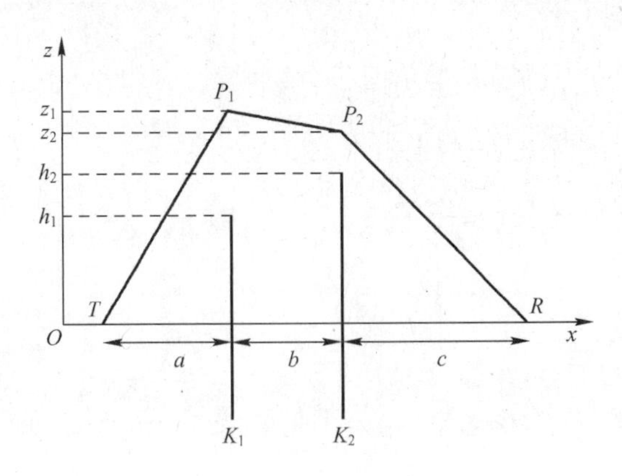

图 7.7　双刃峰几何关系

惠更斯原理的两种应用导出下面的场强 E 相对于自由空间场强 E_0 的表示式

$$\frac{E}{E_0}=\frac{\int_{h_1}^{+\infty}\int_{h_2}^{+\infty}\exp[ikd(z_1,z_2)]\mathrm{d}z_1\mathrm{d}z_2}{\int_{-\infty}^{+\infty}\int_{+\infty}^{+\infty}\exp[ikd(z_1,z_2)]\mathrm{d}z_1\mathrm{d}z_2} \tag{7.29}$$

式中，$d(z_1,z_2)$是 TP_1P_2R 和 TR 间的路径差。

该式忽略了边缘电流和边缘间的后向散射效应，就像抛物型波方程。如果只考虑小角度绕射路径，则有

$$d(z_1,z_2)\sim\frac{z_1^2}{2a}+\frac{(z_1-z_2)^2}{2b}+\frac{z_2^2}{2c} \tag{7.30}$$

场的表达式结果准确地与窄角 PE 近似获得的结果相同。其实假设点源在 T，则点 P_1 处的 PE 简化场 u 简化为

$$u(a,z_1)=A\frac{z_1^2}{2a} \tag{7.31}$$

式中，A 是一个归一化常数。利用 2.4.2 节中的结果，点 P_2 处的 PE 简化场为

$$u(a+b,z_2)=A\int_{h_1}^{+\infty}\exp\left[ik\left(\frac{z_1^2}{2a}+\frac{(z_1-z-2)^2}{2b}\right)\right]\mathrm{d}z_1 \tag{7.32}$$

通过在 z_2 上的积分，可以获得 R 处的简化场，有

$$u(a+b+c,0)=A\int_{h_1}^{+\infty}\int_{h_2}^{+\infty}\exp\left[ik\left(\frac{z_1^2}{2a}+\frac{(z_1-z-2)^2}{2b}+\frac{z_2^2}{2c}\right)\right]\mathrm{d}z_1\mathrm{d}z_2 \tag{7.33}$$

由于两个刃峰不存在的情况下，简化场可通过使 $h_1=h_2=-\infty$ 获得，则 E/E_0 的结果表达式恰好与式（7.29）相同，额外路径 $d(z_1,z_2)$ 由式（7.30）给出。既然 PE 和菲涅尔－基尔霍夫公式相一致，可利用在合适的离散距离和高度上步进求解 PE 得到结果，也可直接求解积分得到。

文献[114,113]中的方法用菲涅尔面积分组成式（7.29）中的积分项表示式。为得到该式，路径差 d 表示为两个平方项的和

$$d(z_1,z_2)=\frac{a+b}{2ab}\left(z_1-\frac{az_2}{a+b}\right)^2+\frac{(a+b+c)z_2^2}{2(a+b)c} \tag{7.34}$$

通过改变变量

$$\begin{cases} s_1=\sqrt{\dfrac{2(a+b+c)}{\lambda ab}}\left(z_1-\dfrac{a}{a+b}z_2\right) \\ s_2=\sqrt{\dfrac{2(a+b+c)}{\lambda(a+b)c}}z_2 \end{cases} \tag{7.35}$$

式（7.29）变为

$$\frac{E}{E_0}=-\frac{i}{2}\int_{\sqrt{\frac{2(a+b)}{\lambda(a+b+c)}}h_2}^{+\infty}\mathrm{d}s_2\times\int_{\sqrt{\frac{2(a+b)}{\lambda ab}}h_1-\sqrt{\frac{2(a+b)}{b(a+b+c)}}s_2}^{+\infty}\exp\left[i\frac{\pi}{2}(s_1^2+s_2^2)\right]\mathrm{d}s_1 \tag{7.36}$$

对于双刃峰，习惯上用无量纲的菲涅尔参数 p 和 q 的函数表示积分下限

$$p=h_1\sqrt{\frac{2(a+b+c)}{\lambda a(b+c)}} \tag{7.37}$$

$$q=h_2\sqrt{\frac{2(a+b+c)}{\lambda(a+b)c}} \tag{7.38}$$

刃峰分离的角度 α 表示为

$$\tan\alpha=\sqrt{\frac{b(a+b+c)}{ac}} \tag{7.39}$$

相对于自由空间的场则可表示为

$$2i\frac{E}{E_0}=\int_q^{+\infty}\mathrm{d}s_2\int_{\frac{p-s_2\cos\alpha}{\sin\alpha}}^{+\infty}\exp\left[i\frac{\pi}{2}(s_1^2+s_2^2)\right]\mathrm{d}s_1 \tag{7.40}$$

根据定义，菲涅尔表面积分为

$$G(S)=\int_S\exp\left(i\frac{\pi}{2}\rho^2\right)\mathrm{d}S \tag{7.41}$$

对应于如图 7.8 所示的积分表面 S。参考文献[114,113]给出了对所有 p、q 和 α 值的 $G(S)$ 扩展。其结果可推广到顶部是反射平面障碍物的情况，利用相似的技术计算反射场[164]。绕射场表示为两个菲涅尔面积分的叠加[164]。

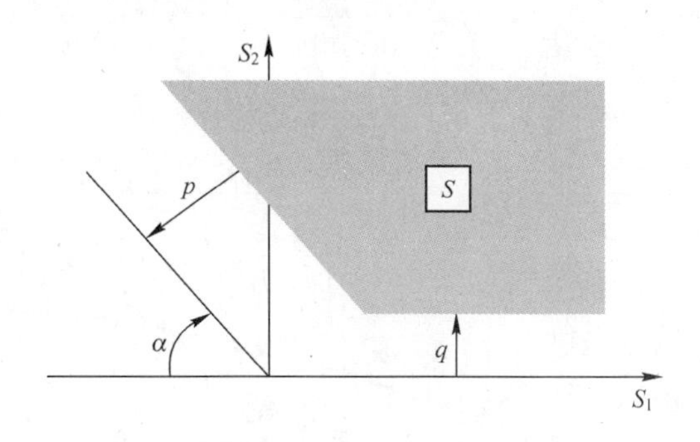

图 7.8　菲涅尔面积分的积分区域

我们现在考虑对这类问题的 PE 实现。采用阶梯地形模型，垂直面的处理方法简便。特别是单刃峰或多刃峰可以仅仅用宽度为零的阶梯来模拟。另一种情况，包含垂直面的障碍，如建筑，可以混合采用阶梯地形和线性分段模型来处理。文献[102,101]就对如图 7.9 所示的平顶障碍采用了这样的方法。

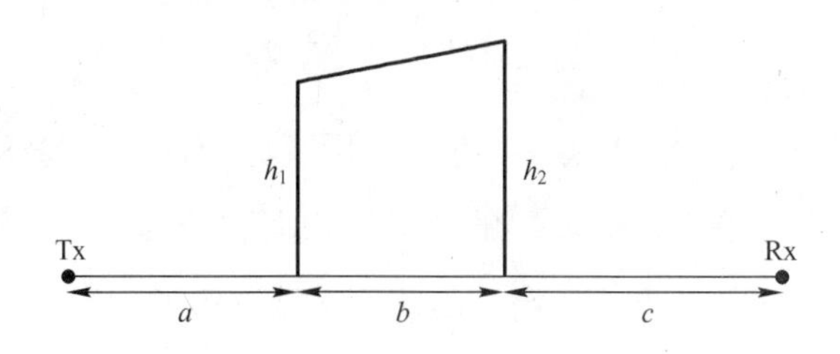

图 7.9　平顶障碍几何关系

根据障碍顶部斜率符号的不同，在菲涅尔积分中评估反射场时，采用不同的表达式。按照文献[164,102]，分别对应于负斜率、正斜率和零斜率，我们称之为照明区、阴影区和切线入射，如图 7.10 所示。文献［101］中的图 7.11 显示了菲涅尔面积分和用 PE 得到结果的比较。式（7.39）给出的角 α 设置为固定值 28°，而根据接收点的垂直移动，允许参数 p 和 q 变化。照明和阴影情况（分别为曲线 I 和 S）对应于入射场在顶部平面的擦地角为 2°和 −2°。标为 T 的曲线对应于切线入射情况。图中还显示了文献[54]里的实验结果。测量和模型值之间的差异可能是因为理论模型中采用了理想导体面和理想导体障碍物：这种理想化的表示未表明实验中使用铝块的实际特性[164]。

PE 和菲涅尔面积分模型获得了良好的一致，正如所期望的那样，这是因为这两种

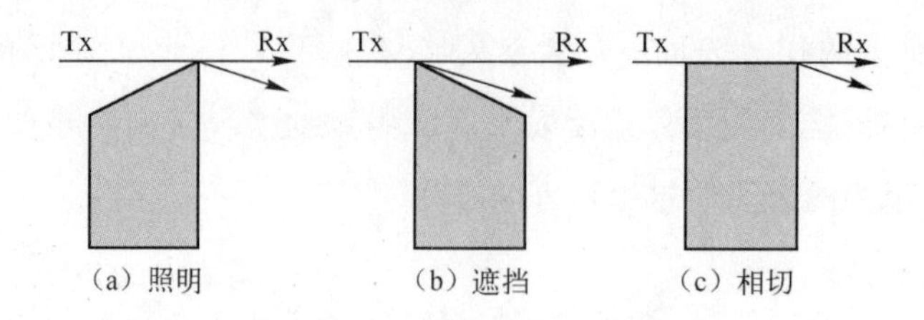

图 7.10　照射平顶障碍类型

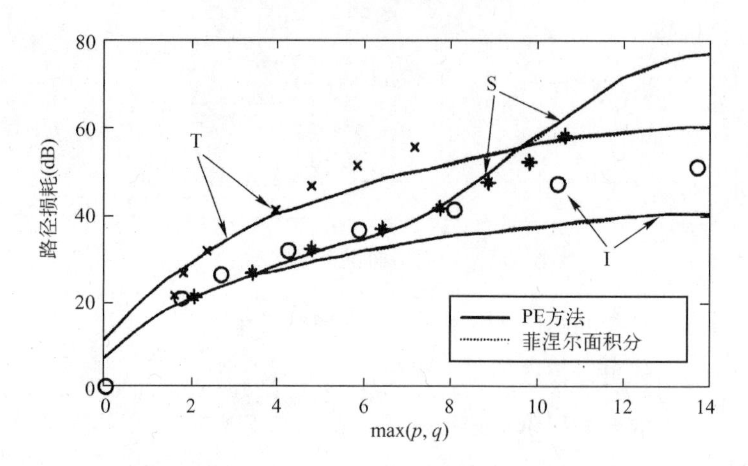

照明（I），遮挡（S），相切（T）照射平顶障碍类型[101]

图 7.11　菲涅尔面积分，PE 和实测结果比较

方法只是计算相同积分的途径不同。PE 方法应用更为简便，且易于推广。例如，它可以直接处理多刃峰和多重平坦顶部障碍的情况，然而积分的直接计算就变得非常烦琐。文献[81]建议了一种基于路径方法的渐进解法，根据等效平行半平面波求解阴影区位置处的绕射场，如图 7.12 所示。

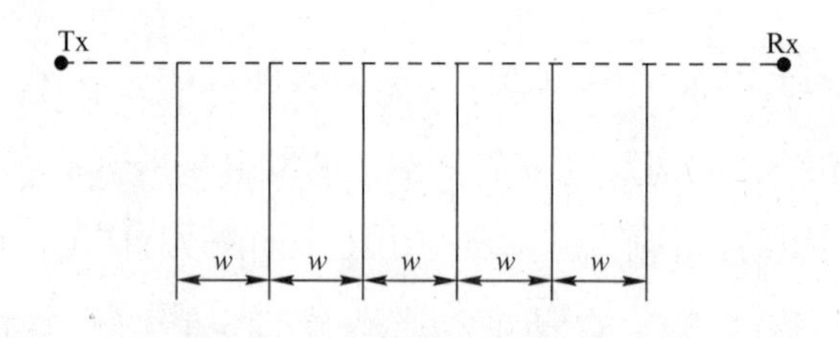

图 7.12　等距离刃峰的几何关系

对于发射和接收间的 n 重刃峰，文献[81]给出了相对于自由空间（或绕射损耗）的路径损耗 L_n

$$L_n \sim 20\log(n+1) \tag{7.42}$$

这相当于渐进展开式的首项。对于 $n=1$，就是熟悉的单刃峰绕射结果。图 7.13 所

示是 1 ~ 10 个刃峰的绕射损耗，分别利用方程（7.42）和 PE 方法计算得到[86]。PE 结果是利用宽角有限差分程序获得的，频率是 1GHz，刃峰间隔是 45cm，等于 150λ。PE 结果围绕文献[81]中的预测值，表现出一些弱起伏，可能是因为 PE 表示包含了高阶效应。为了滤除这些变化，PE 解进行了 5m 的平均。平均值与渐进结果相当一致，最大误差是 0.07dB。同时也显示了 PE 点的结果与渐进值之间的误差保持在 0.5dB 之内，表明渐进展开的首项提供了绕射场的适当近似。

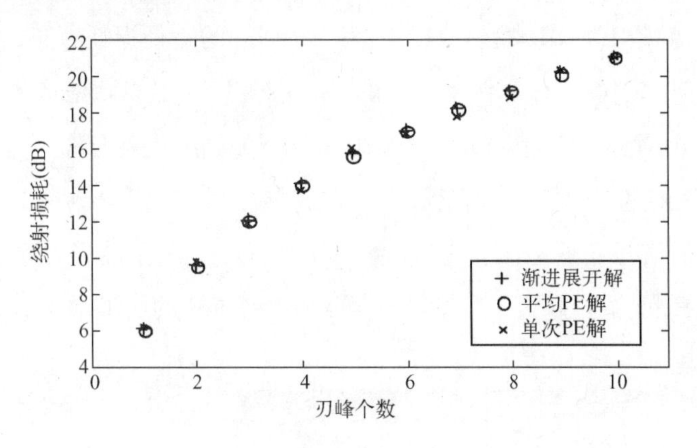

图 7.13　多刃峰绕射的解析和 PE 结果比较

在微小区网络规划应用中，多刃峰模型经常被用来表现理想城区环境[139]。当然，PE 可以用来处理更真实的城区环境，如图 7.14 所示，一个 900MHz 的发射源置于离地面 35m 高处，穿过 5 栋不同形状的建筑。此处采用了宽角有限差分程序，以模拟深阴影区的绕射。

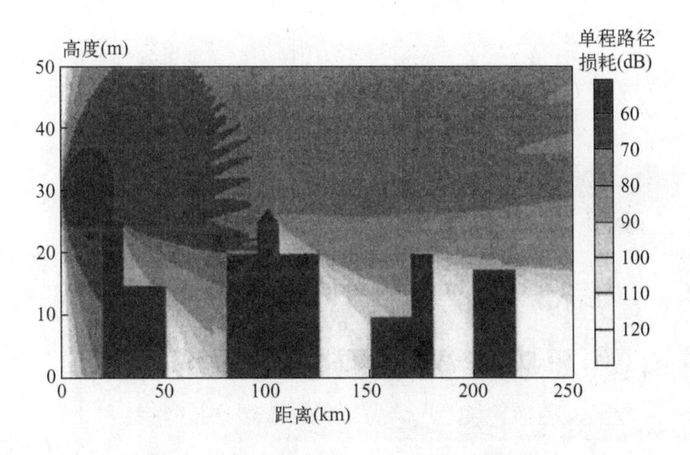

图 7.14　城区环境 900MHz 水平发射源

7.4.3　地形和波导的联合效应

无线电链路规划需要准确评估覆盖区域和干扰情况。在 PE 方法发展以前，同时模拟大气折射和地形绕射效应是不可能的。然而这对于抛物方程方法来说却很简便，抛物方程能够简洁地处理地形和折射指数变化情况。接下来的算例根据 3.3 节中描述的分步正弦变换方法获得，利用阶梯地形描述。

图 7.15 显示的是 1.8GHz 发射源在地面高度 15m 的路径损耗分布，地形为山丘，考虑相应的修正折射率剖面。该算例中采用的是标准大气。不规则地形的反射造成复杂的干扰情况。图 7.16 显示的是相同天线和地形情况下的路径损耗分布，存在悬空波导，修正折射率剖面用三线性模型表示。能量陷获在波导中，传播到 63km 处的山丘主峰，造成显著增强的绕射信号。这在图 7.17 中更明显，图中显示了路径损耗在地面固定高度 2m 处随距离的变化曲线。超过主峰后，观测到超过 20dB 的信号增强。

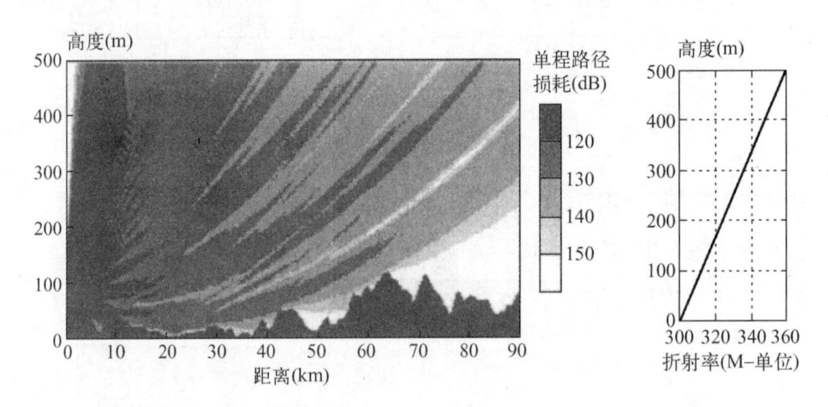

图 7.15　标准大气水平极化波 1.8GHz 发射源的不规则地形绕射

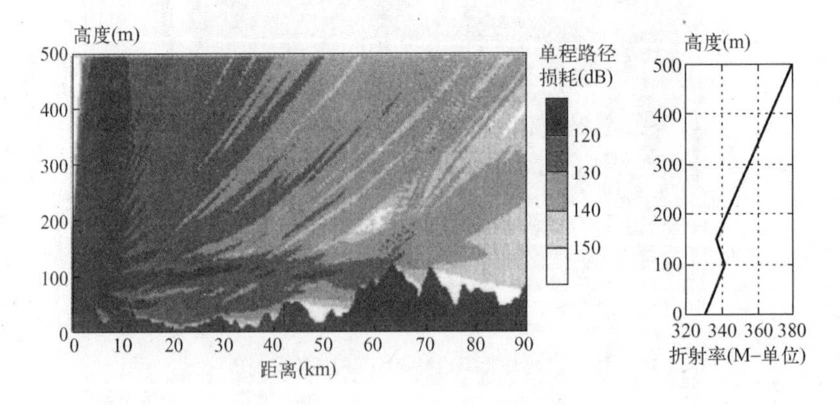

图 7.16　悬空波导水平极化波 1.8GHz 发射源的不规则地形绕射

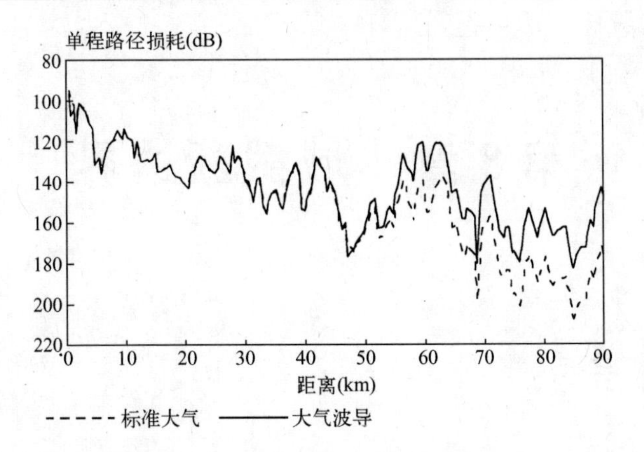

图7.17 标准大气和悬空波导水平极化波1.8GHz发射源在不规则地形上2m处的结果比较

第 8 章　域截断边界

8.1　引言

对于大多数无线电传播问题，通常传播区域的下边界为物理地面和大气的分界面，可用一种表面阻抗边界条件表示，然而由于计算过程中高度方向的积分区域有限，上边界需人工设置。上部必须在有限远处满足 Sommerfeld 辐射条件——边界必须完全透明，使从边界下部来的能量能完全传播到无限远处。

早期，PE 模型中的域截断边界是基于吸收边界层方法的，这种方法在以水平方向为参考的小角度传播情况下性能良好，但是不适用于大传播角。由于易于实现，吸收边界层方法仍然是目前最受欢迎的域截断技术。在 8.2 节中我们介绍一种简单吸收边界层的特性。

同样是在感兴趣的计算区域上部增加吸收介质的思路，Berenger[18]采取了不同的利用完全匹配层的方法，把传播方程扩展为一种特殊介质材料，具有吸收所有传播方向平面波的性能。

最初提出完全匹配层（PML）是为了数值求解完整麦克斯韦方程时，保证有效的域截断。此方法很快完善且功能强大，随后建立了多种应用，特别是被抛物方程方法所采用[158,31]。在 8.3 节中，我们介绍一种很简单但足以适合散射应用的方法。虽然这种技术不适合远距离问题，但在目标散射计算中极其有效。

接下来我们考虑能严格准确地截断区域的非本地边界条件技术。很多学者推导出椭圆波方程问题的非本地边界条件（NLBCs），详细的回顾可参考文献[51]。事实上，NLBCs 同样可用于抛物方程。椭圆情况下的 NLBCs 同时涉及边界上的所有点，应用困难，而近轴情况下的 NLBCs 构成因果关系，因而易于应用。对于边界上介质均匀且初始场被屏蔽的情况，Papadakis[121]引入近轴构架下的 NLBCs，同时 Baskakov、Popov[12]和 Marcus[106,107]也独立提出。随后得到更普遍的近轴 NLBCs，用来处理传播边界[42,108]和线性介质[88,89,91,129,152]。NLBCs 构架在 8.4 节给出，8.5 节介绍屏蔽 NLBCs。本节我们只考虑适用于窄角二维 PE 的 NLBCs，宽角 NLBCs 和推广到三维下的情况将分别在第 12 章和第 13 章给出。

最后我们讨论允许发射源位于抛物方程区域之上的域截断技术，它是通过在边界条件中增加表示输入能量的非均匀项来实现的。这具有很大的应用价值，因为对于空间信号源，覆盖区域的低高度情况计算时间远小于不得不在区域内包含发射源的情况。高信号源可以用非本地边界条件进行处理[42,89,91]，见 8.6 节。可能有些令人惊讶，模拟输入能量情况同样存在一个分步傅里叶版本，这是 8.7 节的主题。

8.2　吸收层

吸收层是添加到关心区域上部的层结，在吸收层中对 PE 场采取滤波的方法，当向上传播的能量从顶部边界向下反射时，吸收这些能量。这与在折射指数中增加虚数部分，因此使吸收层里的传播介质变为有耗介质等价。为了使滤波不影响关心区域内的传播，必须只滤去向吸收层下方反射传播的能量。这种方法均可应用于 PE 的分步傅里叶和有限差分法。

一个简单但有效的滤波器是汉明窗，汉明窗广泛用于信号处理。其表示式为

$$\phi(t)=\frac{1+\cos(\pi t)}{2} \tag{8.1}$$

汉明窗满足 $\phi(0)=1$，$\phi(1)=0$，并且最后一点的导数是零，这保证与传播区域的其余部分光滑匹配。我们可以估计滤波器的吸收性能，为简单起见，假设传播介质是真空。考虑如图 8.1 所示的几何关系，吸收层高度为 H。与水平方向夹角为 θ 的射线向上传播，在顶部边界反射后，与之相关用 dB 表示的总衰减是

$$L=-\frac{40H}{\Delta x\tan\theta}\int_0^1\log\phi(t)\,\mathrm{d}t \tag{8.2}$$

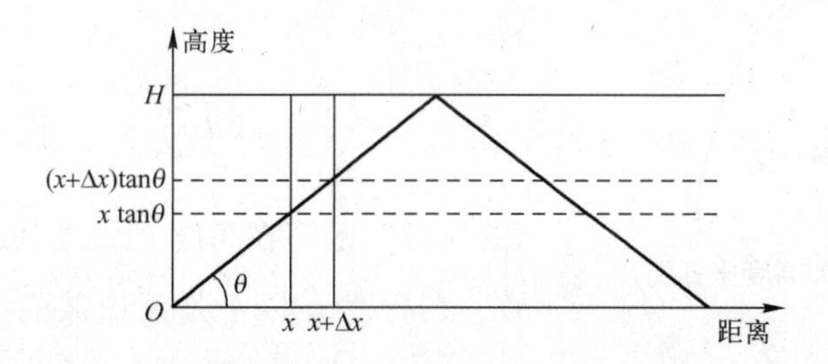

图 8.1　仰角为 θ 射线的吸收层效应

其中 Δx 是距离向积分步长。为理解上式，我们注意到 x 和 $x+\Delta x$ 间垂直微分的 dB 衰减是

$$-20\log\phi(x\tan\theta/H) \sim -\frac{1}{\Delta x}\int_{x}^{x+\Delta x}20\log\phi(\xi\tan\theta/H)\,\mathrm{d}\xi \tag{8.3}$$

累加连续的微分得到式（8.2）。在区域顶部，把场截断意味着出现一个可完全反射的镜面。对于汉明窗，我们有[53]

$$-\int_{0}^{1}\log\phi(t)\,\mathrm{d}t = -2\int_{0}^{1}\log\cos\frac{\pi}{2}t\,\mathrm{d}t = 2\log 2 \tag{8.4}$$

对于微波频段的 PE 计算，距离步长的典型量级为 500m。令 $H=100\mathrm{m}$，我们可以得出，传播仰角小于 2.75°的衰减值最少为 100dB。如果涉及大传播角，这种方法变得较为费事，因为为获得足够的衰减，$H/\Delta x$ 必须按几个数量级增加。

文献[62,78]描述了其他滤波器定义的“海绵”层。

8.3　完全匹配层

假设高度 z_b 以上传播介质的折射指数是 1。我们通过代替高度 z 为复数坐标 $\tilde{z}$，建立二维 PML，表示为

$$\tilde{z} = z - i\int_{0}^{z}\gamma(\xi)\,\mathrm{d}\xi \tag{8.5}$$

其中

$$\begin{cases}\gamma(z)=0, & z\leqslant z_b\\ \gamma(z)>0, & z>z_b\end{cases} \tag{8.6}$$

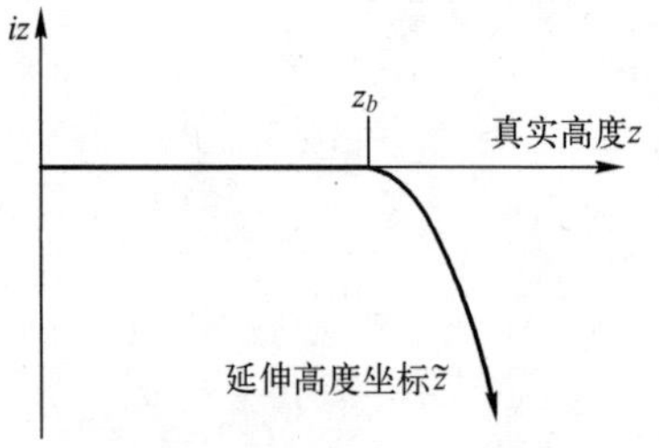

图 8.2 显示了“延伸高度坐标” $\tilde{z}$ 的特点[132]。我们把 SPE 扩展到新的高度坐标系中，对于扩展函数 $v(x,\tilde{z})$，有

$$\frac{\partial^2 v}{\partial \tilde{z}^2} + 2ik\frac{\partial v}{\partial x} + k^2(n^2-1)v = 0 \tag{8.7}$$

图 8.2　延伸高度坐标

式（8.7）的解在高度 $z<z_b$ 区域与普通 PE 的解一致，在高度 z_b 以上是消逝波的形式。为明白这一点，我们需了解幅度是单位值，以与水平方向夹角为 θ 平面波向上的传播。在 PML 方法中，解的形式为

$$v(x,\tilde{z}) = \exp\left(-ik\frac{x}{2}\sin^2\theta - ik\tilde{z}\sin\theta\right) \tag{8.8}$$

根据变量 z，可写为

$$u(x,z) = \exp\left(-ik\frac{x}{2}\sin^2\theta - ikz\sin\theta\right)\exp\left(-k\sin\theta\int_0^z\gamma(\xi)\,\mathrm{d}\xi\right) \tag{8.9}$$

可以看出，对于实高度 z 而言，在高度 z_b 以上解确实是消逝波。在这里应该强调：在高度 z_b 以上，$u(x,z)$ 根本不是抛物方程的解，在延伸坐标系中，实数高度内的解才是抛物方程的解。我们把最初的方程替代为一个新方程，新方程具有在 z_b 以下的解不改变的性质，而 z_b 以上的解会迅速衰减。我们注意到，与 8.2 节中高传播角情况下性能较差的吸收层方法不同，PML 在小传播角情况下性能较差，因此，PML 不太适合远距离传播问题。

可直接实现 PML 的有限差分法，把式（8.7）写为

$$\frac{1}{1-i\gamma(z)}\frac{\partial}{\partial z}\left(\frac{1}{1-i\gamma(z)}\frac{\partial u}{\partial z}\right) + 2ik\frac{\partial u}{\partial x} = 0 \tag{8.10}$$

利用导数的标准有限差分近似即可。在无限 PML 介质情况下，可选择任意衰减函数 γ。实际应用时，PML 介质必须为有限厚度，且必须考虑如何避免在层顶发生欺骗性的反射。在 Berenger 最初的论文里[18]，建议使用几何级数，令

$$\gamma(z) = \gamma_0\left(g^{1/\Delta z}\right)^z \tag{8.11}$$

式中，Δz 是网格的垂直分辨率。文献[31]中分析了其他可能性。通常很薄的 PML（典型值在 10 个网格点数量级）就足够了，使得该方法对于散射问题特别有吸引力。

8.4　非本地边界条件

非本地边界条件基于边界处场的水平平面波分解。每一个平面波分量有精确的边界条件描述，通过适当的变换构造场的总边界条件。这种构造方式的最大优点是不需要场的谱分解显式信息。一个缺点是，到目前为止，该方法仅适用于有限差分法。

一些学者利用距离变量的单边傅里叶变换[121]，这里我们采用距离的拉普拉斯变换 L，定义为

$$L\{u(x,z)\} = U(s,z) = \int_0^{+\infty} u(x,z)e^{-sx}\,\mathrm{d}x,\quad \mathrm{Re}(s) > 0 \tag{8.12}$$

我们注意到若 u 向无穷远传播，则 u 有界，意味着 $U(s,z)$ 中固定 s 对 z 是有界限的。

假如我们想要截断高于 z_b 的 PE 计算区域，折射指数不依赖于距离，则对于 z_b 以上的高度，标准抛物方程的拉普拉斯变换为

$$\frac{\partial^2 U}{\partial z^2}(s,z) + (2iks + k^2(n^2(z) - 1))U(s,z) = 2ik\phi(z) \tag{8.13}$$

式中，$\phi(z)$ 表示初始场 $u(0,z)$。对于特定类型的折射指数剖面，该方程能够以闭合形式求解。上式给出了 U 和它的法向导数的关系，据此可在高度 z_b 转化得到完全透明的边界条件。在第 9 章中，我们将利用相似的方法推导大气/地表分界面的阻抗边界条件。在第 11 章，我们将利用拉普拉斯变换方法扩展到向上场的计算。

以下假设 $n(z_b) = 1$，如果我们考虑分步 PE 解，其不失一般性。我们能够了解：以 $\beta = n(z_b) - 1$ 变换折射指数剖面，意味着对解乘上函数 $\exp(-ik\beta x/2)$。这不影响解的幅度，如果需要，利用适当的与距离相关的偏移量，也很容易校正相位。实际上，如果 z_b 以上的梯度与距离无关，则该方法也可推广到 z_b 处依赖距离的情况。

8.5 绕射非本地边界条件

我们首先讨论 z_b 以上的初始场 $\phi(z)$ 为零的情况。如果我们在距离零处放置一个高度大于 z_b 的半空间吸收屏，就会产生该问题，如图 8.3 所示。根据文献[42]中的术语，半空间屏也可看作一个“绕射边界”：边界条件表现为能量通过屏的边缘附近绕过屏到达高度 z_b 以上的区域。

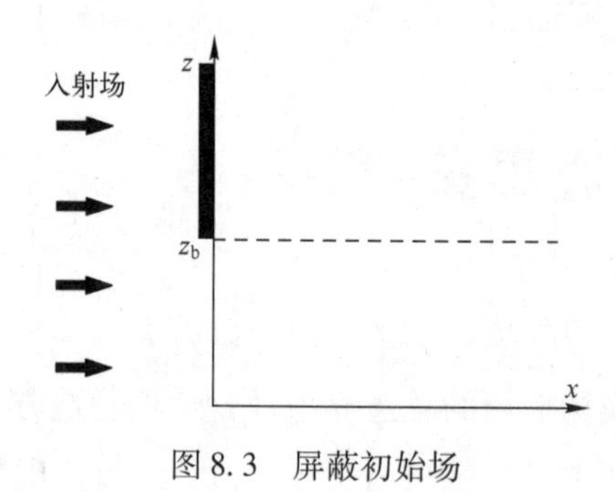

图 8.3　屏蔽初始场

8.5.1 均匀介质

我们从 $z \geqslant z_b$ 区域是 $n(z) = 1$ 的情况开始讨论。对于半空间屏初始场情况，式（8.13）的有界解是

$$U(s,z) = U(s,z_b)\mathrm{e}^{i\Omega(z-z_b)}, \quad z \geqslant z_b \tag{8.14}$$

式中，$\Omega=(1+i)\sqrt{k}$。对 z 进行求偏导，我们在 $z=z_b$ 时有

$$\frac{\partial U}{\partial z}(s,z_b)=i\Omega\sqrt{s}U(s,z_b) \tag{8.15}$$

直接对此进行逆变换，将得到一个不可积的卷积核。参考文献[107,42]，我们写为

$$\frac{\partial U}{\partial z}(s,z_b)=i\Omega\frac{s}{\sqrt{s}}U(s,z_b) \tag{8.16}$$

进行逆拉普拉斯变换，并利用卷积定理，我们得到边界条件

$$\frac{\partial u}{\partial x}(s,z_b)=\int_0^x\frac{\partial u}{\partial x}(\xi,z_b)g_0(x-\xi)\mathrm{d}\xi \tag{8.17}$$

其中卷积核函数 g_0 为

$$g_0=\frac{i\Omega}{\sqrt{\pi x}} \tag{8.18}$$

该条件是非本地的，即在给定距离处，边界条件依赖于所有先前距离上的场。相比之下，通常的本地边界条件只涉及当前距离处的场及其法向导数。我们注意到，由于不涉及超过当前距离处的场，因此 NLBCs 具有因果关系。

8.5.2　线性介质

对于多数无线电波传播问题，在关心区域顶部，折射指数的平方随高度而增加。从均匀介质条件得到的 NLBCs 与平方折射指数梯度条件下的行为不匹配，如果直接使用，会造成欺骗性的反射。因此，我们必须得到匹配关心区域顶部平方折射指数梯度的非本地边界条件。

我们假设 z_b 以上的平方折射指数的形式为

$$n^2(x,z)=1+\alpha(z-z_b)\quad z\geqslant z_b \tag{8.19}$$

式中，α 不为零。对于屏蔽入射场，z_b 以上 SPE 的拉普拉斯变换为

$$\frac{\partial^2 U}{\partial z^2}(s,z)+(2iks+k^2\alpha(z-z_b))U(s,z)=0 \tag{8.20}$$

该式为艾里方程的一种变形（见附录 A）。

首先假设斜率 α 为正数，通常情况也是如此。对于固定 s，式（8.20）关于 z 的有界解形式为

$$A(s)\omega_1\{\xi_s(z-z_b)\} \tag{8.21}$$

$$\xi_s(z)=(ak^2)^{1/3}z-\frac{2iks}{(ak^2)^{2/3}} \tag{8.22}$$

式中，ω_1 是“输出”艾里函数，与艾里函数 Ai 有关，有

$$\omega_1(z) = Ai(z\mathrm{e}^{2i\pi/3}) \tag{8.23}$$

由于 Ai 的零点均为实负值[117]，ω_1 对于 S 没有零值，因此我们可写为

$$U(s,z) = U(s,z_b)\frac{\omega_1\{\xi_s(z-z_b)\}}{\omega_1\{\xi_s(0)\}} \tag{8.24}$$

对 z 进行求偏导，有

$$\frac{\partial U}{\partial z}(s,z_b) = -(\alpha k^2)^{1/3}U(s,z_b)\frac{\omega_1'\{\xi_s(0)\}}{\omega_1\{\xi_s(0)\}} \tag{8.25}$$

最后的步骤是找到 $\omega_1'\{\xi_s(0)\}/s\omega_1\{\xi_s(0)\}$ 的逆拉普拉斯变换。这可利用正则函数的因式分解理论实现[155]，见附录 A。最终，我们得到 NLBC 的形式为

$$\frac{\partial u}{\partial z}(x,z_b) = \int_0^x \frac{\partial u}{\partial x}(\xi,z_b)g_\alpha(x,\xi)\,\mathrm{d}\xi \tag{8.26}$$

式中的卷积核为

$$g_\alpha(x) = -(\alpha k^2)^{1/3}\mathrm{e}^{2i\pi/3}\frac{Ai'(0)}{Ai(0)} - \frac{i\alpha k}{2}\sum_{j=1}^{\infty}\frac{\mathrm{e}^{s_j x}}{s_j} \tag{8.27}$$

式中，$(s_j)_{j=1}^{\infty}$是函数 $\omega_1\{\xi_s(0)\}$ 的零点序列。它们与艾里函数 Ai 的零点序列$(\alpha_j)_{j=1}^{\infty}$有如下关系

$$s_j = \frac{(\alpha k^2)^{2/3}}{2k}\mathrm{e}^{-i\pi/6}\alpha_j \tag{8.28}$$

上述序列收敛非常快，因为对于正 x 值，艾里函数的零点满足

$$\alpha_j \sim -\left(\frac{3\pi}{8}(4j-1)\right)^{2/3},\quad j\to+\infty \tag{8.29}$$

因此，序列项按指数减小。核函数在零点具有可积奇异点。

对于大多数应用来说，介质边界上部是向上传播，因而 α 值为正数。然而，考虑延伸到 z_b 以上无限远的波导层，这种情况也很令人感兴趣，能够显示非常突出的非本地边界条件特性。当 α 是负数时，可以得到类似式（8.26）的非本地边界条件，像 Thomson 和 Brooke 在文献[152]中所述。SPE 的拉普拉斯变换的解为

$$U(s,z) = A(s)Ai\{\xi_s(z-z_b)\} \tag{8.30}$$

其中

$$\xi_s(z) = (|\alpha|k^2)^{1/3}z - \frac{2iks}{(|\alpha|k^2)^{2/3}} \tag{8.31}$$

非本地边界条件结果与方程（8.26）的形式相同，对于负的 α，卷积核函数为

$$g_\alpha(x) = -\frac{i|\alpha|k}{2}\sum_{j=1}^{\infty}\frac{\mathrm{e}^{s_j' x}}{s_j'} - (|\alpha|k^2)^{1/3}\mathrm{e}^{1/3}\frac{Ai'(0)}{Ai(0)} \tag{8.32}$$

式中

$$s_j' = i\frac{(|\alpha|k^2)^{2/3}}{2k}\alpha_j \tag{8.33}$$

对于负 α，上式定义的 g_α 序列不是绝对收敛的，其收敛速度比正 α 慢很多。在两种情况下，g_α 中的常数项表现类似狄拉克函数，而无穷级数代表核函数的连续部分。对于正或负的斜率，核函数连续部分的行为存在根本上的不同。为阐明这点，图 8.4 表示出了卷积核函数 g_α 在修正折射率斜率为 100M-单位/km，-100M-单位/km 和零时，其连续部分模数的变化情况。频率是 3GHz。与正斜率相对应的核函数衰减得非常快，比真空中的核函数衰减得更快。利用几何光学容易理解：射线在正斜率环境下向上弯曲，能量从边界传播出去的速度比直射射线更快。在负斜率条件下，核函数在短距离上衰减较慢，然后呈现很多峰值，表示在无限波导层中，随着距离的增加，射线向下弯曲传播，能量返回。

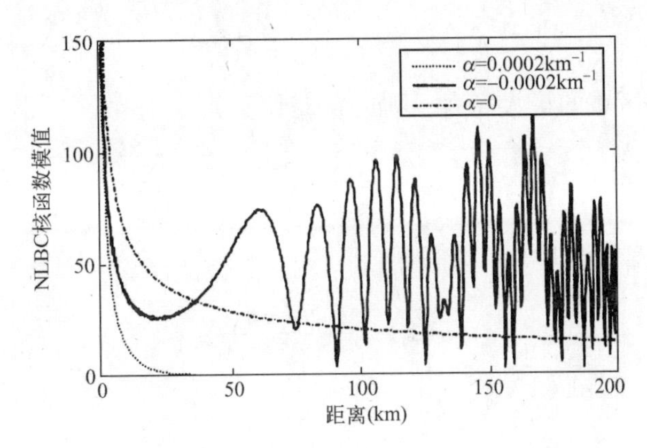

图 8.4　不同斜率 α 值对应的 NLBC 核函数模值随距离的变化

8.5.3　算法实现

对于均匀或线性介质，采用有限差分算法实现非本地边界条件并不会存在什么困难[108]。首先离散化距离，使

$$x_l = l\Delta x \tag{8.34}$$

其中 Δx 是距离步进，且

$$u_b^l = u(x_l, z_b) \tag{8.35}$$

参考文献[42]，我们使得每一距离步进间隔上关于$\frac{\partial u}{\partial x}(x,z_b)$的近似保持一致，表示为

$$\frac{\partial u}{\partial x}(x,z_b) = \frac{u_b^{l+1} - u_b^l}{\Delta x}, \quad x_l < x < x_{l+1} \tag{8.36}$$

这样式（8.17）和式（8.26）近似为

$$\frac{\partial u}{\partial x}(x_m,z_b)=\sum_{l=0}^{m-1}\frac{u_b^{m-l}-u_b^{m-l-1}}{\Delta x}I_l \tag{8.37}$$

式中

$$I_l=\int_{x_l}^{x_{l+1}}g_\alpha(\xi)\,\mathrm{d}\xi \tag{8.38}$$

重新整理式（8.37），有

$$\Delta x\,\frac{\partial u}{\partial x}(x_m,z_b)=-u_b^0 I_m+u_b^m I_0+\sum_{l=1}^{m-1}u_b^{m-1}(I_l-I_{l-1}) \tag{8.39}$$

最后一步是在高度 z 进行离散化。我们使

$$z_j=j\Delta z \tag{8.40}$$

和

$$u_j^m=u(x_m,z_j) \tag{8.41}$$

如果 z_N 是关心区域的最大高度，则边界 z_b 位于

$$z_b=\frac{z_{N-1}-z_N}{2} \tag{8.42}$$

利用标准有限差分近似法，我们有

$$u(x_l,z_b)\sim\frac{u_N^l+u_{N-1}^l}{2} \tag{8.43}$$

和

$$\frac{\partial u}{\partial z}(x_m,z_b)\sim\frac{u_N^m-{}_{N-1}^{m}}{\Delta z} \tag{8.44}$$

最终，回想起由于 z_b 以上初始场为零，即 $u_N^0=0$，所以我们能够把离散非本地边界条件表示为

$$(1-\alpha)u_N^m-(1+\alpha)u_{N-1}^m=\sum_{l=1}^{m-1}b_l(u_N^{m-l}+u_{N-1}^{m-l}) \tag{8.45}$$

式中

$$\alpha=\frac{1}{2}\frac{\Delta z}{\Delta x}I_0 \tag{8.46}$$

和

$$b_l=\frac{1}{2}\frac{\Delta z}{\Delta x}(I_l-I_{l-1}) \tag{8.47}$$

对于真空中以 g_0 为卷积核的 NLBC，有

$$\alpha = \frac{i\Omega\Delta z}{\sqrt{\Delta z}} \tag{8.48}$$

和

$$b_l = \frac{i\Omega\Delta z}{\sqrt{\Delta z}}(\sqrt{l+1}\sqrt{l-1} - 2\sqrt{2}) \tag{8.49}$$

对于线性情况，我们把积分 I_l 写为

$$I_l = G_\alpha(x_{l+1}) - G_\alpha(x_l) \tag{8.50}$$

式中，G_α 是卷积核函数 g_α 的不定积分。对于正的 α，我们有

$$G_\alpha(x) = -\Delta x(\alpha k^2)^{1/3} e^{2i\pi/3} \frac{Ai'(0)}{Ai(0)} - \frac{i\alpha k}{2}\sum_{j=1}^{\infty}\frac{e^{s_j x}}{s_j^2} \tag{8.51}$$

对于负的有 α，有相似的表达式。当 x 是零时，序列的收敛速度特别慢。代替累加中逐项地计算，我们利用了等式

$$\sum_{j=1}^{\infty}\frac{1}{\alpha_j^2} = \left(\frac{Ai'(0)}{Ai(0)}\right) \tag{8.52}$$

上式的推导可参见附录 A。

这种直接方法（连续非本地边界条件的离散化）能导致一种不稳定的数值化方案：其原因是这种离散化边界条件与用来求解 PE 的有限差分法在计算区域内部不匹配[12,154]。利用专门构造内部与算法匹配的离散非本地边界条件可避免这种问题。更多这方面的情况，可参考 Arnold 和 Ehrhardt[3]的工作。

8.5.4　算例

我们首先来看向上传播的情况，考虑 10GHz 在 10m 高蒸发波导中的传播。发射天线是水平极化，离地高度 25m，波束模型为高斯型，宽度为 0.4°。我们在高度 30m 处用非本地边界条件进行域截断。忽略该高度以上的初始场，我们可采用 NLBC 的屏蔽方式。图 8.5 所示是根据有限差分程序得到的路径损耗分布图，斜率 α 与上部边界处折射率剖面的斜率一致，均等于 118M-单位/km。艾里 NLBC 表现良好，不存在从上部边界产生的寄生反射。当斜率 α 与计算区域上部条件不匹配时，由于边界处折射指数梯度的不连续性，就会造成扭曲现象。图 8.6 所示为设置 $\alpha=0$（相当于真空中的透明 NLBC）时的路径损耗图：由于折射率梯度的不连续，部分能量被反射回来。

与分步傅里叶算法程序相比较，验证艾里 NLBC 的准确性，前者在区域上部采用吸收层。图 8.7 所示为相同条件下艾里 NLBC 和吸收层边界结果，高度为 25m，可见按真空 NLBC 的计算结果存在失真。

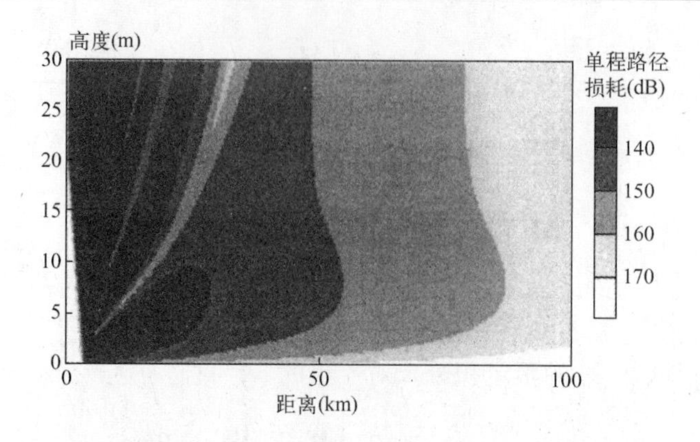

图 8.5　10m 高蒸发波导，10GHz 天线距离海面 25m，艾里 NLBC 斜率为 118M-单位/km

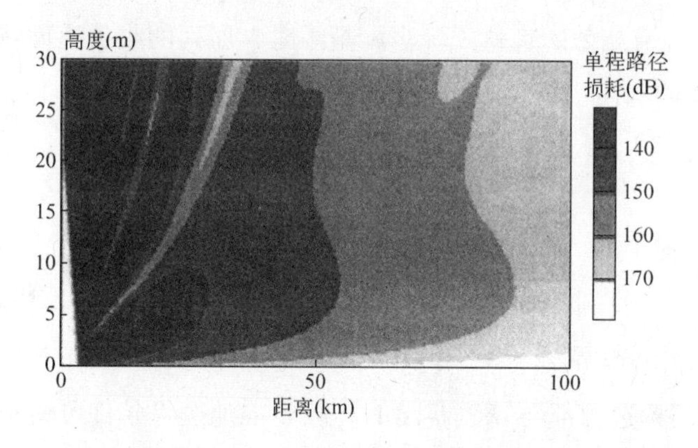

图 8.6　10m 高蒸发波导，10GHz 天线距离海面 25m，艾里 NLBC 中 $\alpha=0$

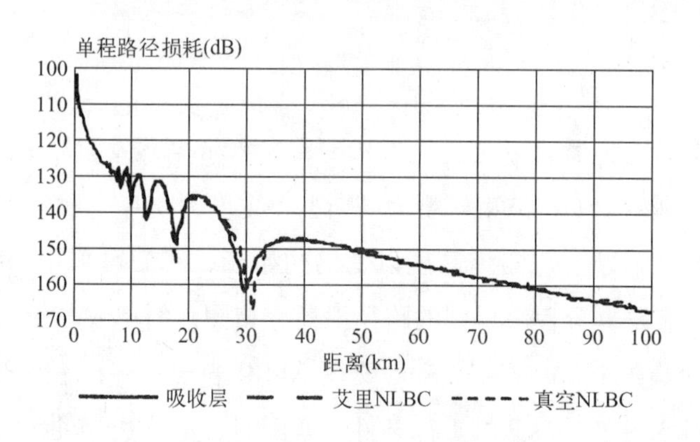

图 8.7　蒸发波导情况，高度 25m 处比较不同截断方法的路径损耗

我们现在考虑一个双线性剖面，在 0～30m 之间斜率是 118M-单位/km，在高度 30m 以上是斜率为 -100M-单位/km 的无限波导层。图 8.8 表示路径损耗分布图，发射源频率为 3GHz，水平极化，高度是 20m。图中结果是利用分步傅里叶算法程序获得的，在 500m 高度以上区域增加吸收层。图 8.9 表示利用有限差分法程序获得的结果，采用恰当

的波导层 NLBC，在 30m 高度截断区域边界。从上部区域折射回来的能量被正确地表现。实际上，这样得到的结果与图 8.8 中考虑很大区域获得的结果一致，如图 8.10 所示，图中给出了两种方法在高度 20m 处传播路径随距离的变化。因边界以上为无限波导层，卷积核函数 g_α 中的峰值能够说明能量返回的原因。

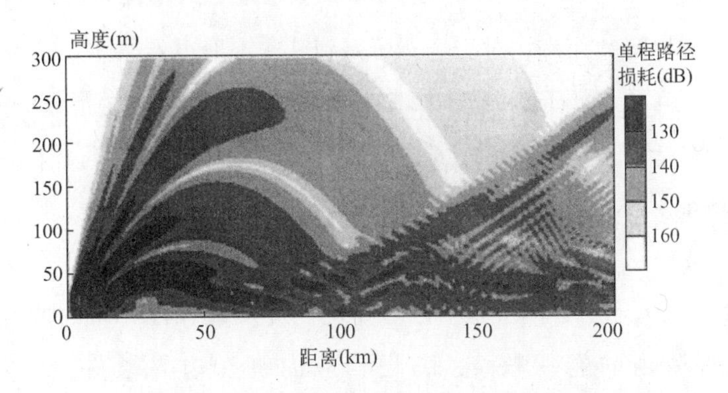

图 8.8　全区域计算获得的路径损耗覆盖图

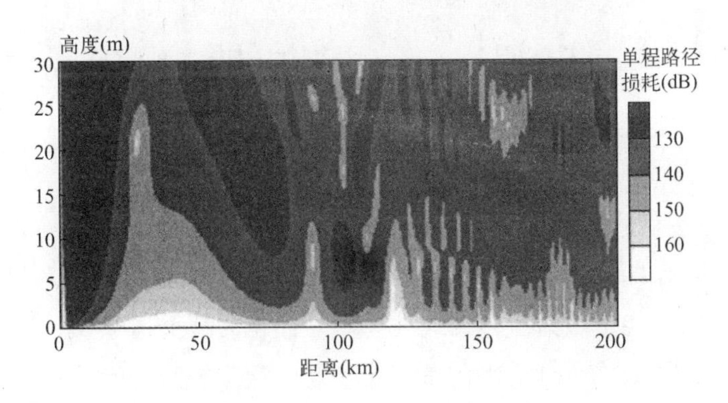

图 8.9　波导 NLBC 在 30m 获得的路径损耗覆盖图

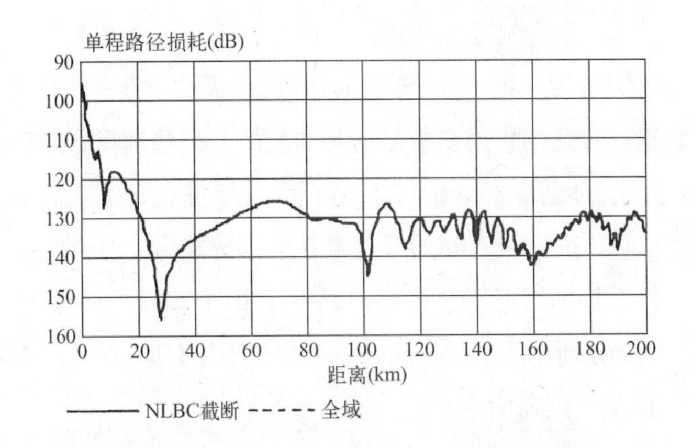

图 8.10　波导 NLBC 截断和全域计算结果

8.6　传输 NLBCs

我们现在转向边界 z_b 以上的初始场 $\varphi(z)$ 不一定是零的情况。Dalrymple 和 Martin 指出：就相关绕射边界问题而言，对于场 u 可得到其非本地边界条件[42]。我们用 P 表示意欲求解的抛物方程问题，低于 z_b 以下区域有可能涉及地形和折射指数的变化，高于 z_b，我们假设平方折射指数是常数或线性。令 P_0 为另一个抛物方程问题，在高度 z_b 以上，与 P 有相同的环境。假如我们在 $z \geqslant z_b$ 的区域得到问题 P_0 的解 $u_0(x,z)$，由此，对于 $z \geqslant z_b$，有 $u_0(0,z)=\varphi(z)$，也就是说，u 和 u_0 在 $z \geqslant z_b$ 有相同的初始场。令 $v=u-u_0$，由于对 $z \geqslant z_b$ 有 $v(0,z)=0$，且对于 z_b 以上区域是均匀介质或线性介质的情况，满足抛物方程，因此它也有适当的卷积核 g，满足相应的绕射边界条件［式（8.17）或式（8.26）］。这样我们获得 u 的边界条件，形式为

$$\frac{\partial u}{\partial z}(x,z_b)=\int_0^x \frac{\partial u}{\partial x}(\xi,z_b)g(x-\xi)\mathrm{d}\xi+I(x) \tag{8.53}$$

其中进入的能量项 $I(x)$ 为

$$I(x)=\frac{\partial u_0}{\partial z}(x,z_b)-\int_0^x \frac{\partial u_0}{\partial x}(\xi,z_b)g(x-\xi-t)\mathrm{d}\xi \tag{8.54}$$

如果高于 z_b 的初始场为零，则我们可以简单地在全部区域的任何位置取 $P_0=P$ 和 $u_0=0$。这样，进入的能量项为零，且式（8.53）简化为绕射 NLBC。通常情况下，在低于 z_b 的区域，辅助解 u_0 不必满足与 u 同样的方程，因为 P_0 在低于 z_b 的区域可能与 P 不一样。这对边界条件没什么影响，因为我们只需要低于 z_b 的区域中 $u-u_0$ 的信息。

从式（8.53）可知，$I(x)$ 完全由 u 确定。倘若在高于 z_b 的区域，u_0 满足与 u 同样的方程，且有同样的初始条件，则 $I(x)$ 与解 u_0 的选择无关。于是，我们可以根据需要，在 z_b 以下区域任意选择合适的折射指数结构和初始场。某些选择会简化 $I(x)$ 的计算。考虑 $\varphi(z_b)=0$ 的情况，这种情况经常能够满足，特别是当我们处理高天线模型时：这时我们可能经常假设发射源位置在 z_b 以上足够高，能够忽略 z_b 以下的孔径场。我们现在讨论使折射指数关于 z_b 对称的情况下获得的问题 P_0。由于 $\varphi(z_b)=0$，对于 u_0，我们使初始场关于 z_b 对称，从而能够获得该解，则 u_0 必然在整个区域关于 z_b 对称。因此，在高度 z_b 的水平方向，u_0 及其距离偏导数均为零，我们有

$$I(x)=\frac{\partial u_0}{\partial z}(x,z_b) \tag{8.55}$$

因为 u_0 在整个区域满足某种形式的抛物型波方程，所以原则上 $I(x)$ 能表示为初始场的函数。对于 z_b 以上区域中折射指数是常数的情况，显然能够得到：既然 u_0 的高度偏导数满足真空中的窄角抛物方程，则我们可以运用第 2 章中的式（2.43），有

$$I(x) = -\frac{i\Omega}{\sqrt{\pi x}}\int_0^{+\infty}\varphi'(z+z_b)\mathrm{e}^{ikz^2/2x}\mathrm{d}z \tag{8.56}$$

其中我们利用了 u_0 的高度偏导数关于 z_b 对称的条件。这是一个加权菲涅尔积分，代表进入关心区域的未被屏蔽但被漏掉的能量。在远场，进入能量项可近似表示为

$$I(x) \sim 2ik\frac{z_s - z_b}{x}\mathrm{e}^{ik(z_s-z_b)^2/2x}\psi\left(\frac{z_s - z_b}{x}\right) \tag{8.57}$$

式中，z_s 是发射源的高度；$\psi(\theta)$ 是远场天线方向图，以与水平方向的传播角为自变量。

我们现在讨论平面波入射到 z_b 以上折射指数介质是常数的情况。由于低于 z_b 以下的初始场不能被忽略，所以我们不能利用对称情况下的解。我们简单地使初始场 u_0 在所有的高度上等于 u 作为代替。重新来看方程（8.54），我们可以用菲涅尔积分表示 $I(x)$。对于下面形式的平面波

$$\varphi_\theta(z) = \mathrm{e}^{ik\theta z} \tag{8.58}$$

我们得到

$$I(x) = \Omega\sqrt{\frac{2k}{\pi}}\theta\mathrm{e}^{-\frac{1}{2}ikx\theta^2}\int_{\theta\sqrt{\frac{kx}{2}}}^{\infty}\mathrm{e}^{is^2}\mathrm{d}s \tag{8.59}$$

这样为文献[42]中推导出的平面入射波传播边界条件提供了另外一种表示方式。

8.6.1 线性介质中高天线

我们考虑式（8.19）给出的线性介质形式，其斜率为正 α。继续采用式（8.55）的对称方式就比较困难了，我们采用扩展线性结构到整个区域的方式定义问题 P_0，希望得到在所有 z 上与 u 有相同初始场的 u_0。对于平面入射波，该问题可以给出闭合形式解；对于任意初始场，可利用傅里叶变换技术求解。对于以下形式的入射波

$$\varphi_p(z) = \mathrm{e}^{2i\pi p(z-z_b)} \tag{8.60}$$

P_0 的解 $u_{p,0}$ 为

$$u_{p,0}(x,z) = \exp\left\{ik\left(\frac{\alpha x}{2}+\theta\right)(z-z_b) - \frac{ik}{3\alpha}\left(\left(\frac{\alpha x}{2}+\theta\right)^3 - \theta^3\right)\right\} \tag{8.61}$$

式中

$$\theta = \lambda p \tag{8.62}$$

使 α 趋近于零，我们得到熟悉的标准抛物方程的平面波解。

通常情况下，使 Φ 为初始场 φ 的傅里叶变换，我们有

$$\varphi(z) = \int_{-\infty}^{+\infty} \Phi(p) \mathrm{e}^{2i\pi pz} \mathrm{d}p \tag{8.63}$$

应用 φ 的谱分解叠加各分量，我们得到 u_0 的解为

$$u_0(x,z) = \int_{-\infty}^{+\infty} \Phi(p) u_{p,0}(x,z) \mathrm{e}^{2i\pi pz_b} \mathrm{d}p \tag{8.64}$$

于是容易导出 $I(x)$ 的表达式。一般而言，数值实现需要快速傅里叶变换。然而，当源是高斯型时，u_0 能够以闭合形式表示。对于以下天线孔径形式来说

$$\varphi(z) = \mathrm{e}^{-A(z-z_s)^2} \tag{8.65}$$

对应于高斯型波束位于高度 z_s 的源，解 u_0 为

$$u_0(x,z) = \sqrt{\frac{k}{k+2iAx}} \mathrm{e}^{\frac{1}{2}ik\alpha(z-z_b) - \frac{2}{3}ik\alpha^2 x^3 - kA\frac{(z_s - z + \alpha x^2/4)^2}{k+2iAx}} \tag{8.66}$$

根据该式，可直接推导出 $I(x)$。

8.6.2 悬空波导算例

为了表明高天线性能，我们来看表 8.1 中给出的悬空波导情况：在高度 150m 到 200m 有波导层强度为 5M。我们考虑一个 3GHz 发射源位于 900m 高度的情况。波束形状是高斯型，半功率波束宽度是 2°，仰角指向与水平线夹角为 -0.83°。我们在高度 200m 处应用有输入能量项的艾里 NLBC，这样允许我们考虑低于该高度下存在地形变化的情况。由于输入能量项必须与边界以上的传播相匹配，因此 α 值由高于 200m 边界的剖面确定，这里的 $\alpha = 118\mathrm{M/km}$。在边界处，折射指数斜率的不连续是该特例构成整体的必需部分，不会带来任何欺骗性的歪曲。

表 8.1 悬空波导 NLBC 算例的 M 剖面

高度（m）	M（M-单位）
0	-12.7
150	5
200	0
1200	118

既然忽略了低于 200m 的初始场，因此所有能量都是通过 200m 高水平处的 NLBC 进入的。图 8.11 显示了路径损耗分布结果，说明输入能量确实被很好地表示。图 8.12 所

示为积分区域包含发射源获得的 PE 结果，这样计算区域需扩大到高 1000m。理解这幅完整的图像，表明 NLBC 方法对待向上和向下能量的不同：向下的能量，因为影响 200m 边界以下的结果，用 NBLC 中的输入能量项表示；而向上的能量，由于不影响低高度的结果，被 NLBC 中的屏蔽初始场部分完全截断。

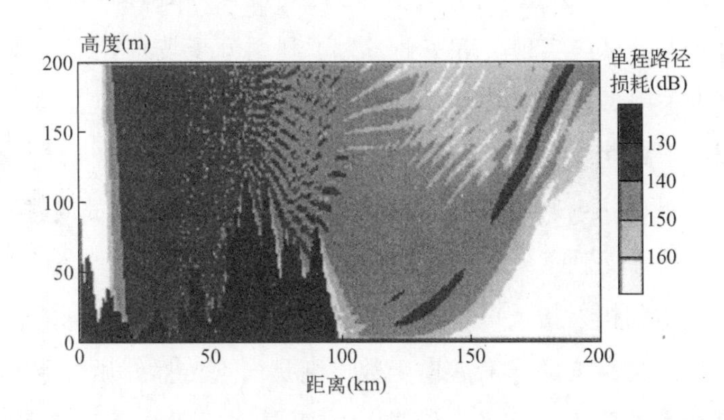

图 8.11　3GHz 在计算区域之上的悬空波导算例，发射源高度 900m
（艾里 NLBC 在 200m，$\alpha = 118\mathrm{M}-$单位/km）

图 8.13 给出距离 150km 处随高度变化的路径损耗。图中分别为发射源高于区域的 NLBC 结果和发射源位于区域内的分步傅里叶算法结果。这两种技术给出了几乎相同的结果。

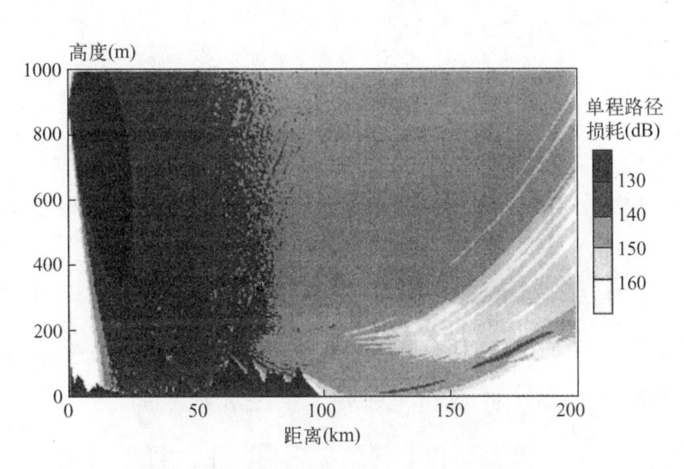

图 8.12　3GHz 发射源在计算区域之内的悬空波导算例，利用分步 PE 算法

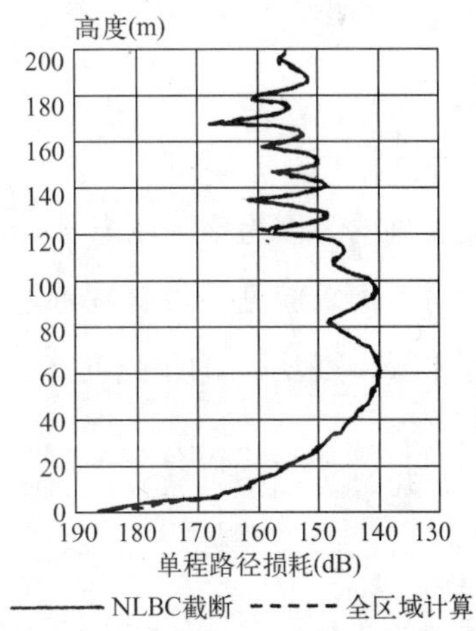

图 8.13　高天线算例在距离 150km 的 NBLC 截断和全区域计算结果比较

8.7　输入能量分步 PE

8.6 节中描述的非本地方法为高天线问题低高度截断处理提供了非常高效的手段，但是需要采用有限差分算法实现。事实上，为了利用分步技术处理天线在 PE 积分区域之外的情况，也可采用 8.6 节中的想法。

假设发射源位于高度 z_b 的上方，低于 z_b 以下的初始场可以被忽略。我们命名 P 是与发射源、低于 z_b 区域的折射指数 $n(x,z)$ 和可能的地形变化相关的问题。高于 z_b 的折射指数特点使能量均没有反射回 z_b 以下区域，从这种意义上来讲，我们假设高于 z_b 为向上传播介质。当 z_b 以上的折射指数平方随高度线性增加时，正是这种情况。更一般地，如果折射指数在 z_b 以上是高度的光滑递增函数，则是向上传播介质。令 P_0 是与相同发射源和 z_b 以上折射指数相联系的问题，但是 z_b 以下是不透明介质，其边界条件接下来再确定。

令 u 和 u_0 是问题 P 和 P_0 的解，且使 $v=u-u_0$。由于低于 z_b，$u_0=0$，所以 v 等于关心区域所要求的解 u。因为分界面与问题 P_0 有关，v 不连续，但是我们考虑到分解面的跃变，仍然能够利用分步公式求解得到 v。

对于 $z\neq z_b$，v 满足 SPE

$$\frac{\partial v}{\partial x}=\frac{i}{2k}\frac{\partial^2 v}{\partial z^2}+\frac{ik}{2}(n^2-1)v \tag{8.67}$$

对于 $z>z_b$ 这是正确的，因为 P_0 和 P 在 z_b 以上有相同的折射指数环境；对于 $z<z_b$ 这也是正确的，因为该区域内 $v=u$。

为简单起见，假设与问题 P 相关的为平坦地形，位于 $z=0$ 处，且为理想导体。如果用 $V(x,p)$ 表示 v 的正弦变换，可写为

$$\begin{aligned}\int_0^\infty \frac{\partial^2 v}{\partial z^2}\sin(2\pi pz)\,\mathrm{d}z &= \left(\frac{\partial v}{\partial z}(x,z_b^-)-\frac{\partial v}{\partial z}(x,z_b^+)\right)\sin(2\pi pz_b)+\\ &\quad 2\pi p\left(v(x,z_b^-)-v(x,z_b^+)\right)\cos(2\pi pz_b)-4\pi^2p^2V(x,p)\end{aligned} \tag{8.68}$$

式中的符号 + 和 - 分别表示在分界面 $z=z_b$ 的上部和下部的极限值。上式可以简化，如果问题 P_0 的边界条件在分界面 $z=z_b$ 满足

$$\frac{\partial v}{\partial z}(x,z_b^+)=0 \tag{8.69}$$

换句话说，对于垂直入射极化波，我们的不透明介质的行为类似于良导体。于是，利

用通常的分步近似,V 满足

$$\frac{\partial V}{\partial p}(x,p) = -\frac{2i\pi^2p^2}{k}V(x,p) + \frac{i\pi p}{k}\cos(2\pi p z_b)u_0(x,z_b^+) \tag{8.70}$$

因为分界面的跃变等于 u_0，所以这个常微分方程的解为

$$V(x+\Delta x,p) = \mathrm{e}^{-\frac{2i\pi^2p^2\Delta x}{k}}V(x,p) + J(x,p) \tag{8.71}$$

其中分步 PE 输入能量项 $J(x,p)$ 为

$$J(x,p) = \frac{i\pi p}{k}\cos(2\pi p z_b)\int_0^{\Delta x}u_0(x+t,z_b^+)\mathrm{e}^{\frac{2i\pi^2p^2(t-\Delta x)}{k}}\mathrm{d}t \tag{8.72}$$

如果知道了问题 P_0 的解 u_0，我们就能够求解 z_b 以下的问题 P。一般情况下，上式积分不能闭合求解，需要进行离散化。假设 $u_0(x,z_b)$ 在积分间隔 $u_0(x+\Delta x,z_b)$ 保持不变，输入能量积分项可近似表示为

$$J(x,p) = -\cos(2\pi p z_b)\frac{\mathrm{e}^{\frac{-2i\pi^2p^2\Delta x}{k}}-1}{2\pi p}u_0\left(x+\frac{\Delta x}{2},z_b^+\right) \tag{8.73}$$

在 z 域或 p 域都可以计算输入能量项。自然的选择是采用关于区域上部的 z_b，这样对向上传播能量的常规滤波不会影响区域内的传播。

通常情况下得不到辅助解 u_0 的闭合表达式。考虑 z_b 以上的平方折射指数剖面是线性增加的情况，则 u_0 是垂直极化在理想导体球面附近传播问题的解。如果我们感兴趣的是接近或超过视距的情况，则不太容易求解。幸运的是，输入能量的计算通常在视距内是至关重要的，实际射线穿透到 z_b 以下区域，这允许使用射线描迹来计算 u_0。当射线发射到接近地平线附近时，必须应用合适的滤波，以避免寄生绕射效应。图 8.14 所示为射线描迹原理图。

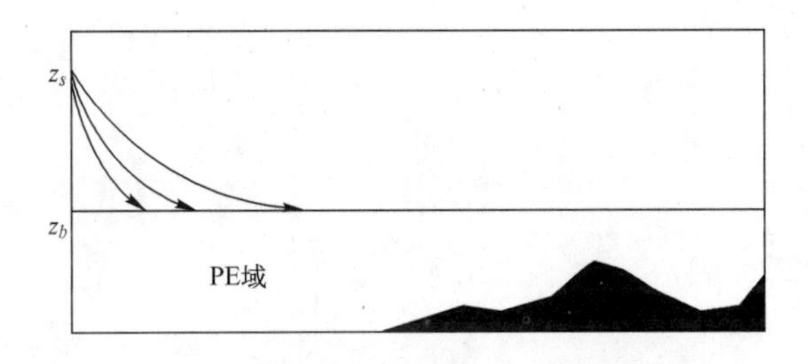

图 8.14　利用射线追踪得到辅助解计算

输入能量分步模型的计算方式本质上与普通的分步傅里叶变换算法一致：

(1) 在距离 x 处对场进行正弦变换；

(2) 乘上自由空间传播项；

（3）变换回 z 域；

（4）增加输入能量项；

（5）乘上折射指数项。

当存在地形变化时，需要对上述分析进行微小的修正，以说明与 z_b 相联系的正弦变换起点的修正。若在距离 x 和距离 $x+\Delta x$ 之间地面高度是 h，则我们必须计算 f_h 的正弦变换

$$F_h(p)=\cos[2\pi p(z_b-h)]\frac{e^{-\frac{2i\pi^2p^2\Delta x}{k}}-1}{2\pi p} \tag{8.74}$$

利用三角恒等式，我们得到

$$f_h(p)=\frac{1}{2}\{f(z+z_b-h)+f(z+z_b+h)\} \tag{8.75}$$

式中，z 是离地高度；f 是下式的正弦变换

$$F_h=\frac{e^{-\frac{2i\pi^2p^2\Delta x}{k}}-1}{2\pi p} \tag{8.76}$$

因此，对于起伏地形情况，通过对 f 进行适当的平移，得到输入能量项。第 11 章将给出利用分步输入能量 PE 算法的算例，在该章，与水平 PE 方法相结合，用来扩大高天线情况的覆盖图。

第9章　阻抗边界模型

9.1　引言

尽管理想导体地面模型可以满足许多应用，但它并不是普遍适用的。为了正确模拟垂直极化时的反射影响，或者描述粗糙表面的传播，有必要建立一个表面波传播的更精确模型。

在第8章中，我们推导了理想透明非本地边界条件。当描述两种介质分界面时，这实际上是非本地阻抗边界条件的一种特殊情况。在9.2节，我们给出这些非本地边界条件在近轴框架下的推导，并且给出如何近似成在大多数对流层传播应用中的Leontovich边界条件[82]。边界条件也可以根据和角度相关的反射系数给出。更多的关于更普遍边界条件的信息可参见文献[141]。

本地和非本地边界条件的有限差分实现是很方便的，主要在9.3节描述。由于分步傅里叶算法在数值计算方面的优势，人们很快意识到，它的能正确描述阻抗边界条件传播的版本将会非常有用。这种算法必须“混合”正弦和余弦变换，因此被称为“混合傅里叶变换”。在9.4节，我们介绍Kuttler和Dockery[77,46]发展的混合傅里叶变换模型，包括连续和离散方案的描述。

在9.5节给出垂直极化波在视距传播和表面波传播的应用，结果表明，离散混合傅里叶变换确实可以正确地模拟这些情况。在本章中，仅考虑光滑表面的情况，粗糙表面建模将在第10章讨论。

9.2　水平分界面边界条件

在笛卡儿坐标系(x,z)中，场分量ψ的二维波动方程为

$$\frac{\partial^2\psi}{\partial x^2}+\frac{\partial^2\psi}{\partial z^2}+k^2n^2\psi=0 \tag{9.1}$$

正如第 4 章所述，该方程可以从与横坐标 y 无关的笛卡儿坐标系(x,y,z)中的问题产生，也可以从对流层传播问题中得到，其中(x,z)是从球坐标导出的平地球坐标系，n 是修正折射指数。对第一种情况，标示为（A），ψ 是水平极化波切向的电场 E_y，ψ 是垂直极化波切向的磁场 H_y。对第二种情况，标示为（B），用

$$\psi = \sqrt{ka\sin(x/a)\mathrm{e}^{z/a}}E_\varphi \tag{9.2}$$

表示水平极化，用

$$\psi = \frac{1}{n}\sqrt{ka\sin(x/a)\mathrm{e}^{z/a}}H_\varphi \tag{9.3}$$

表示垂直极化，这里的 E_φ 和 H_φ 是方位角的横向场，a 是地球半径。在这两种情况中，我们都认为两种媒质的水平分界面是高度 $z=0$ 处，正如图 9.1 所示。在平地球坐标系的对流层问题中，分界面表示地球表面。

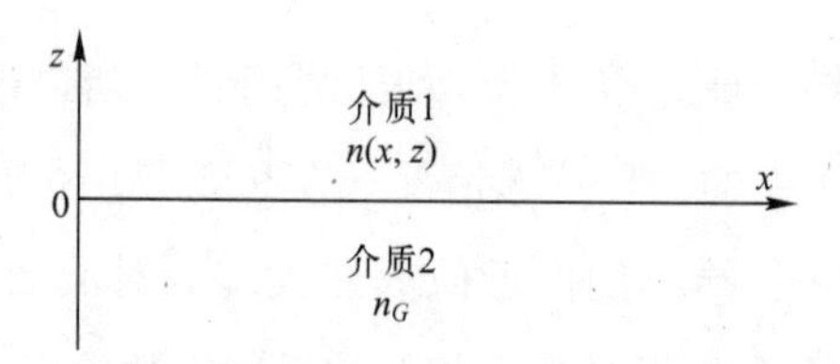

图 9.1　两种介质的水平分界面

假设两种媒质的导电率都是有限的，由 Maxwell 方程可知，在分界面，电磁场的切向分量必须连续[25]。对于情况（A），磁场的旋度方程变为

$$H_x = -\frac{1}{ik}\frac{\partial E_y}{\partial z} \tag{9.4}$$

对于水平极化波，连续性条件意味着 ψ 和法向偏导数 $\partial_z\psi$ 在分界面上必须是连续的。相似的，对于垂直极化，ψ 和它的偏导数 $\partial_z\psi/n^2$ 在分界面上必须是连续的。

从第 4 章对边界条件的讨论可知，对于情况（B），相同的条件适用于水平极化波，而对于垂直极化，$n\psi$ 和 χ/n 在分界面必须是连续的，这里

$$\chi = \frac{\partial\psi}{\partial z} + \left(\frac{\partial n}{\partial z} - \frac{n-1}{a}\right)\psi \tag{9.5}$$

分界面上方媒质 1 的折射指数 $n(x,z)$ 可以随高度和距离变化。假定媒质 2 是均匀的，折射指数为 n_G。媒质 2 的相对复介电常数 η 为

$$\eta = n_G^2 = \varepsilon_r + i\frac{\sigma}{kc\varepsilon_0} \tag{9.6}$$

式中，ε_r 是媒质 2 的相对介电常数；σ 是电导率；ε_0 为真空的介电常数；c 为真空中的

光速。保持两种媒质中的参考波数 k 相同，我们定义 PE 简化场为

$$u(x,z) = \mathrm{e}^{-ikx}\psi(x,z) \tag{9.7}$$

在媒质 1 中，u 满足某种类型的前向抛物波方程。我们选择窄角 PE、某些形式的宽角 PE 或原始的平方根操作符，对于推导来说都没有本质区别。在媒质 2 中，我们保留平方根操作符，则前向抛物方程为

$$\frac{\partial u}{\partial x}(x,z) = \left(i\sqrt{\frac{\partial^2}{\partial z^2} + k^2\eta} - ik\right)u(x,z) \tag{9.8}$$

我们假设初始场在分界面以下为零，则式（9.8）中关于距离 x 的拉普拉斯变换为

$$sU(s,z) = \left(i\sqrt{\frac{\partial^2}{\partial z^2} + k^2\eta} - ik\right)U(s,z) \tag{9.9}$$

由于媒质 2 是均匀无源的，分界面以下的解在 z 趋向于 ∞ 的必须是有界的，因此，它具有如下形式

$$U(s,z) = \alpha(s)\mathrm{e}^{-ik\alpha(s)z} \tag{9.10}$$

式中，$\alpha(s)$ 有一个正的虚部。代入式（9.9）可得

$$\alpha(s) = \sqrt{\eta + \left(\frac{s}{k} + i\right)^2} \tag{9.11}$$

这样简化场 u 在分界面上保持连续条件。水平极化情况下，边界条件通过在距离上的积分同样适用于拉普拉斯变换场 U。对于垂直极化，我们需要进一步假设表面上的折射指数和距离无关。而且，在情况（B）中，表面的折射率梯度必须和距离无关。由式（9.10），可得到在媒质 2 中场的法向导数

$$\frac{\partial U}{\partial z}(s,0) = -ik\alpha(s)U(s,0) \tag{9.12}$$

在媒质 1 中，连续边界条件给出了 U 和其法向导数的阻抗类型关系，如下式所示

$$\frac{\partial U}{\partial z}(s,0) = (-ik\delta(s) + \beta)U(s,0) \tag{9.13}$$

这里，一般的水平极化阻抗函数 $\delta(s)$ 为

$$\delta(s) = \sqrt{\eta + \left(\frac{s}{k} + i\right)^2} \tag{9.14}$$

垂直极化为

$$\delta(s) = \frac{1}{\eta}\sqrt{\eta + \left(\frac{s}{k} + i\right)^2} \tag{9.15}$$

β 一般为零，除了在垂直极化和平地球坐标系情况下外，这时 β 为

$$\beta = \frac{n(0)-1}{a} - \frac{n_G - 1}{\eta a} - \frac{\partial n}{\partial z}(0) \tag{9.16}$$

等式右侧的前两项可以忽略，而对流层折射指数的梯度通常较小，因此可以忽略 β。我们注意到，式（9.13）给出的边界条件和媒质 1 中的折射指数变化无关，仅和边界处折射指数的值和高度向的导数有关。式（9.13）是一般性的阻抗边界条件（GIBC）。它依赖于拉普拉斯变量 s，s 和入射场的水平平面波分解有关，正如第 8 章中所述。

9.2.1 Leontovich 边界条件

如前所述，变换变量 s 与场在参考水平方向的谱分解有关

$$is = k(1-\cos\theta) \tag{9.17}$$

式中，θ 是擦地角。值大于单位值的 s/k 对应于消逝波，可以忽略。如果媒质 2 中相对复介电常数 η 的模足够大，则阻抗函数 $\delta(s)$ 和传播角的关系很小，可以把表面阻抗看作常数，写为

$$\alpha(s) = \alpha(0) \tag{9.18}$$

进行拉普拉斯反变换，可得 Leontovich 边界条件

$$\frac{\partial u}{\partial z}(x,0) = (-ik\delta + \beta)u(x,0) \tag{9.19}$$

对于水平极化，表面阻抗 δ 为

$$\delta = \sqrt{\eta - 1} \tag{9.20}$$

垂直极化为

$$\delta = \frac{\sqrt{\eta - 1}}{\eta} \tag{9.21}$$

图 9.2 给出了非常干燥地面、湿地面和海面的介电常数和电导率随频率的变化[63]。海水的值对应于平均盐度和 20℃的温度。在低频段，电导率对于非常干燥地面为 10^{-4}S/m 量级，对于湿地面为 10^{-2}S/m 量级。

图 9.3 给出了这几种地面 η 的模值。Leontovich 近似很明显适用于海面上的传播，也适用于微波频段在湿地面上的传播，但在大传播角非常干的地面情况下就不适用了。下面会看到，如果传播角比较小，Leontovich 近似仍可以使用。

9.2.2 小角度的 GIBC

当 η 不是非常大时，Leontovich 近似在大传播角时精度降低。如果相对水平方向的

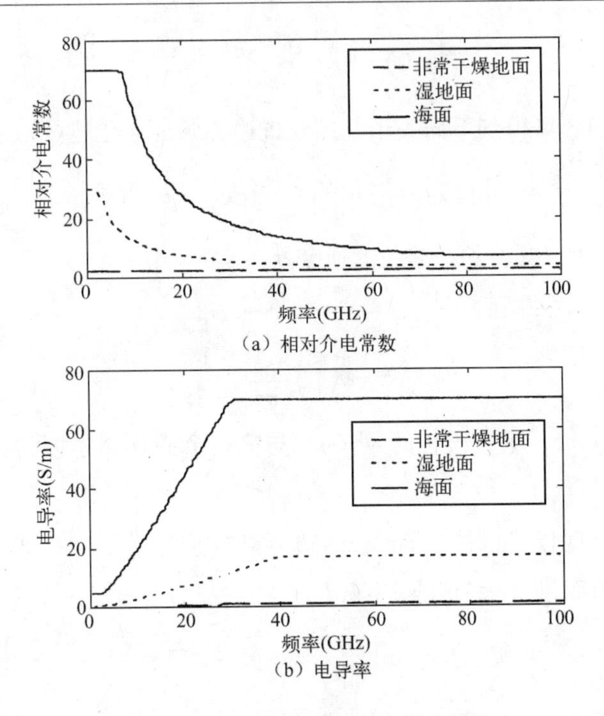

图 9.2　不同类型地面的电介质常数

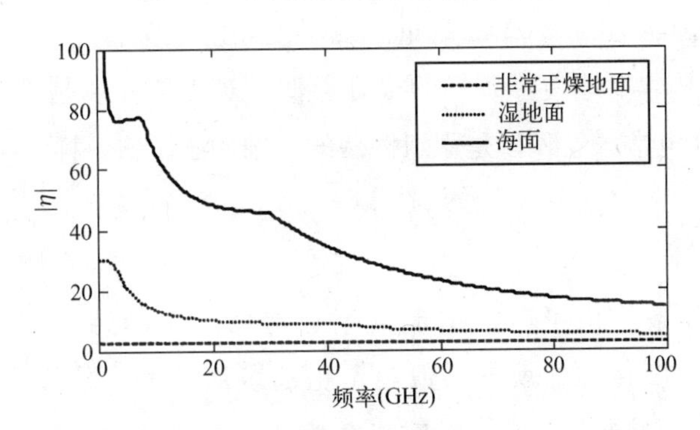

图 9.3　不同类型地面传播常数 η 的模值

传播角比较小，我们可以忽略 s/k 的二阶项，使用近似形式

$$\alpha(s) \sim \sqrt{\eta - 1 + \frac{2is}{k}} \tag{9.22}$$

这个公式对任意的 η 都有效。对于窄角 PE 近似，误差是$\sin^4\theta$ 量级：在媒质 1 中采用 SPE，则与阻抗函数的小角度近似相一致。如果媒质 2 是真空，则 $\eta = 1$，且 GIBC 退化成 8.4 节中的透明边界条件，只是由于我们考虑的是域的下边界，所以存在符号上的改变。

大多数情况下，使用表面导纳更加便利，阻抗条件写成如下形式

$$U(s,0) = -\frac{1}{ik\delta(s)}\frac{\partial U}{\partial z}(s,0) \tag{9.23}$$

应用拉普拉斯逆变换，可得到下面关于 u 的阻抗边界条件

$$u(x,0) = \int_0^x \frac{\partial u}{\partial z}(\xi,0)h(x-\xi)\mathrm{d}\xi \tag{9.24}$$

式中，卷积核 h 是 $-1/ik\delta(s)$ 的拉普拉斯逆变换。

根据文献 [47]，可得到

$$h(x) = \frac{1+i}{2}\frac{\gamma}{\sqrt{k\pi x}}\mathrm{e}^{\frac{ik}{2}(\eta-1)x} \tag{9.25}$$

其中，水平极化时 $\gamma=1$，垂直极化时 $\gamma=\eta$。与第 8 章的理想透明边界条件一样，这个条件也是非本地的。

式（9.24）什么时候可以被 Leontovich 边界条件很好近似呢？如果地面是导体肯定是可以的：卷积核因而包含一个阻尼因子 d

$$d(x) = \exp\left(\frac{\sigma x}{\varepsilon_0 c}\right) = \exp(-377\sigma x) \tag{9.26}$$

即使是非良导体地面，如电导率量级为 10^{-4}S/m，如前一节提到的非常干燥地面，100m 处的衰减因子仍能达到 0.02 的数量。阻尼使卷积核类似于一个冲激函数，因此，Leontovich 边界条件是非本地边界条件的很好近似。对于纯介质是没有阻尼的，在这种情况下，对于大的介电常数卷积核是剧烈振荡的，像冲激函数一样。

9.2.3 反射系数

一般的阻抗边界条件也可以根据反射系数考虑。这种解释在第 10 章中将会用到，其中我们用与角度相关的反射系数表示粗糙表面特性。假设在介质 1 中紧贴分界面上有一个薄的各向同性的层，折射指数为 1。在该层中，SPE 的拉普拉斯变换的解为

$$U(s,z) = \alpha(s)\left(\mathrm{e}^{-iz\sqrt{2iks}} + R(s)\mathrm{e}^{iz\sqrt{2iks}}\right) \tag{9.27}$$

式中，$R(s)$是关于谱变量 s 的反射系数。在表面上，有

$$\frac{\partial U}{\partial s}(s,0) = -i\sqrt{2iks}\frac{1-R(s)}{1+R(s)}U(s,0) \tag{9.28}$$

如果取

$$R(s) = \frac{\sqrt{\frac{2is}{k}} - \delta(s)}{\sqrt{\frac{2is}{k}} + \delta(s)} \tag{9.29}$$

则当媒质 2 是均一介质时,式(9.28)和式(9.13)的表面阻抗方程是等价的。

反射系数的表达式还可以更一般化:如果我们已知边界面上的反射系数作为入射角的函数,可以把非本地边界条件写成式(9.24)的形式,其中卷积核 h 是导纳函数 H 的 Laplace 反变换,定义为

$$H(s)=\frac{i}{\sqrt{2is}}\frac{1+R(s)}{1-R(s)} \tag{9.30}$$

在窄角情况,谱变量 s 和擦地角 θ 有关

$$2is=k\sin^2\theta \tag{9.31}$$

这样,式(9.29)正是熟悉的表面阻抗和反射系数之间的关系。

9.3　有限差分实现

我们考虑本地阻抗边界条件具有如下形式

$$\frac{\partial u}{\partial z}(x,0)+\alpha u(x,0)=0 \tag{9.32}$$

式(9.32)的有限差分方法实现不会存在什么困难:对矩阵的第一行做修正,以考虑阻抗边界条件因素。在边界点$(x,0)$应用单边近似,可得到关于 z 的二阶导数的有限差分表达式。利用第 7 章中的符号,可得

$$\frac{\partial^2 u}{\partial z^2}(x,0)\sim 2\,\frac{\frac{\partial u}{\partial z}(x,\Delta z/2)-\frac{\partial u}{\partial z}(x,0)}{\Delta z} \tag{9.33}$$

应用通常的中心差分方法在$(x,\Delta z/2)$对 z 的导数做近似,并在边界点$(x,0)$应用边界条件评估 z 的导数,得

$$\frac{\partial^2 u}{\partial z^2}(x,0)\sim 2\,\frac{u(x,\Delta z)-u(x,0)(1-\alpha\Delta z)}{\Delta z^2} \tag{9.34}$$

代入 SPE,对距离进行平均,如第 3 章中那样,我们可得到有限差分方程

$$u_0^m(-1+\alpha\Delta z+b+a_0^m)+u_1^m=u_0^{m-1}(1-\alpha\Delta z+b-a_0^m)-u_1^{m-1} \tag{9.35}$$

式中,系数 b 和 a_0^m 分别由式(3.79)和式(3.80)定义。由于式(9.35)只包含 u_0^m 和 u_1^m,因此结果是三对角线矩阵,不会增加计算复杂度。

9.4　混合傅里叶变换

9.4.1　连续混合傅里叶变换

混合傅里叶变换的连续形式是 Kuttler 和 Dockery 在文献［77］中推导出来的。其基本的思想是得到匹配式（9.32）的边界条件的传播算法。我们观察到，在均匀媒质中，SPE 的“绕射”部分相应于分步算法的项

$$\frac{\partial u}{\partial x}=\frac{i}{2k}\frac{\partial^2 u}{\partial x^2} \tag{9.36}$$

我们知道，在 3.3 节中，正弦变换提供满足 Dirichlet 边界条件 $u(x,0)=0$ 的解。相似的，余弦变换给出满足 Neumann 边界条件 $\partial u/\partial z(x,0)=0$ 的解。我们的目的是，找到一种变换，它可以表征阻抗边界条件的传播。定义匹配函数 v

$$v=\frac{\partial u}{\partial z}+\alpha u \tag{9.37}$$

我们注意到 v 也满足式（9.36）。边界条件要求 v 在下边界 $z=0$ 处必须为零，因此可以对 v 的传播采用正弦变换。也就是说

$$u(x+\Delta x,z)=S^{-1}\{\mathrm{e}^{-\frac{i\pi 2p2\Delta x}{2k}}Sv(x,z)\} \tag{9.38}$$

我们注意到，$U=Sv$ 可以用 u 表示为

$$U(x,p)=\int_0^{+\infty}u(x,z)[\alpha\sin(\pi pz)-\pi p\cos(\pi pz)]\mathrm{d}z \tag{9.39}$$

为了得到步进距离上的 u，可以解式（9.37），它是一个关于 u 的普通微分方程。对于水平极化，相应于 $\mathrm{Re}(\alpha)<0$，仅有的限制条件为

$$u(x,z)=-\mathrm{e}^{-\alpha z}\left[\int_z^{\infty}v(z')\mathrm{e}^{-\alpha z'}\mathrm{d}z'\right] \tag{9.40}$$

然而，对于垂直极化，相应于 $\mathrm{Re}(\alpha)>0$，解的形式为

$$u(x,z)=\mathrm{e}^{-\alpha z}\left[\int_0^{z}v(z')\mathrm{e}^{-\alpha z'}\mathrm{d}z'+C\right] \tag{9.41}$$

对于任意 C 有界。这样，C 满足

$$C+\int_0^{\infty}v(z)\mathrm{e}^{-\alpha z}\mathrm{d}z=2\alpha\int_0^{\infty}u(x,z)\mathrm{e}^{-\alpha z}\mathrm{d}z \tag{9.42}$$

因此，我们看到，除非式（9.42）的等式右侧上积分是已知的，否则我们不能不模糊地确定 u。这便引出了下面的前向混合变换的定义：设 $Mu=\{U,K\}$，其中

$$U(x,p) = \int_0^{+\infty} u(x,z)[\alpha\sin(\pi pz) - \pi p\cos(\pi pz)]\mathrm{d}z \tag{9.43}$$

$K(x)$定义为

$$K(x) = \begin{cases} 0 & \mathrm{Re}(\alpha) \leqslant 0 \\ 2\alpha\int_0^{\infty} u(x,z)\mathrm{e}^{-\alpha z}\mathrm{d}z & \mathrm{Re}(\alpha) > 0 \end{cases} \tag{9.44}$$

替换式（9.40）和式（9.41），反变换形式可以写为

$$u(x,z) = K(x)\mathrm{e}^{-\alpha z} + \int_0^{\infty} U(p)\frac{\alpha\sin(\pi pz) - \pi p\cos(\pi pz)}{\alpha^2 + p^2}\mathrm{d}p \tag{9.45}$$

该式利用了围线积分的证明，见文献［155］。现在，我们使用混合傅里叶变换对表示 u 的传播。下列差分方程满足

$$\frac{\partial U}{\partial x}(x,p) = -\frac{i\pi^2 p^2}{2k}U(x,p) \tag{9.46}$$

和

$$K'(x) = \frac{i\alpha^2}{2k}K(x) \tag{9.47}$$

后一个方程是基于 u 满足 SPE 和各部分的重复积分得到的。边界条件保证了积分部分的消失。现在直接考虑 U 和 K，在步进距离上应用反变换，得到

$$u(x+\Delta x,z) = \mathrm{e}^{\frac{i\alpha^2\Delta x}{2k}}K(x)\mathrm{e}^{-\alpha z} + \int_0^{\infty} U(x,z)\mathrm{e}^{-\frac{i\pi^2 p^2\Delta x}{2k}}\frac{\alpha\sin(\pi pz) - \pi p\cos(\pi pz)}{\alpha^2 + p^2}\mathrm{d}z \tag{9.48}$$

很容易检验，u 确实满足 SPE。既然 v 是 U 的正弦变换，v 在 $z=0$ 处消失，则边界条件自动满足。

式（9.48）当然可以应用离散正弦和余弦变换。然而，每一步花费的时间大概是 Neumamm 或 Dirichlet 情况的两倍（相应于理想导体边界条件），因为需要两个正弦和两个余弦变换。另一个缺点见文献［46］，是当 $\pm i\alpha$ 接近于实轴时，计算精度很难保证。文献［46］中引入的离散混合 Fourier 变换（DMFT）可以解决这些困难。在第 3 章中，我们看到，可以通过直接离散化 PE 偏微分方程来避免连续积分。我们在这里采取直接离散化的方法。

9.4.2　离散混合傅里叶变换

正如在第 3 章中所讲的那样，我们首先把高度 z 离散化

$$f_j(x)=u(x,j\Delta z),j=0,\cdots,N \tag{9.49}$$

我们希望定义的 DMFT 能自动满足阻抗边界条件。对于垂直极化（对应于 α 的实部是正数）

$$r=\sqrt{1+(\alpha dz)^2}-\alpha \mathrm{d}z \tag{9.50}$$

对于水平极化（对应于 α 的实部是负数）

$$r=-\sqrt{1+(\alpha dz)^2}-\alpha dz \tag{9.51}$$

我们注意到，r 和 $-r-1$ 是下面的二次方程的根

$$r^2+2r\alpha dz-1=0 \tag{9.52}$$

我们根据 α 的实部的符号选择 r，使 $|r|$ 小于 1，这样可以保证算法的稳定性。

$f=(f_0,\cdots,f_N)$ 的 DMFT 为

$$F_0=A\sum_{m=0}^{N}{}'r^m f_m$$

$$F_j=\sum_{m=0}^{N}{}'\left[\alpha\sin\left(\frac{\pi jm}{N}\right)-\frac{\sin\left(\frac{\pi j}{N}\right)}{\Delta z}\cos\left(\frac{\pi jm}{N}\right)\right]f_m \qquad j=1,\cdots,N-1$$

$$F_N=A\sum_{m=0}^{N}{}'(-r)^{n-m}f_m \tag{9.53}$$

求和中的上标表示第一项和最后一项乘以权重系数 1/2，而且

$$A=\frac{2(1-r^2)}{(1+r^2)(1-r^{2N})} \tag{9.54}$$

离散逆变换为

$$f_m=r^m F_0+\frac{2}{N}\sum_{j=1}^{N-1}\frac{\alpha\sin\left(\frac{\pi jm}{N}\right)-\beta_j\cos\left(\frac{\pi jm}{N}\right)}{\alpha^2+\beta_j^2}F_j+(-r)^{N-m}F_N \tag{9.55}$$

$$m=0,\cdots,N$$

其中

$$\beta_j=\frac{\sin\left(\frac{\pi jm}{N}\right)}{\Delta z},j=1,\cdots,N-1 \tag{9.56}$$

通过引入离散的匹配函数 g，可以大大简化 DMFT 中反变换的过程

$$g_m = \frac{f_{m+1} - f_{m-1}}{2\Delta z} + \alpha f_m, m = 1, \cdots, N-1 \tag{9.57}$$

很容易验证$(F_1, \cdots, F_{N-1})$正好为 g 的离散正弦变换

$$F_j = \sum_{m=1}^{N-1} g_m \sin\left(\frac{\pi j m}{N}\right), j = 1, \cdots, N-1 \tag{9.58}$$

为了获取逆变换，首先对$(F_1, \cdots, F_{N-1})$应用离散正弦反变换得到f。然后需要由f、F_0和 F_N得到 g。我们首先注意到由于 r 和 $-1/r$ 都是二次方程（9.52）的根，因此向量

$$\phi_m = B_1 r^m + B_2 (-r)^{(N-m)}, m = 0, \cdots, N \tag{9.59}$$

满足齐次差分方程

$$\phi_{m+1} - \phi_{m-1} + \alpha\phi_m = 0, m = 0, \cdots, N-1 \tag{9.60}$$

这意味着，如果我们能找到一个特殊向量 ψ 满足如下非齐次差分方程

$$\frac{\psi_{m+1} - \psi_{m-1}}{2\Delta z} + \alpha\psi_m = g_m, m = 1, \cdots, N-1 \tag{9.61}$$

则向量

$$f_m = \psi_m + B_1 r^m + B_2 (-r)^{(N-m)}, m = 0, \cdots, N \tag{9.62}$$

同样是非齐次差分方程的解。我们注意到由于

$$\sum_0^N{}' r^m = \frac{1}{A} \tag{9.63}$$

$$\sum_0^N{}' (-r)^{N-m} r^m = 0 \tag{9.64}$$

所以有

$$A\sum_0^N{}' f_m r^m = A\sum_0^N{}' \psi_m r^m + B_1 \tag{9.65}$$

$$A\sum_0^N{}' f_m (-r)^{N-m} = A\sum_0^N{}' \psi_m (-r)^{N-m} + B_2 \tag{9.66}$$

一旦确定特解 ψ，则 B_1 和 B_2可以近似用下式确定

$$B_1 = F_0 - A\sum_0^N{}' \psi_m r^m \tag{9.67}$$

$$B_2 = F_N - A\sum_0^N{}' \psi_m (-r)^{N-m} \tag{9.68}$$

译者注：式（9.63）应为 $\sum_0^N{}' r^m \cdot r^m = \frac{1}{A}$。

获得 ψ 的一个简单的方式是设 $\psi_0=\psi_N=0$[注]，通过两个步骤解方程组，将相关矩阵分解成上三角和下三角因子的乘积。第一步是应用前向递归

$$\eta_m - r\eta_{m-1} = 2g_m\Delta z, m=1,\cdots,N-1 \tag{9.69}$$

第二步是应用后向递归

$$\psi_{m+1} + \frac{1}{r}\psi_m = \eta_m, m=N-1,\cdots,0 \tag{9.70}$$

为了利用 DMFT 求解 PE，我们必须定义 PE 的离散化形式，检验变换方程。我们必须定义 z 的二阶偏导数的离散形式，这里用 D^2 表示。为简单起见，在以下的推导过程中忽略变量 x。当然，困难在于确定区域边界处的 D^2，在计算区域内 D^2 是用通常的中心差分方法近似的。

设向量 $f=(f_0,\cdots,f_N)$ 满足阻抗边界条件的离散形式

$$Df_0 = -\alpha f_0 \tag{9.71}$$

并且假设

$$Df_N = 0 \tag{9.72}$$

这相当于 $z \geqslant N\Delta z$ 的场为常数。设 $h=D^2f$。在计算区域的边界处应用单边近似，区域内部应用中心差分方法，可以得到 h 的表达式如下

$$\begin{aligned} h_0 &= \frac{2(f_1 - f_0(1-\alpha))}{\Delta z^2} \\ h_m &= \frac{f_{m+1}+f_{m-1}-2f_m}{\Delta z^2}, m=1,\cdots,N-1 \\ h_N &= \frac{2(f_{N-1}-f_N)}{\Delta z^2} \end{aligned} \tag{9.73}$$

均匀 PE 的离散形式为

$$D^2f + 2ik\frac{\partial f}{\partial x} = 0 \tag{9.74}$$

现在我们来看一下变换方程。设 $H=Mh$。经过一系列的数学运算后，我们发现

$$\begin{aligned} H_0 &= \frac{1}{\Delta z^2}\frac{(r-1)^2}{r}F_0 \\ H_j &= \frac{2}{\Delta z^2}\left(\cos\frac{\pi j}{N}-1\right)F_0, j=1,\cdots,N-1 \\ H_N &= -\frac{1}{\Delta z^2}\frac{(r+1)^2}{r}F_N \end{aligned} \tag{9.75}$$

译者注：$\psi_0=\psi_N=0$ 应为 $\eta_0=\psi_N=0$。

既然 DMFT 的 F 满足普通的差分方程组

$$
\begin{aligned}
F_0'(x) &= \frac{i}{2k\Delta z^2}\frac{(r-1)^2}{r}F_0(x) \\
F_j'(x) &= \frac{i}{k\Delta z^2}\left(\cos\frac{\pi j}{N}-1\right)F_j(x),\ j=1,\cdots,N-1 \\
F_N'(x) &= -\frac{i}{2k\Delta z^2}\frac{(r+1)^2}{r}F_N(x)
\end{aligned}
\tag{9.76}
$$

则在步进距离处的解为

$$
\begin{aligned}
F_0(x+\Delta x) &= \exp\left\{\frac{i\Delta x}{2k\Delta z^2}\frac{(r-1)^2}{r}\right\}F_0(x) \\
F_j(x+\Delta x) &= \exp\left\{\frac{i\Delta x}{k\Delta z^2}\left(\cos\frac{\pi j}{N}-1\right)\right\}F_j(x),\ j=1,\cdots,N-1 \\
F_N(x+\Delta x) &= \exp\left\{-\frac{i\Delta x}{2k\Delta z^2}\frac{(r+1)^2}{r}\right\}F_N(x)
\end{aligned}
\tag{9.77}
$$

如果从一开始，初始向量 $f(x)$ 满足阻抗边界条件，则从这种意义上说，DMFT 和阻抗边界条件是精确匹配的，因而步进距离的解 $F(x+\Delta x)$ 的反变换也自动满足阻抗边界条件。

我们注意到，由于虚部 $(r+1)^2/2$ 是正的，所以 $F_N(x)$ 随着距离按指数递增。为了避免数值问题，最好在每个距离处强制 $F_N(x)=0$。

为了获取完整的 DMFT 的解，DMFT 算法还需要乘以表示折射指数的指数项，如第3章中所示。假设我们使用的是最简单的分裂算法，如式（3.12），则 DMFT 算法的步骤如下：

（1）从距离 x 处的解 $f=(f_0(x),\cdots,f_N(x))$ 开始；

（2）计算匹配函数 $g=(g_0(x),\cdots,g_N(x))$；

（3）计算 $g(x)$ 的离散正弦变换 $F(x)$［这也是 $f(x)$ 的 DMFT］；

（4）应用式（9.77），将 DMFT 步进到距离 $x+\Delta x$ 处；

（5）计算离散正弦反变换获取 $g(x+\Delta x)$；

（6）从 $g(x+\Delta x)$、$F_0(x+\Delta x)$ 和 $F_N(x+\Delta x)$ 获得中间解 $f_i(x+\Delta x)$；

（7）乘以指数项的折射指数得到步进距离处的解 $f(x+\Delta x)$。

相比理想导体边界条件，计算时间稍微有些增加，因为在每个距离处必须计算匹配函数，步进距离处的场必须由匹配函数计算得到。但是，FFT 的计算量是一样的，如每步都是应用两次正弦变换。因此，DMFT 的效率是很高的。

我们注意到，采用 DMFT 可以处理随距离变化的阻抗，只需要随距离改变阻抗系数 α 即可。在这种方法中，由于边界不连续可能引起的后向散射当然被忽略了。

9.5 算例

9.5.1 视距传播

在视距情况下，存在验证 DMFT 方法有效性的简单途径，可以与双射线几何光学模型结果进行比较。图 9.4 给出了在海面上传播的传播因子计算结果，辐射源的频率为 1GHz，位置在海拔高度 25m 处。海面的相对介电常数和电导率分别取 $\varepsilon_r = 80, \sigma = 4\text{S/m}$。仿真中，假设折射指数为单位 1。由图中可见，无论是水平极化还是垂直极化，DMFT 抛物方程的结果都和几何光学的结果非常一致。

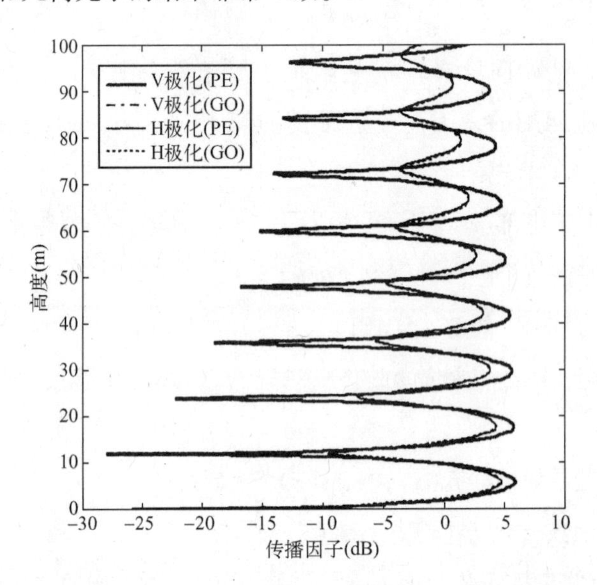

图 9.4 1GHz 垂直和水平极化波海上视距传播，距离发射源 2km

9.5.2 表面波

表面波的传播是一个更需要关注的问题，因为我们在考虑地球表面绕射时强制在地面应用阻抗边界条件。图 9.5 给出了 Dockery 和 Kuttler[46] 利用抛物方程模型 TEMPER 得出的地波传播的结果，同时给出的还有 Barrick[8] 利用 Berry 和 Christman[19] 发展的表面波计算程序得到的结果。这个例子中，辐射源频率为 10MHz，垂直极化，位于高度30m处，在海面上传播（$\varepsilon_r=80,\sigma=4\text{S/m}$）。大气被认为是修正折射指数梯度为118M－单位/km的线性大气。由图可见，不同计算模型之间的结果吻合得很好，误差小于0.1dB。

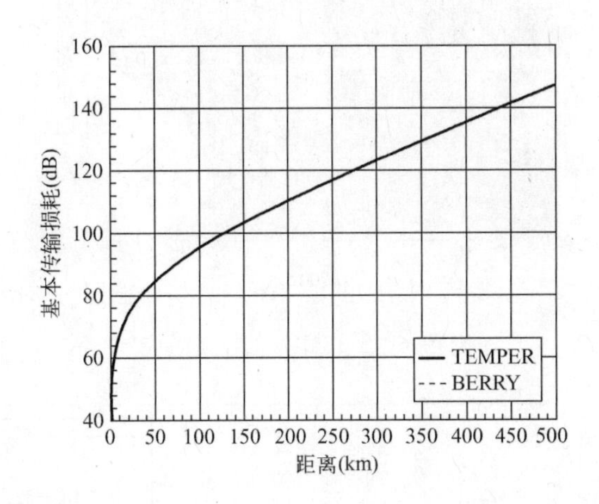

图9.5　10MHz海上表面波传播，接收机高度4m[46]

9.5.3　恢复效应

非均匀平面地上的传播可对抛物方程的表面波模型进行更进一步的检验。我们考虑传播路径为两段具有不同地面介电特性的部分，对每一段应用相应的阻抗边界条件。如果路径开始是导电性较差的地面，然后是良导体，我们希望看到在两段地面过渡区域信号的增强，这是因为良导体内的能量损失小。这就是Millington和Isted[112]在实验中观察到的、著名的恢复效应。

这个例子和文献［112］的测量数据做了对比。辐射源是垂直极化，位于地面；发射频率为3.13MHz。路径开始在地面，然后是海面，跨越的海岸线距离为86km。地面部分的参数为$\varepsilon_r=5,\sigma=0.01\text{S/m}$，海面的参数为$\varepsilon_r=81,\sigma=4\text{S/m}$。图9.6给出了应用离散混合Fourier变换PE得到的路径损耗的分步图。在陆海交界处表面电特性的变化引起了近地面能量的重新分配。图9.7给出了场在地表的值，在陆海交界处有一个明显的恢复。来自文献［112］的测量数据用交叉符号表示。这类问题也可以应用补偿理论[100]，用积分方程方法处理。根据文献［167］补偿理论得到的结果和PE模型的结果之间具有很好的一致性。

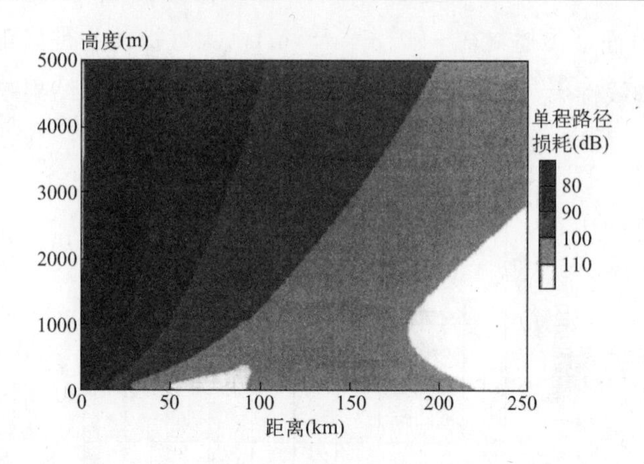

图 9.6　3.13MHz 的恢复效应

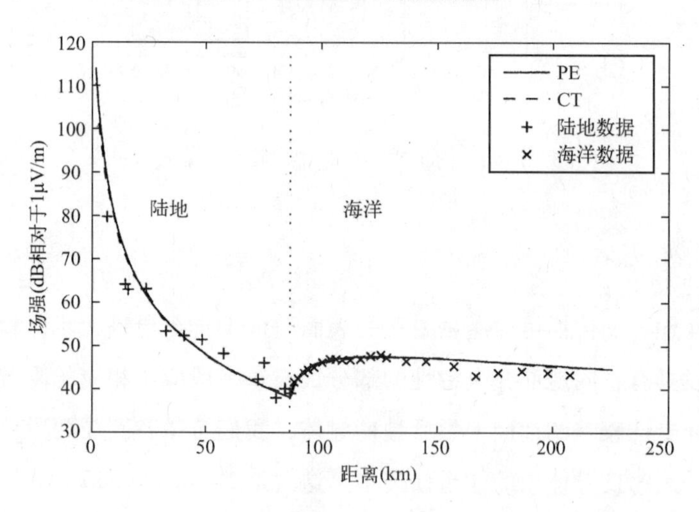

图 9.7　恢复效应：PE 和实测[112]及积分方程结果[100]比较

第 10 章　粗糙海面传播

10.1　引言

对于利用抛物方程模拟粗糙海面上的前向散射，我们所关心的是平均场量，与镜反射相对应。大部分实际应用是在非均匀介质中，这种情况很难处理。虽然理想大气波导环境下，在粗糙海面散射方面取得了一些进展[147,156,136]，但是并没有获得一般情况的严格解。此外，对最重要的应用（粗糙海面传播）来说，难以获得引起折射效应和粗糙面散射情况的复杂边界层现象的充足信息。实际远距离无线电应用往往涉及非常小擦地角的情况，这又额外增加了复杂性。

尽管存在这些困难，在远距离无线电波传播中，需要得到至少能处理理想粗糙面效应的工程应用模型。通过考虑表面粗糙度，利用等效反射系数或导出的等效表面阻抗可达到这一目的。然后就可利用第 9 章介绍的离散混合傅里叶变换技术。

对于 HF 应用，等效表面阻抗可利用微扰近似法计算获得；而对于微波应用，利用基尔霍夫近似得到，将表面视为局部平坦。10.2 节介绍粗糙面表征的一些背景。10.3 节介绍无线电中常用的菲利普斯海洋波谱。10.4 节回顾瑞利粗糙面参数定义。10.5 节讨论 HF 表面波传播。微波应用需要估计 DMFT 所需的表面擦地角，将在 10.6 节描述。

10.2　随机粗糙面

为了能够利用谱表示理论，我们考虑广义平稳随机粗糙面 $Z(x,y)$[68]：每一随机变量 $Z(x,y)$ 具有二阶矩，表面上所有点的平均值 $\overline{Z(x,y)}$ 相同，相关函数 $\overline{Z(x_1,y_1)Z(x_2,y_2)}$ 只依赖于差矢量 (x_2-x_1,y_2-y_1)。如果表面上所有点的高度分布为高斯型，这些假设意味着该随机过程也严格平稳。当然，更多随机表面满足广义平稳：高度分布不必是高斯型，甚至各点上的分布都不必一样。

从现在开始，我们假设粗糙表面上所有点的平均高度为零。令

$$K(x,y)=\overline{Z(0,0)Z(x,y)} \tag{10.1}$$

相关函数 $K(x,y)$ 此时与协方差相同。

广义平稳表面可以用功率谱表征[61,68]。对于粗糙面散射计算，谱表示至关重要。谱密度或功率谱 $W(p,q)$ 是表面高度相关函数的傅里叶变换[61]。我们注意到表面的均方根高度为

$$h=\sqrt{K(0,0)}=\left\{\int_{-\infty}^{\infty}\int_{-\infty}^{\infty}W(p,q)\mathrm{d}p\mathrm{d}q\right\}^{1/2} \tag{10.2}$$

10.3 海表面谱

文献［128］建议用半各向同性菲利普斯谱来表示完全发展海面。风吹来的半空间，谱均为零；风吹向的半空间，为

$$W(p,q)=\begin{cases}\dfrac{B}{\pi(p^2+q^2)^2} & (p^2+q^2)^{1/2}>\dfrac{g}{U^2}\\ 0 & (p^2+q^2)^{1/2}\leqslant\dfrac{g}{U^2}\end{cases} \tag{10.3}$$

式中，$g(m/s^2)$ 是地球表面重力加速度；$U(m/s)$ 表示风速；常数 B 通常为 0.005。

根据 $g=9.81\mathrm{m/s^2}$，从菲利普斯谱得到的均方根高度为

$$h=0.0051U^2 \tag{10.4}$$

表 10.1 给出 2 到 5 级海态时风速和海态的关系，以及根据菲利普斯谱得到的均方根高度。

表 10.1　海态、风速和波高 rms

海　态	风　速	波高 rms
2	10 节（5.14m/s）	0.135m
3	15 节（7.72m/s）	0.304m
4	20 节（10.29m/s）	0.540m
5	25 节（12.86m/s）	0.843m

我们应该注意到，为使随机粗糙面具有一定的物理意义，表面模型应该具备连续性；为能够使用基尔霍夫方法，表面的二阶导数应该存在[13]。如果相关函数在零点具有连续性将满足上述条件，而菲利普斯谱不是这样的。因此，一些情况下采用更一般的函数来近似[144]。

10.4　表面粗糙度和镜反射

如果一个平面波入射到一个粗糙面，则瑞利粗糙度因子 γ 为

$$\gamma = 2kh\sin\theta \tag{10.5}$$

式中，k 为入射波波数；θ 为擦地角，即入射方向与表面入射点切线间的夹角。瑞利粗糙度因子表示以擦地角 θ 入射到均方根高度偏差为 h 的表面上两条反射射线的相位变化，如图 10.1 所示。

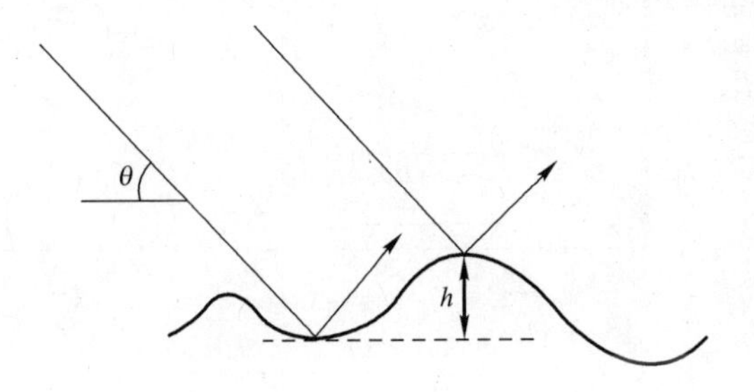

图 10.1　瑞利粗糙度参数

当 γ 非常小时，所有的反射射线近似同相，表面可以按光滑表面处理，这时只有镜反射分量。随着 γ 的增大，表面越来越粗糙，镜反射强度减少，同时越来越多的能量散射到其他方向[61]。

10.5　粗糙海面 HF 传播

10.5.1　微扰法

当瑞利粗糙度因子和表面斜率比 1 小很多时，可用微扰法来计算散射场[61]。微扰法的镜向场展开一阶项为零[61]。然而即使二阶项的变化也能给海上远距离 HF 传播造成实质性影响，因此，需要更精确的镜向场估计。文献[7,8]中，Barrick 联合二阶微扰法和 Leontovich 近似计算粗糙海面 HF 和 VHF 频段的等效表面阻抗$\bar{\Delta}$，对于沿水平面传播的垂直极化入射波，计算式为

$$\bar{\Delta} = \Delta + \frac{1}{4}\int_{-\infty}^{\infty}\int_{-\infty}^{\infty} f(p,q)\,W(p,q)\,\mathrm{d}p\mathrm{d}q \tag{10.6}$$

其中

$$f(p,q)=\frac{k^2p^2+ik\Delta\,(p^2+q^2+2kp)^{1/2}(p^2+q^2-kp)}{ik(p^2+q^2+2kp)+\Delta(k^2-p^2-q^2-2kp)} \tag{10.7}$$

图 10.2 表示了 0 和 5 级海态在不同频率下的等效表面阻抗的实部和虚部。海水的电介质常数为 $\varepsilon_r=80$，$\sigma=4\text{S/m}$。利用菲利普斯谱计算粗糙海面时，假设顺风传播。我们注意到即使是粗糙海面情况，表面阻抗仍然保持很小，这意味着还维持有强的表面波。下节的结果将验证这点。

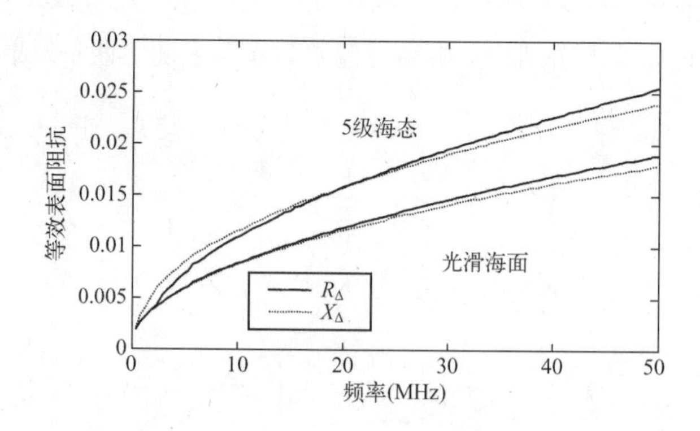

图 10.2　随频率变化的等效表面阻抗函数$\overline{\Delta}=R_\Delta-iX_\Delta$

10.5.2　10MHz 传播

文献［46］中，Dockery 和 Kuttler 应用 DMFT 方法计算了 10MHz 海面地波传播，基于半空间菲利普斯谱利用 Barrick 模型计算了不同风速时的等效阻抗。表 10.2 给出了不同海态时 10MHz 等效表面阻抗。

发射机为垂直极化，位于平均海面高度。采用标准线性大气，即修正折射率梯度为 0.118M－单位/km。图 10.3 表示 Dockery 和 Kuttler 用他们的抛物方程模型 TEMPER，以及 Barrick[8] 利用 Berry 和 Christman[16] 开发的波模理论程序计算出的表面波结果，用固定在平均海拔高度上接收机接收到超过光滑海面的相对路径损耗表示。抛物方程和波模理论模型非常一致。可以看到，如上节所提到的，即使海面粗糙度不断增加，所有海态下也会出现较强的表面波。

表 10.2　10MHz 等效表面阻抗

海　　态	等效表面阻抗
0	0.0084 －0.0083i
2	0.0086 －0.0100i

续表

海　态	等效表面阻抗
3	0. 0100 - 0. 0109i
4	0. 0109 - 0. 0115i
5	0. 0118 - 0. 0122i

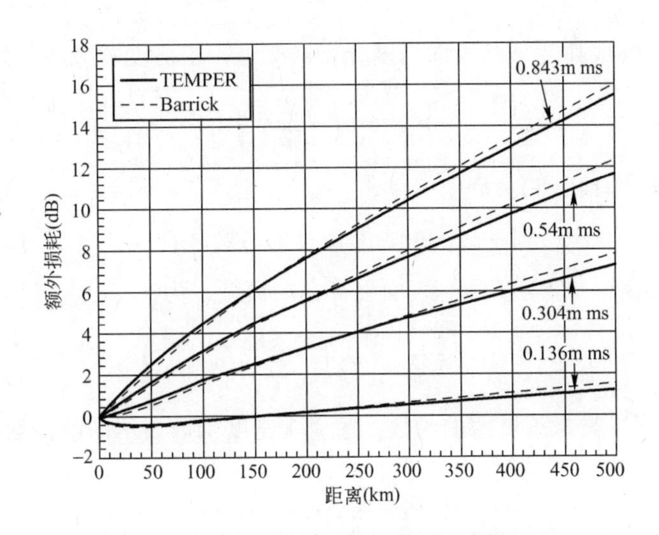

图 10. 3　10MHz 表面波传播的粗糙表面效应

10. 6　粗糙海面波导传播

10. 6. 1　粗糙度衰减因子

微波频段，微扰近似方法不再可行[7]，因为与入射电磁场的波长相比，海表面高度变化通常更大。很多学者采用基于基尔霍夫近似[61]的替代方法。这里假设与入射波长相比，粗糙面$\varsigma(x,y)$是一个慢变化函数，这意味着表面每一点的曲率半径远大于波长。基尔霍夫近似将表面按局部平坦处理，这样能够获得各方向散射场的简洁表达式。其中，平均镜反射方向反射场为

$$\overline{\phi} = \phi_0 \int_{-\infty}^{\infty} \exp(2ik\varsigma\sin\theta)P(\varsigma)\,\mathrm{d}\varsigma \qquad (10.8)$$

式中，ϕ_0 是平坦表面的镜反射场；$P(\varsigma)$是表面高度概率密度函数。该式的具体推导见文献［61］。我们可以将粗糙面等效反射系数 R 表示为

$$R = \rho R_0 \qquad (10.9)$$

式中，R_0 为平坦表面反射系数，粗糙度因子 ρ 为

$$\rho = \int_{-\infty}^{\infty} \exp(2ik\varsigma\sin\theta) P(\varsigma) d\varsigma \tag{10.10}$$

Ament 获得了表面高度为高斯分布时的结果[1]，高斯分布如下式所示

$$P_1(\varsigma) = \frac{1}{\sqrt{2\pi}h}\exp\left(-\frac{\varsigma^2}{2h^2}\right) \tag{10.11}$$

式中，h 是表面均方根高度，该表面高度分布情况下，粗糙度衰减因子为

$$\rho_1 = \exp\left(-\frac{1}{2}\gamma^2\right) \tag{10.12}$$

式中，γ 的定义如式（10.5）所示。

几年后，Beard[17] 注意到 γ 较大时，实测反射系数往往比式（10.12）的结果大。这样 Miller 等[111] 采用了一个与实际海表面更符合的模型，为

$$P_2(\varsigma) = \frac{1}{\pi^{3/2}h}\exp\left(-\frac{\varsigma^2}{8h^2}\right)K_0\left(\frac{\varsigma^2}{8h^2}\right) \tag{10.13}$$

式中，K_0 为零阶第二类修正贝塞尔函数。该概率密度函数表示的随机面高度分布形式为 $\varsigma = u\sin\alpha$，其中 u 服从平均值为零、标准差为 $h\sqrt{2}$ 的高斯分布，α 在 $[-\pi/2, \pi/2]$ 之间均匀分布，u 和 α 相互独立。变量 α 表示海洋涌浪。根据这个模型得到的粗糙度衰减因子为

$$\rho_2 = \exp\left(-\frac{1}{2}\gamma^2\right)I_0\left(\frac{1}{2}\gamma^2\right) \tag{10.14}$$

式中，I_0 为零阶修正贝塞尔函数。上述表达式与实测曲线符合得好很多[111]，是无线电波传播中常用的模型[63]。图 10.4 比较了 ρ_1 和 ρ_2 的特性，ρ_2 的下降相对慢许多。

基尔霍夫近似在很多方面存在问题。由于标量框架，实际存在的去极化效应被忽略。更大的问题在于忽略了遮挡效应：镜反射方向反射系数的计算基于所有的镜反射单元均被照射的假设。在非常小擦地角的情况下，遮挡效应能够对结果产生明显影响。另一种潜在误差是粗糙面上传播介质的均匀假设，波导情况时显然不是这样的。还应该注意的是式（10.8）只是单一散射的近似，未考虑多重散射。一些作者已经分析了基尔霍夫近似的缺点[116,160]。然而它具有形式简洁的优点，在目前海上远距离无线电波传播中也没有可供替代的模型。

10.6.2　擦地角估计

对于光滑表面，Leontovich 近似得出不依赖入射角的阻抗边界条件。但 10.6.1 节讨

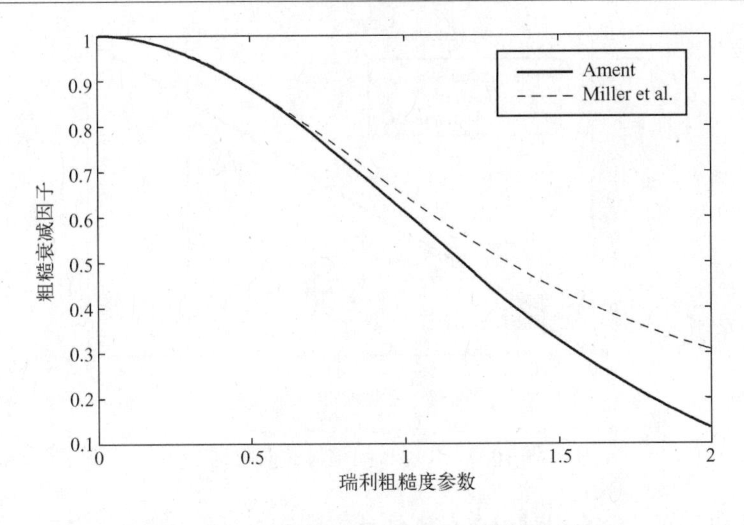

图 10.4　以粗糙度参数为自变量的粗糙衰减因子

论的粗糙海面模型就不是这样了。擦地角 θ 的平面波表面阻抗 δ 与反射系数 R 的关系为

$$\delta = \sin\theta \frac{1-R}{1+R} \tag{10.15}$$

用 δ_0 表示光滑表面阻抗，则有

$$\delta = \sin\theta \frac{(1+\rho)\delta_0 + (1-\rho)\sin\theta}{(1-\rho)\delta_0 + (1+\rho)\sin\theta} \tag{10.16}$$

式中，ρ 为粗糙度衰减因子，其定义式为式（10.14）。

在微波波段和中等风速条件下，通过式（10.15）得到的粗糙面阻抗强烈依赖于擦地角，如图 10.5 所示，图中表示出了 10GHz 在不同粗糙度条件下 δ 的实部。海表面电介质常数 $\varepsilon_r = 80$，$\sigma = 4\mathrm{S/m}$。图中所示的粗糙面阻抗是风速为 5 和 10m/s 时，根据菲利普斯海洋波谱模型分别对应的均方根波高为 0.13m 和 0.51m。我们注意到这些参数情况下粗糙面阻抗的虚部保持很小。图中还给出了透明边界时($R=0$)的等效阻抗值。

图中小擦地角时经过陡峭的下降，表面粗糙阻抗曲线又开始增加，并最终表现得像一般透明边界的阻抗函数。这是可预料的，因为反射系数随着掠射角的增加衰减到零。这些曲线相交于布儒斯特角（$\theta_B, \sin\theta_B$），上述情况下的布儒斯特角是 6.4°。

从图 10.5 易知，利用局部边界条件的传播模型，需要在表面上每一点对擦地角进行很好的估计。但是这种局部擦地角的概念可能不总是适用的，如某些类型的大气波导条件，可以引起多个相交的射线簇，并且在绕射或跳跃区域可能根本没有射线。

假设可定义局部擦地角，Dockery 和 Kuttler 广泛研究了擦地角的估计问题[46]。他们

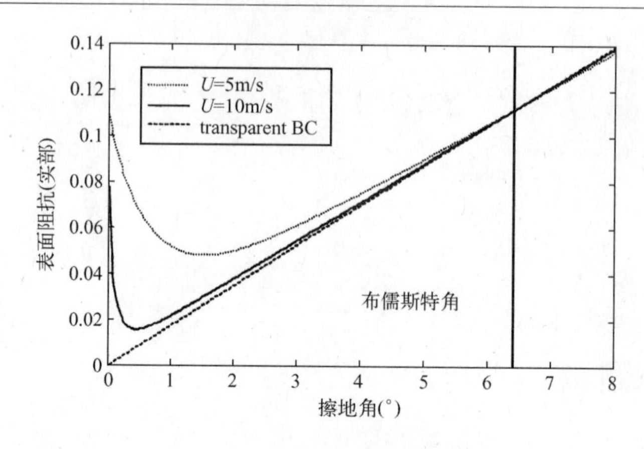

图 10.5　10GHz 粗糙海表面阻抗

考虑了谱估计和几何光学的相对优点。谱估计方法包括两个阶段：首先，从距离 x 到距离 $x+\Delta x$ 场的传播使用 Dirichlet 表面边界条件，应用谱估计（如 MUSIC 算法[140]）找到步进场的主导频谱分量；然后计算得到擦地角，利用阻抗边界条件下的 DMFT 算法重新计算得到步进场。这种方法的好处是能获得随距离平滑变化的擦地角。当表面折射率梯度不太强时，它在文献［46］中已被证明运作良好，但当折射率梯度很大时，波的扭曲现象可导致擦地角的严重低估。射线追踪方法也可计算擦地角，但是通常受到几何光学在一定范围内无射线的限制，虽然相应的场不为零。

10.6.3　表面波导传播

我们应用 DMFT 算法仿真强表面波导中的 X 波段电波传播，利用射线光学计算擦地角。表面波导剖面见表 10.3，垂直极化，频率为 10GHz，发射天线海拔高度为 25m。图 10.6表明应用 DMFT 抛物方程算法预测的光滑海面路径损耗分布。由于擦地角小于几度时，反射系数幅度非常接近 1，能量在海面连续反射传播时损失很小，在表面波导中传播衰减较小，因此信号可传播到很远距离处。应用几何光学计算的表面擦地角如图 10.7 所示，清楚可见连续反射。

表 10.3　粗糙海面仿真所用表面波导剖面

高度（m）	M（M-单位）
0	330
50	320
100	438

图 10.8 表明了应用 DMFT 抛物方程算法预测粗糙海面传播的路径损耗分布图，海浪

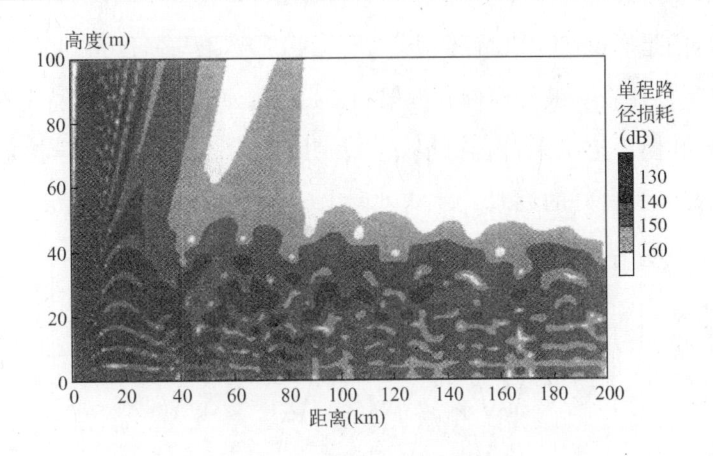

图 10.6　表面波导 10GHz 在光滑海表面上的传播

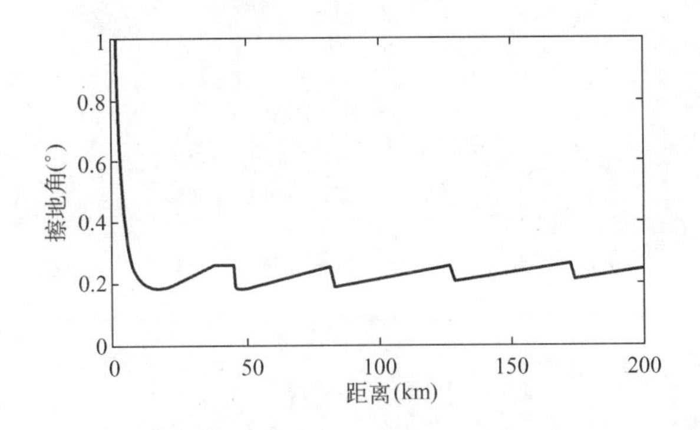

图 10.7　应用几何光学计算的擦地角

平均高度为 1m，对应于菲利普斯模型中 14m/s 的风速。每一距离处等效阻抗根据图 10.7中应用几何光学得到的擦地角计算获得。与光滑海面波导传播相比，在海面反射处能量有明显的损失。

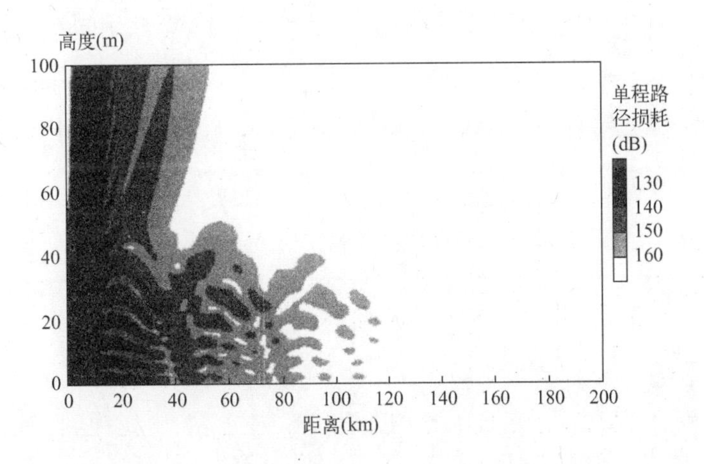

图 10.8　表面波导 10GHz 在粗糙海表面上的传播，波高 rms 为 1m

图 10.9 所示的是通过 TERPEM 模型[93]获得的 PE 结果与通过 MLAYER 代码[15]获得的波导模理论结果的比较。波导模理论框架中，每一模函数各自对粗糙表面利用阻抗边界条件建模。PE 和模理论结果符合得很好，表明上述条件下几何光学擦地角对波前在表面的反射行为是一种良好的近似。

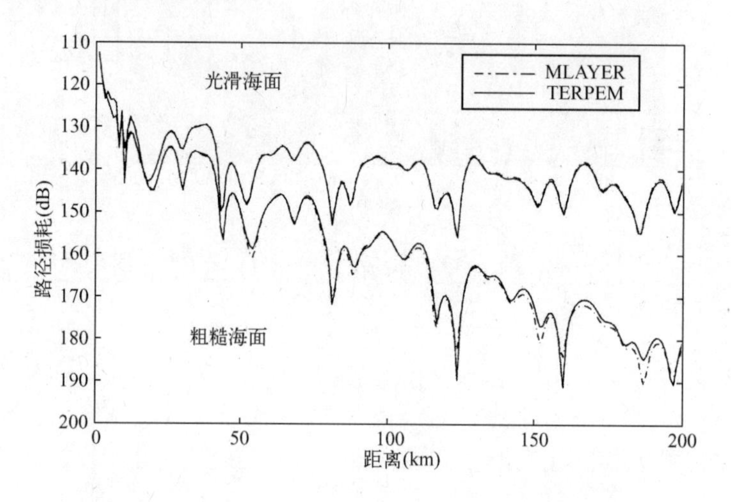

图 10.9　粗糙和光滑海表面模理论和 PE 结果比较

第11章 混合方法

11.1 引言

某些雷达应用涉及很大区域内的电磁场计算，在距离方向一直到几百公里，高度为几公里。地/空路径折射效应传播建模有可能需要更大的计算区域。由于 PE 计算时间依赖于频率、传播角和区域大小，对于如此大区域来说，计算变得异常费时。

幸运的是，对于大多数对流层传播问题，有两个至关重要的特点。首先，大气折射指数的剧烈变化很少发生在一公里左右高度以上，地形特征也常常限于较低高度内，这意味着传播介质的扰动部分通常局限于一定高度内；其次，因为大气折射指数保持非常接近于1，复杂大气折射效应一般对参考地平线的小传播角度情况影响较大，这就可能在低高度和小传播角时，场的计算采用强大但相对较慢的 PE 技术，而在感兴趣区域的其他角度和高度内利用快速方法求解。Hitney[58] 发展了非常有效率的混合 PE/ray - trace 技术，用来求解低高度发射信号的大区域海上传播问题。11.2 节介绍无线物理光学模型。

第8章中，在推导完全透明边界条件时使用了拉普拉斯变换方法。事实上，利用该方法也能方便地扩展 PE 解到大高度上。这就是 11.3 节将要介绍的水平抛物方程方法(HPE)[90]。利用联合垂直 PE（VPE）、HPE 和射线描迹算法的混合技术，可以很快求解涉及地形和大气折射的一般性传播问题。在 11.4 节中，利用第8章中关于源位于 PE 区域边界之上的模型思想，将展示如何联合 HPE 方法和射线描迹技术来快速解决高天线问题。最后，11.5 节是关于应用混合技术研究地/空传播问题的介绍。

11.2 无线物理光学

无线物理光学（RPO）模型结合射线光学和抛物方程方法，提高了平坦地面传播的计算速度。计算区域分为四个部分，如图 11.1 所示。在平地球区域，利用简单的双射线模式，假设射线直线传播，其想法是：对参考水平面的发射角大于几度的射线传播，折射效应可忽略，因此没必要采用更复杂的射线描迹算法，文献［58］中建议临界值为5°。

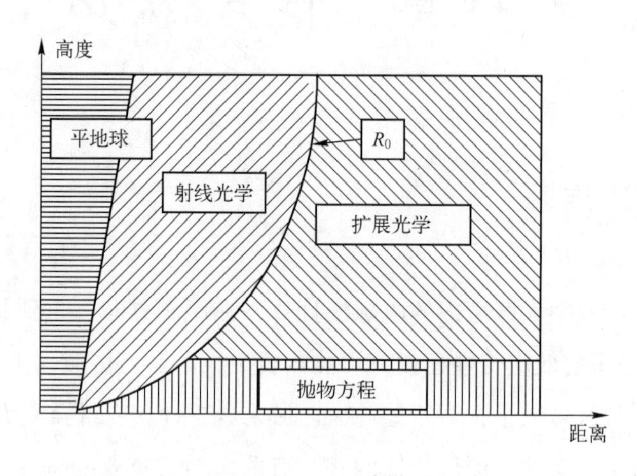

图 11.1 RPO 区域

几何光学（RO）区域由擦地角为θ_0的地面反射射线R_0限定。我们的目标是保证考虑直射线和反射线，易于计算 RO 区域内任意点的场强。我们必须能容易地追踪射线R_0来确定临界角。为达到该目的，需避免地球的球面绕射问题和波导效应，则我们选取足够大的擦地角。在不依赖距离的情况下，文献［58］中建议值为

$$\theta_0 = \max\left(0.002, 2.5 \times \left[\frac{0.01772}{f^{\frac{1}{3}}}\right]\right) + \Delta\theta \tag{11.1}$$

式中，f表示频率，单位为 MHz；$\Delta\theta$ 考虑可能存在的波导效应。式中的方括号内是 Reed 和 Russell 在文献［133］给出的绕射区域极限角。$\Delta\theta$ 的值为

$$\Delta\theta = \sqrt{m^2(0) - m_{\min}^2} \tag{11.2}$$

式中，$m(0)$是表面修正折射指数；$m_{\min}$是感兴趣高度内所有折射指数的极小值。

对于直射线可以采用相似的步骤确定发射角临界值α_1和α_2，这样对于角度大于α_1或小于α_2的区域，描迹直射线不再存在困难。若发射源位于较强波导层内，则α_1将严格地大于α_2，如图 11.2 所示。我们可以找到到A_1和A_2区域内任一点的直射线，但到A_0区域内点的直射线描迹可能会比较困难。如果天线较低，A_0区域限制在很小距离内，结果还不太严重。对于较高天线则会产生严重问题。基于这种原因，RPO 模式通常限制天线高度小于 100m。这种情况下的 RO 区域由反射部分的临界射线R_0确定。

在射线光学区域，因为保证不存在陷获或绕射效应，所以可以利用第 5 章介绍的简

洁的射线追踪模型计算传播损耗。在 RO 区域的每一点，结合直射线和绕射线的复传播因子，再考虑地面反射系数进行计算。

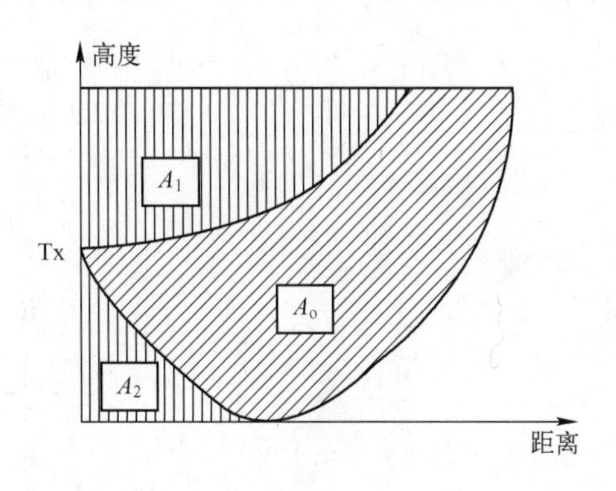

图 11.2　天线位于波导内时确定 RO 区域

抛物方程区域由临界射线 R_0 和最大高度确定，超过该最大高度将采用扩展光学模式。扩展光学模式[58]利用几何光学原理扩展计算抛物方程模式给定高度 z_b 以上的区域，如图 11.3 所示。其思想为：若 z_b 足够大，该高度以上射线不会经历明显的聚焦或散焦，这样作为一种较好的近似，沿射线电磁场幅度相对于自由空间可假设不变，该恒定值由 PE 模型在高度 z_b 处计算获得。采用这种方法，避免了用微分几何光学技术计算沿射线的场强，微分几何技术在低高度区域计算时会造成很大误差，在低高度区域采用高精度的 PE 解。该技术的计算速度会非常快，因为计算中只需用到最基本的射线追踪技术。

这种方法的主要困难在于：找到穿过水平线 $z = z_b$ 上所有点的射线通常不太可能。扩展光学模式假设在 z_b 存在一“水平射线”的方法处理该问题。换句话说，存在极限距离 x_0，在 $x < x_0$ 的所有距离上，我们可以找到通过点 (x, z_b) 的反射线，然而在距离 $x > x_0$ 处，这样的射线不存在。定义 β_0 为在 (x_0, z_b) 处的临界射线的仰角，对于大于光学极限 x_0 的距离上，我们仍用 β_0 作为初始仰角。也就是说，在光学极限以外，我们引入与水平射线平行的人工射线，如图 11.3 所示。到目前为止，这种基于超视距波阵面切线不随距离变化假设的方法并没有理论依据。当然，“二次源”不应存在，因为这将造成多条水平射线。存在不规则地形时会发生这样的情形，很多地形表面的散射能量将起到二次源的作用。

RPO 模型对低天线在平地面传播条件时非常高效。根据表 11.1 描述的抬升波导，计算并给出传播损耗，计算结果是用高级折射效应预测模型（AREPS）获得的[125]。

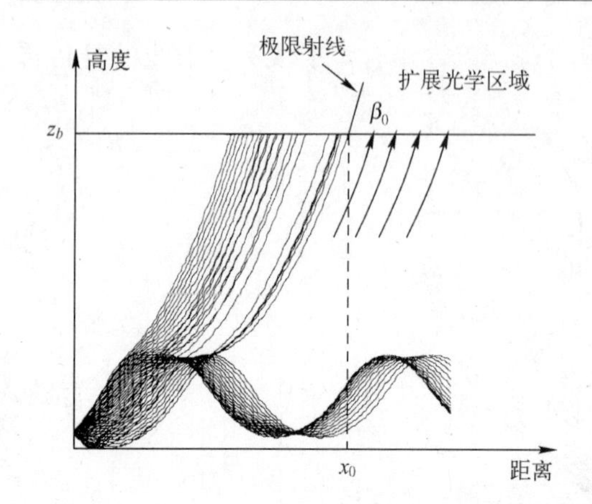

图 11.3 扩展光学方法（显示临界射线）

表 11.1 RPO 算例 M 剖面

高度（m）	M（M-单位）
0.0	330.0
50.0	340.0
100.0	335.0
200.0	346.8

图 11.4 所示是位于平均海拔 75 英尺、10GHz 水平极化发射源的覆盖图。天线波束为高斯型，半功率波束宽度为 1°。在该情形下，扩展光学区域始于高度 2160 英尺、距离 42.7海里处。不同的模式融合得非常平稳，保证了传播损耗曲线的光滑。特别是扩展光学模型正确地延伸了波导泄露场。该计算过程在桌面计算机上运行时间仅为几秒。上述条件下，变换点数为 1024 的 PE 算法耗费了主要的计算时间。图 11.5 表示与用纯粹的 PE 模型在距离 200 海里处的比较结果，两者符合得相当好。我们注意到纯 PE 模型多数情况限于与水平线成 1 度以内的条件。因为最大高度为 5000 英尺，这已经需要点数为 16 384 的正弦变换，在射线光学和平地球区域，为预测更高发射角则需要更大的变换点数。

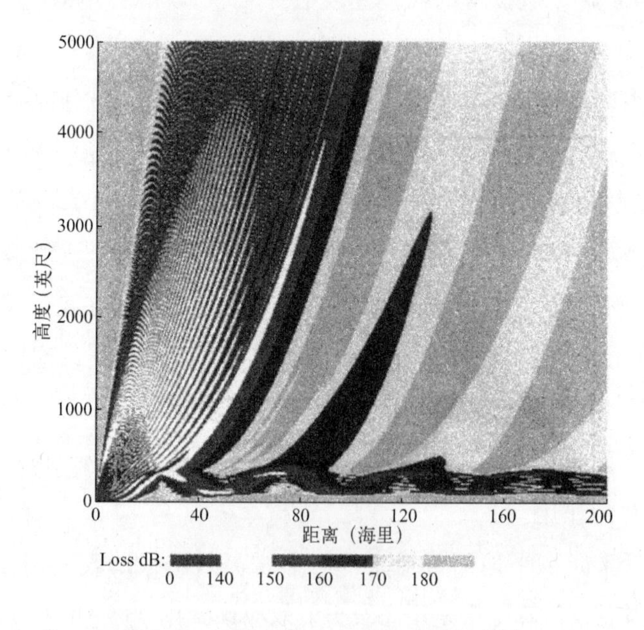

图 11.4 利用 AREPS 得到的覆盖图[125]

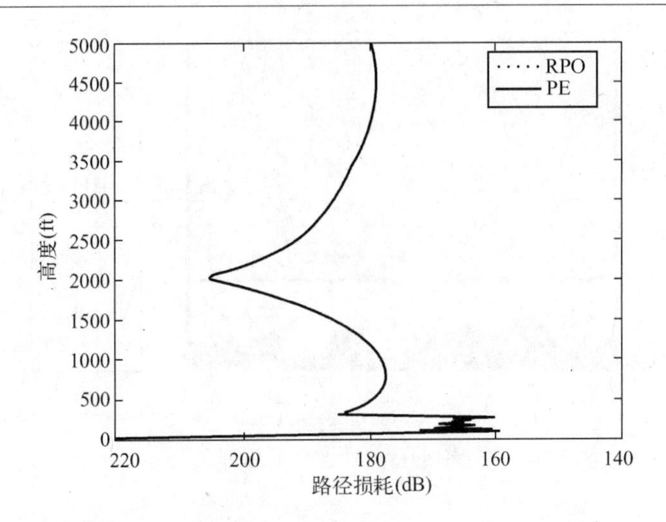

图 11.5　200 海里处 RPO 混合模型和 PE 模型的比较

11.3　水平 PE

现在讨论水平抛物方程方法[90]，该方法对扩展光学所处区域的计算问题提供了一种更普遍的解。假定边界 z_b 以上介质具有向上传播的性质，即 z_b 以上折射指数的变化不会将能量反射回 z_b 以下高度。z_b 高度以上为指数大气时满足这样的条件。我们假设已经知道高度 z_b 处的初始水平解，并且我们希望扩展该解到 z_b 高度以上，如图 11.6 所示。z_b 以下，允许电介质的任意扰动，包括地形变化：水平 PE 方法会自动计算这些扰动在高度 z_b 以上的影响。我们假定 z_b 以上，折射指数不依赖距离；事实上，像第 8 章所提到的，稍微弱一些的假设就足够了，我们可以在折射指数里增加一项随距离的偏移量。本节中，我们仍假设 z_b 以上初始场为零。11.4 节中将去掉该假设，这样就可以模拟发射源在分界面以上时的情况了。

在高度 z_b 以上，我们首先从 SPE 中距离的拉普拉斯变换开始。因 $z \geqslant z_b$ 时初始场为零，所以有

$$\frac{\partial^2 U}{\partial z^2}(s,z) + (2iks + k^2(n^2 - 1))U(s,z) = 0 \tag{11.3}$$

在能保证良好向上传输的介质中，解有限且唯一。第 8 章中已经讨论过的均匀和线性大气下的计算方法，提供了该方法实际应用的基础。

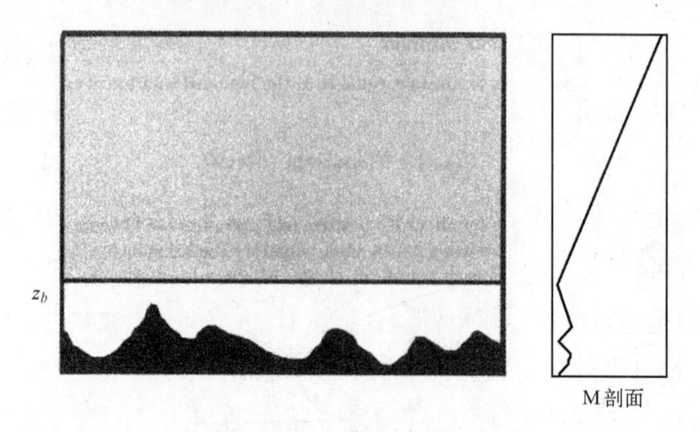

图 11.6　HPE 计算结构

11.3.1　均匀介质

若折射指数恒等于1，式（11.3）的有界解为

$$U(s,z) = U(s,z_b)\exp(-i\Omega z\sqrt{s}) \tag{11.4}$$

其中对所有正实数 s，$\Omega=(1+i)\sqrt{k}$。与第 8 章中根据该式推导出完全透明边界条件不同，我们可以通过拉普拉斯逆变换直接获得 z_b以上任意高度 z 处的解

$$u(x,z) = \int_0^x u(x-\xi,0)g(\xi,z)\mathrm{d}\xi \tag{11.5}$$

其中奇异核 g 满足

$$Lg = \exp(-i\Omega z\sqrt{k}) \tag{11.6}$$

有[53]

$$g(x,z) = -\frac{i\Omega z}{2\sqrt{\pi}x^{\frac{3}{2}}}\exp\left(\frac{\Omega^2 z^2}{4x}\right) \tag{11.7}$$

式（11.5）中的卷积表明距离 x 处的解只和小于 x 的距离有关，这与近轴近似相一致。式（11.5）不适合数值应用，然而我们可利用拉普拉斯和傅里叶变换关系来改变式（11.4）。我们需要用到距离变量的傅里叶变换 F_x，其定义为

$$F_x\{u(x,z)\} = V(q,z) = \int_{-\infty}^{+\infty} u(x,z)\mathrm{e}^{-2i\pi qx}\mathrm{d}x \tag{11.8}$$

式中，我们假设对于固定 z，$u(x,z)$关于距离平方可积。如果 u 充分正则，有

$$LU(2i\pi q,z) = F_x(q,z) \tag{11.9}$$

通过对式（11.4）解析延拓，我们得到用距离变量傅里叶变换表示的场为

$$u(x,z) = F_x^{-1}\{A(q,z-z_b)F_x\{u(x,z_b)\}\} \tag{11.10}$$

其中因子 A 为

$$A(q,z)=\begin{cases}\exp(-2z\sqrt{\pi kq}) & q\geqslant 0\\ \exp(2iz\sqrt{-\pi kq}) & q\leqslant 0\end{cases} \tag{11.11}$$

我们看到，由于因子 A 有限，如果 $u(x,z_b)$ 关于距离平方可积，则 $u(x,z)$ 在大于 z_b 的任意高度也平方可积。还应注意到由于 $u(x,z)$ 在负 x 范围为零，因此傅里叶正变换是单边带有效的，但是逆变换却是双边带。我们在 11.3.3 节将对此进行进一步分析。

式（11.10）的计算应用采用快速傅里叶变换，要求首先对 $u(x,z_b)$ 进行一次 FFT，接着在每一感兴趣水平高度上进行一次逆 FFT。由于式（11.10）是 z_b 以上任意高度的精确解，因此可以直接获得指定高度处的解，而不必在中间高度上进行计算。

11.3.2 线性介质

我们现在考虑折射率平方线性递增大气剖面，形式为

$$n^2(x,z)=1+\alpha(z-z_b)+\beta \qquad z\geqslant z_b \tag{11.12}$$

其中斜率 α 为正数（上文已分析折射率不变的情况，这里暂不考虑波导情况）。该情况下，式（11.3）是艾里函数（见附录 A）的一种变体，问题与 8.5.2 节处理的线性介质中非局部边界条件问题相似。式（11.3）的有界解为

$$U(s,z)=U(s,z_b)\frac{\omega_1\{\varsigma_s(z-z_b)\}}{\omega_1\{\varsigma_z(0)\}} \tag{11.13}$$

其中

$$\varsigma_s(z)=-(\alpha k^2)^{1/3}z-\frac{k^2\beta+2iks}{(\alpha k^2)^{2/3}} \tag{11.14}$$

式中，ω_1 表示前向艾里函数 $Ai\{z\exp(2i\pi/3)\}$。

如前，同样假设在每一高度上 u 平方可积，这样用其傅里叶变换表示的解为

$$u(x,z)=F_x^{-1}\{B(q,z)F_x^{-1}\{u(x,z_b)\}\} \tag{11.15}$$

其中因子 B 是艾里函数的比值

$$B(q,z)=\frac{\omega_1\{\varsigma_{2i\pi q}(z-z_b)\}}{\omega_1\{\varsigma_{2i\pi q}(0)\}} \tag{11.16}$$

利用渐进展开[117]，可以发现对固定 z，B 关于变量 q 有界。如果初始水平位置平方可积，则 u 在大于 z_b 的任意高度均平方可积。

更一般的向上传播剖面也可利用水平 PE 方法处理。可以把平方折射指数剖面进行分段线性函数近似。这样，在每一水平分层内，折射指数斜率相同，水平 PE 可用适当

的指数或艾里核函数进行处理。另外，尽管不需额外的 FFT 或 IFFT 变换，在斜率断点需要知道艾里函数因子。

11.3.3 谱分解和数值实现

傅里叶变换变量 q 与 u 的水平平面波分解有关：对于负 q 值，有

$$q = -\frac{1-\cos\theta}{\lambda} \sim -\frac{\theta^2}{2\lambda} \tag{11.17}$$

式中，θ 为水平传播角。考虑到幅度为单位值，水平传播角 θ_0 方向上平面波的简化场 u 为

$$u(x,z) = \mathrm{e}^{ik\{x(\cos\theta_0-1)+z\sin\theta_0\}} \tag{11.18}$$

当高度为零时，u 关于 x 的傅里叶变换是狄拉克函数 $\delta(q+(1-\cos\theta_0)/\lambda)$，验证了式（11.17）。正 q 值对应于消逝波，从式（11.11）和式（11.16）可以看出，对于一个固定值 q，随着高度 z 的增加，乘数趋于零。因此，比较感兴趣的是忽略 q 正值的贡献，只用单边带的逆傅里叶变换。倘若 z_b 以上场的小仰角水平谱分量为零，则这确实是可能实现的。

为了确定距离上的最优采样，我们应用奈奎斯特准则，表明高度 z_b 上的距离步长 Δx 和最大传播角 θ_m 之间的关系为

$$\Delta x \leqslant \frac{\lambda}{\theta_m^2} \tag{11.19}$$

由于不需要额外的傅里叶变换，这样自动获得所有高度上信号的准确重建。这在线性或指数大气条件下的性能相当显著，此时，天线波束将向上弯曲传播：艾里核函数通过适当变换计算更大的传播角。只要更高的感兴趣的最大距离包含在计算区域内，则对于傅里叶逆变换来说就不存在分辨率问题。

只要能计算得到相位和幅度，HPE 在初始高度 z_b 处的起始场计算可采用任何可能的方法。当然，通常的垂直 PE 算法尤为合适，因为它直接计算简化场 u，然而如果需要，也可能用到其他方法或多种方法的结合。这对 z_b 边界下的地形和折射率结构没有要求。尤其是存在地形间多次反射的情况下，并不会带来特别的困难。

HPE 要求的距离分辨率确定了计算初始水平场所要采用的算法。如果以垂直 PE 作为起始算法，HPE 的限制通常意味着 VPE 的距离步长变得必须比单独使用时更小。即使如此，在大多数情况下仍能获得很好的总计算效率。考虑一个 300km × 5km 的区域，地形平坦，假设高度 0.1km 以上没有反常折射特征存在。我们考虑频率为 3GHz 和 10GHz，

最大传播角分别为1.5°和0.5°的情况。

表11.2给出了整个区域都利用垂直PE算法（分步/FFT）的计算要求，并与垂直/水平PE相结合的混合模式进行对比。对于后者，垂直PE计算到0.1km的高度，该高度以上区域的扩展计算采用HPE方法。由于向上折射，随着波束的传播，传播仰角增大。如果我们假设0.1km以上是良好混合的标准大气，则0.1km高度处仰角为1.5°的射线在5km高度处的仰角将达到2.9°。HPE算法会自动考虑这个，但是如果整个区域都使用VPE，为应付大传播角，其FFT点数必须充分增加。

对于一个固定频率，计算时间大约随 θ_m^2 而增加。如果PE计算的角度扇形区域可以减小，会节省大量计算时间。例如，无线电物理光学方法就是限制PE计算于缩小的角度扇区，在高仰角处利用更快的模式进行计算的，如简化的射线追踪技术。这种方法非常适合平地面时的情况。在不规则地形上传播时，由于地形的绕射或反射会导致高仰角传播现象，射线光学不再适合充分模拟这类现象。

式（11.19）的一个有趣的结果是：对于平地面传播，随频率的增加计算效率会有所提高。因为可以利用射线光学的传播仰角区域随频率注的增大而增大[58]。这反映在表11.2中最大传播角的选择中：频率10GHz，利用最大传播角0.5°可获得很好的计算效率。

表11.2 300km×5km区域的计算要求

频　率		3GHz	10GHz
最大传播角		1.5°	0.5°
全区域垂直PE	Δx	0.5km	0.5km
	FFT点数	32768	65536
到0.1km垂直PE	Δx	0.125km	0.125km
	FFT点数	512	512
0.1km以上水平PE	Δz	10m	10m
	FFT点数	4096	2048
VPE/HPE混合模型与VPE时间比		12%	3%
VPE/HPE混合模型与VPE内存比		12%	3%

11.3.4 算例

我们首先以一个表面波导情况为例。折射率剖面为双线性，高度0~100m的折射率

译者注：原文是波长。

梯度为 -20M-单位/km，100m 以上为 118M-单位/km。图 11.7 演示了在高度 50m 处、频率为 3GHz 水平极化辐射源发出的电磁波传播损耗覆盖图。100m 以下利用 VPE 算法，100m 以上为 HPE 算法的混合模式计算。计算参数如表 11.2 中的第一列所示。图 11.8 为分别利用混合模式和单一 PE 模式计算的 200km 距离处传播损耗随高度的变化比较图。为了更清楚的显示，将单一 PE 模式的计算结果偏移 20dB，两种模式结果非常一致。

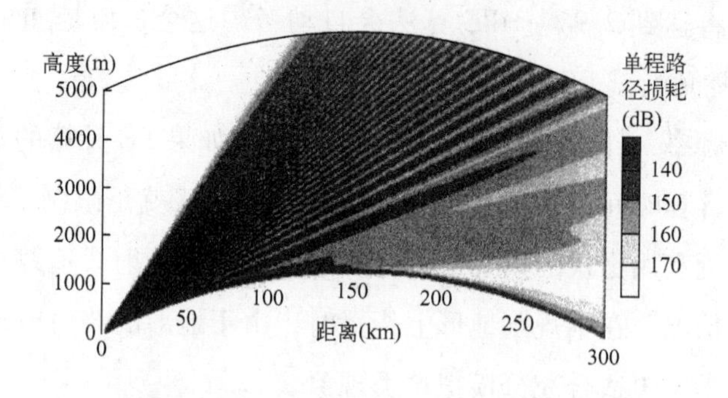

图 11.7　3GHz 天线在波导环境下，100m 以上采用 HPE

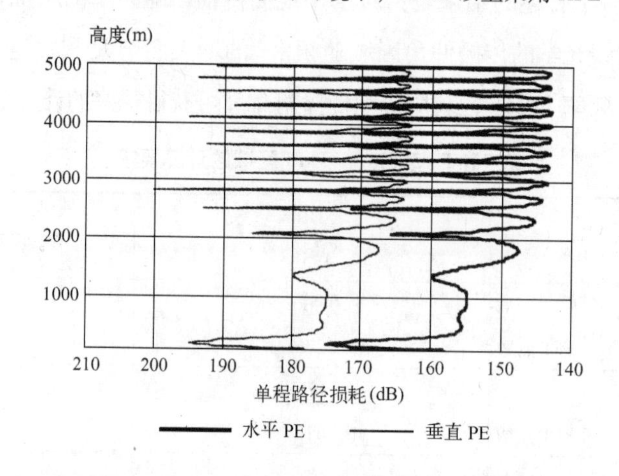

图 11.8　与图 11.7 环境相同的距离 200km 处垂直和水平 PE 结果的比较

我们现在将水平 PE 方法应用到同时涉及不规则地形和对流层波导的环境中。辐射源离地高度为 50m，频率为 3GHz[注]，水平极化。折射率剖面是三线性，海拔 180m 到 200m 高度处存在一个强度为 2M 的波导层。图 11.9 演示了电磁波传播损耗覆盖图。200m 以下的计算结果用 PE 的有限差分法获得，地面的介电常数 $\varepsilon_r=15$，电导率 $\sigma=0.01\text{S/m}$。200m 以上使用水平 PE。模拟与水平方向直到 7°的区域，需要的距离步长为 10m。图 11.10 演示了混合模式和单一 PE 模式下计算高度 400m 处传播损耗随距离的变化。令单一 PE 结果偏移 20dB，两种方法

译者注：原文是 2GHz。

的结果非常一致，包括由于多重地形反射引起精细的变化。我们注意到 RPO 模式就不适合这种环境，因为射线追踪技术难以用在不规则地形上。

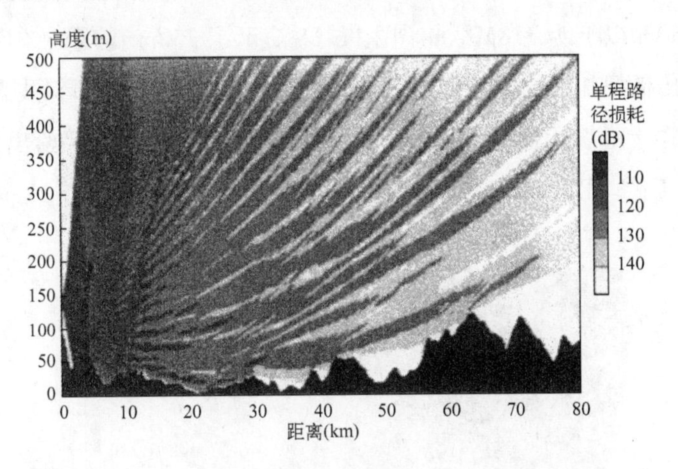

图 11.9　3GHz 天线在地形和波导环境下，200m 以上采用 HPE

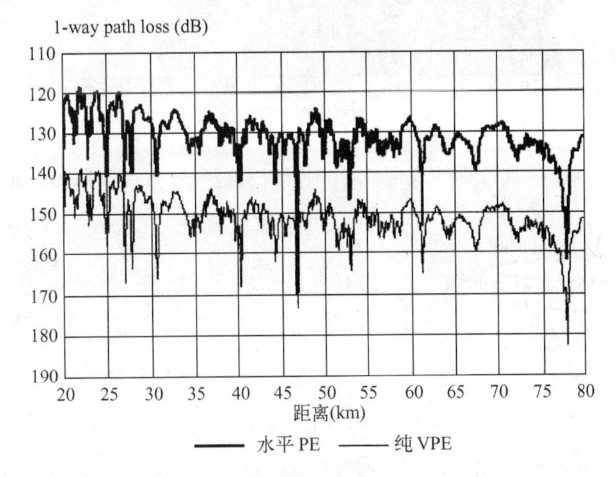

图 11.10　地形和波导环境下的高度 400m 处混合和纯 VPE 结果的比较

11.4　高天线

利用与第 8 章中相同的想法，水平 PE 方法可以推广到发射源在边界上方的情况。假设 z_b 以上区域存在一个已知的与 u 有同样初始场的解 $u_0(x,z)$，则 z_b 以上区域的 u 可以按以下步骤扩展：首先利用水平初始场差值 $v(x,z_b)$，采用水平 PE 方法扩展 $v=u-u_0$ 到 z_b 以上的区域，由于 $z \geqslant z_b$ 时，$v(x,z)$ 为零，因此这是可能的；然后将已知解 u_0 加到扩展 v 上，即可得到 z_b 以上所要求的场 u。

我们在第 8 章中已经看到，对于高斯天线，当 z_b 以上介质为线性时，有可能获得闭合形式的解。我们将其应用于一个双线性修正折射率剖面，0～50m 高度的折射率梯度为 -100M/km，50m 以上为 118M/km。图 11.11 演示了 250m 高度处，频率 10GHz，水平极化发射源的传播损耗图。天线指向朝下，仰角为 -0.32°，高斯型波束的半功率波束宽度为 1°。50m 以上的场用通用的 HPE 方法得到，使用式（8.66）给出的辅助解 u_0 的解析形式。50m 以下，用到有输入能量艾里 NLBC 的有限差分法。

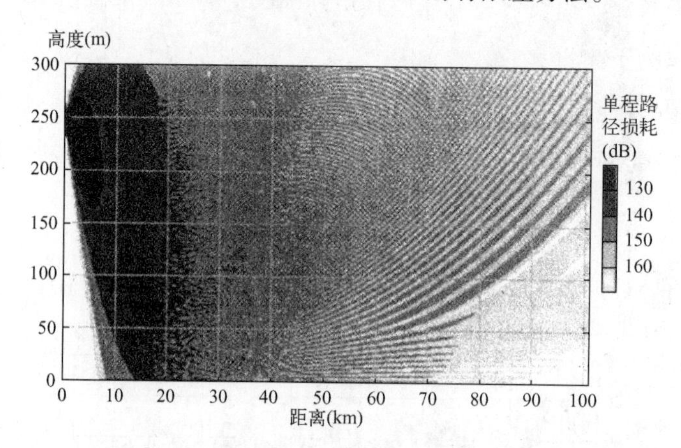

图11.11　利用解析辅助函数计算的表面波导 10GHz 发射源的路径损耗图，50m 以上是 HPE 解

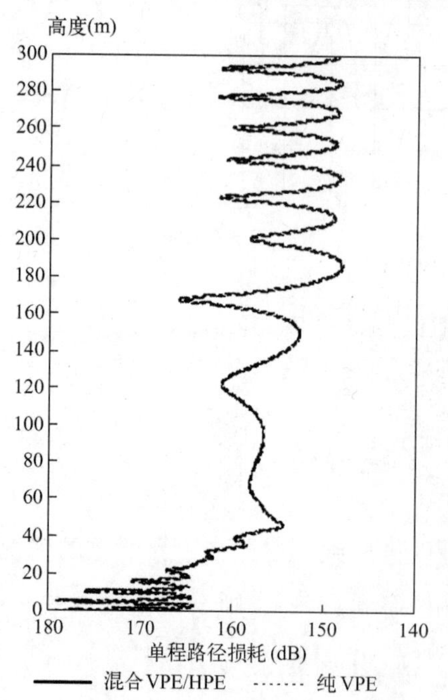

图 11.12　利用解析辅助函数的混合 HPE/VPE 和纯 PE 算法结果的比较

用通用 HPE 方法可以准确计算 50m 高度以上的场，如图 11.12 所示，该图比较了在整个区域运用分步 PE 算法获得的结果。

实际上，z_b 以上的介质常常更为复杂，则 u_0 没有闭合形式解。对于点源，可采用射线追踪技术数值计算 u_0。因为 z_b 以上为向上传播介质，所以使用射线追踪技术没有困难。z_b 以下介质的选择是任意的。在第 8 章，我们在 z_b 的高度上放了一个全反射镜面得到分步傅里叶变换 PE 的入射能量边界条件。而这里的要求则不同：我们不需要 z_b 以下为零的辅助解，但是我们需要能够容易计算 z_b 以上的任意点的辅助解。

最佳的选择是将一个线性介质延伸到 $-\infty$，其斜率与 z_b 高度上的斜率匹配，以便在 z_b 上有很好的连续性。换句话说，如果

$$\frac{\partial n^2}{\partial z}(x,z_b)=\alpha \tag{11.20}$$

我们使

$$n^2(x,z)=n^2(x,z_b)+\alpha(z-z_b) \qquad z\leqslant z_b \tag{11.21}$$

在此无界介质中，没有水平或聚焦问题。图11.13所示为$\alpha/2=118$M-单位/km的标准大气下的射线追踪结果。

z_b以下的无限线性介质使射线弯曲回到更高的区域。当采用通用HPE程序时，抵消了向上的能量，只剩下想得到的来自z_b以下向上的能量的u。

我们运用无限介质技术，考虑天线高度1000m，频率3GHz的情况，大气环境剖面如表11.3所示。存在一个表面波导，且在100m和200m之间有一个次折射层。

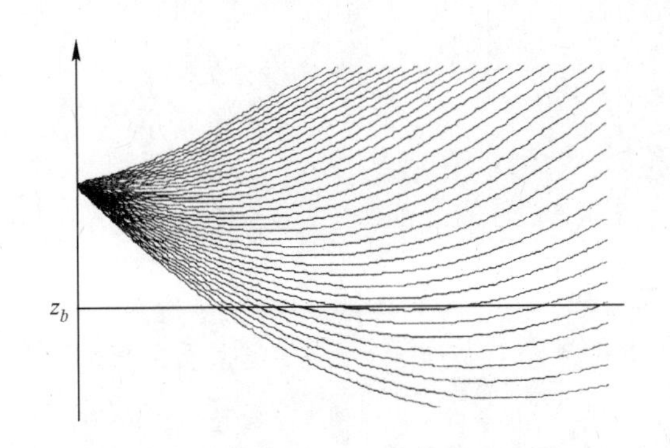

图11.13　线形扩展介质中的射线追踪

表11.3　HPE和射线追踪比较M剖面

高度（m）	M（M-单位）
0	305
100	300
200	320
300	332

天线向下倾斜，仰角为-0.35°。获得的损耗覆盖如图11.14所示，高度128m以上用HPE，该高度以下用有能量输入的分步傅里叶算法。由于需要的高度较低，所以VPE

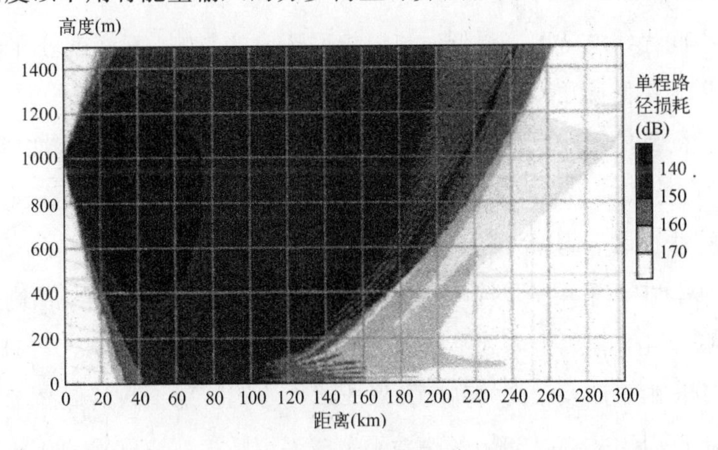

图11.14　利用射线追踪计算辅助函数得到的混合HPE/VPE结果

算法的正弦变换点数仅为512。与之对比，若整个区域用单一VPE计算，需要的点数是8192。我们注意到高天线的表面波导效应的覆盖图：波导上方出现了一个雷达盲区，这是由于从上方来的能量偏转向下至波导层和比标准大气短的距离上反射。HPE方法的计算结果与单纯的垂直PE的结果吻合得很好，图11.15所示，为距离300km处两种技术计算的损耗随高度的变化比较。

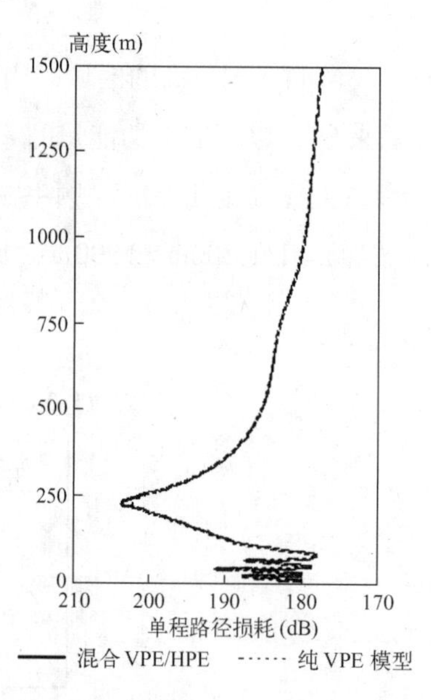

图11.15　利用射线追踪计算辅助函数得到混合HPE/VPE与纯PE算法结果比较

11.5　地空路径

低仰角地空间无线电链路会受低对流层折射环境的影响。反常传播的影响会使路径产生弯曲，如果利用低仰角GPS卫星，则会降低计算精度。还存在一些反演技术，根据低仰角卫星信号受到的影响反推感兴趣的对流层折射结构特征的可能性研究[2,59]。扰动位于地球表面以上至1～2km的位置上，但是卫星高度在几百公里甚至几千公里，因此必须使用快速算法扩展低高度计算到卫星高度的范围。

在文献［59］中，采用扩展光学技术处理了非常大的高度。其与低高度情况的主要区别是射线追踪在几公里以上用到了球面几何学。也可采用HPE方法处理这类情况[87]。主要的困难在于，由于涉及很大的高度，形成线性修正折射指数的低高度平地球变换不再有效。原则上可以用式（4.38）的对数平地球平坦转换解决问题，该式适用于所有高度。这会导出有唯一有界解的拉普拉斯变换域微分方程。不幸的是，通过泰勒或渐进级数数值求解是很烦琐的任务。我们用图 11.16 所示的连续整平变换来代替，每一个变换产生一个线性修正折射指数。通过对几百公里的切分，由于利用线形折射率指数而造成的误差始终较小。我们注意到，即使是一条水平发射射线，其相对于地球表面的传播角在远离地面的距离上也会变大，这就意味着 SPE 算法相对于大的卫星高度不再足够准确，因此基于 SPE 的 HPE 算法也同样如此。

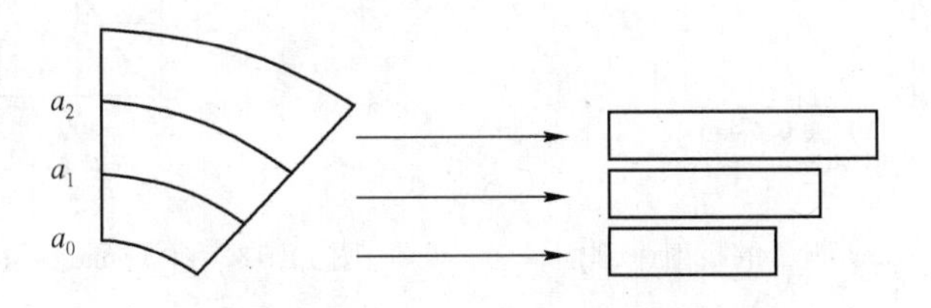

图 11.16 地－空应用中的连续坐标变换

通过这种简单的逼近方法，每个分段需要乘上一个艾里核。应用该技术于 1239MHz 的卫星测量，宽带卫星 P76－5，轨道高度为水平 1000km。在加利福尼亚圣地亚哥太平洋海岸的 Loma 点上进行记录，在海平面 34m 高度处用一个水平极化的接收机接收。利用接收站的无线电探空仪得到折射率剖面。图 11.17 和图 11.18 显示了两个折射率测量值的例子，分别对应于 1978 年 7 月 20 日的当地时间 19：45 和 1978 年 7 月 28 日的当地时间 20：00。具体数值如表 11.4 和表 11.5 所示。

表 11.4 1978 年 7 月 20 日当地时间 19：45 M 剖面

高度（m）	M（M-单位）
43.0	364.8
204.1	380.0
349.5	396.4
359.2	323.8
386.8	326.4
617.3	355.5
1111.6	419.9
1540.1	481.8
1907.7	528.5
2749.4	642.9
3219.8	703.2
3545.5	748.0
4592.7	891.4
5430.8	1007.5

表 11.5 1978 年 7 月 28 日的当地时间 20：00 M 剖面

高度（m）	M（M-单位）
43.0	359.0
133.0	373.8
465.3	410.8
487.8	396.5
593.2	391.3
787.0	388.7
1004.4	413.5
1543.1	486.3
1935.1	529.5
2517.5	644.1
3688.6	648.9
3217.4	723.2
3815.6	807.6
3925.5	829.1

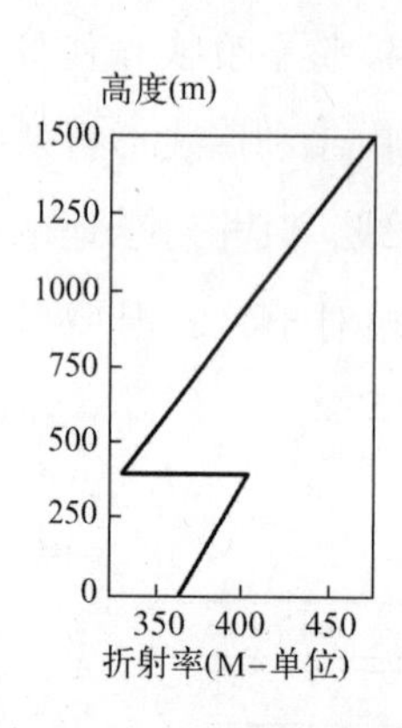

图 11.17　在 Loma 测量的折射率剖面，1978 年 7 月 20 日的当地时间 19：45

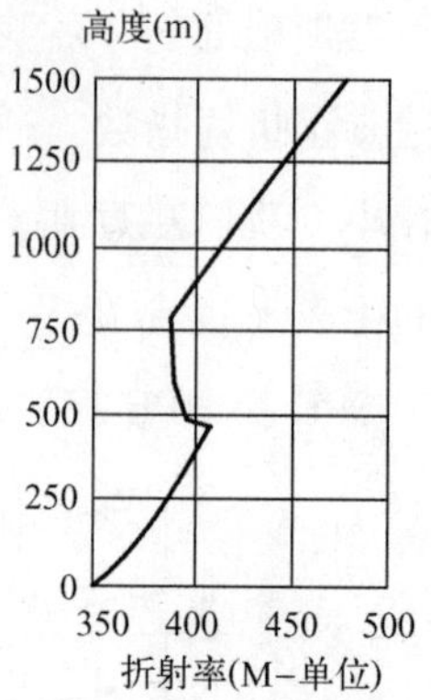

图 11.18　在 Loma 测量的折射率剖面，1978 年 7 月 28 日的当地时间 20：00

图 11.19 和图 11.20 显示了两种情况下的损耗覆盖图，最大高度为 3000m。7 月 20 日的强波导造成了强陷获，即使频率相对较低。7 月 28 日出现了强烈的悬空波导，虽然未被陷获，但导致了射线的弯曲。

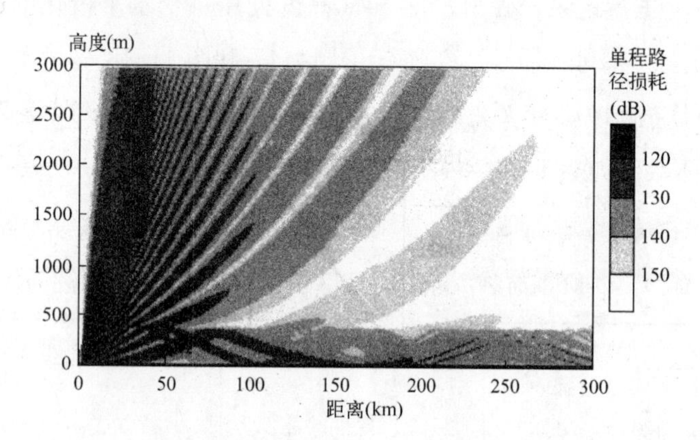

图 11.19　L 波段接收机低高度覆盖图，1978 年 7 月 20 日的当地时间 19：45

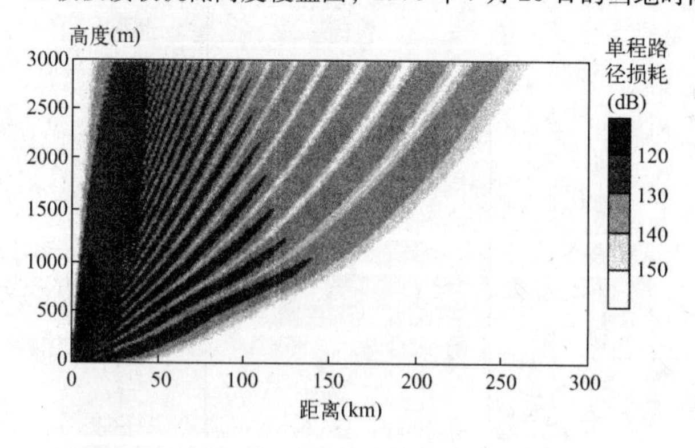

图 11.20　L 波段接收机低高度覆盖图，1978 年 7 月 28 日的当地时间 20：00

扩展光学[59]和水平 PE 方法[87]用于向上扩展场的计算。如同文献［2,59］所述，折射率模型由线性区、指数区及常数区组成，定义为地球表面以上高度的函数。线性区范围从2.5km到9km，折射率N减小到105N。在指数区，从9km到50km，折射率用下式给出

$$N(z)=105\exp(-0.1424(z-9)) \tag{11.22}$$

式中，z的单位是km。从50km到卫星高度的折射率取零。

因为卫星相对地球运动，根据互易性，该应用中将接收机看作发射源更加实用。因此，所有地面距离上1000km高度处的场可以直接得到。我们注意到，在感兴趣的远距离处，相对地球表面的传播角可达到28°左右，因此窄角 HPE 算法的准确性也开始恶化。

图11.21和图11.22显示了作为地面距离函数的卫星信号。给出了测量结果及用 HPE 与扩展光学算法计算的结果[59]。因为只得到有效测量结果相对值，所以在观测数据上添加了一个任意路径损耗偏移量。两种模型给出了几乎相同的结果。模拟计算结果与实验结果的一致性不是很好；可能归咎于折射效应水平不均匀性的影响，由于缺乏适当气象数据而无法模拟这种效应。然而，测量结果和模拟结果的定性比较结果比较一致：如在7月20日，由于表面波导的泄漏，远距离的信号依然较强，而在7月28日，在无线电视距外出现突然的减小，虽然有所延伸但并未被悬空波导陷获。

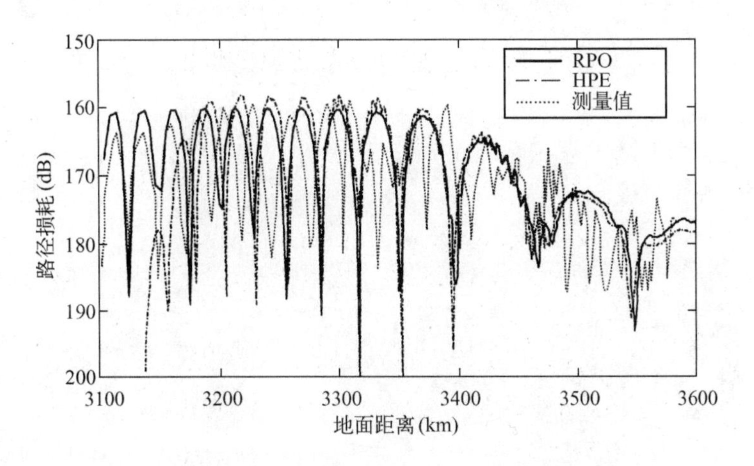

图11.21 实测和模拟 P76-5 卫星结果比较

高度1000km，1978年7月20日[59,87]

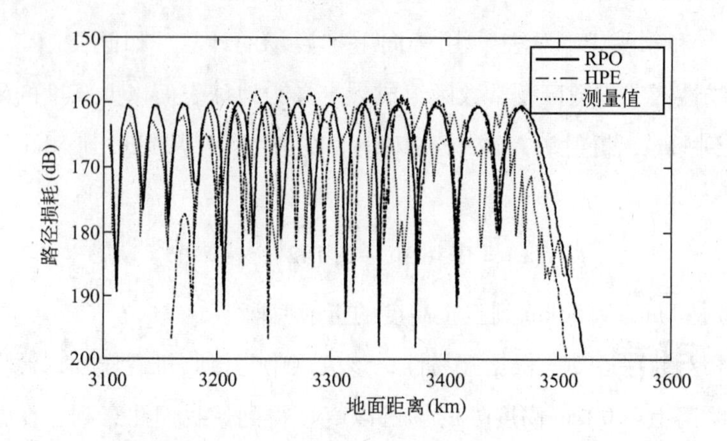

图 11.22　实测和模拟 P76 - 5 卫星结果比较

高度 1000km，1978 年 7 月 28 日[59,87]

第12章　二维散射

12.1　引言

理想情况下，PE算法应能够准确地模拟宽角散射，并在具有数值高效性的同时具备良好的稳定性。对于散射应用，为表征复杂的边界条件，它还必须足够灵活。不幸的是，这些性质倾向于相互排斥。我们将会看到，一般情况下，根据应用的不同，必须进行某种程度的妥协。我们已经了解过远距离应用的数值方案，当时重点在于计算速度方面，这是因为相对于波长，积分区域非常大，并且需要模拟传播介质背景中的折射指数变化。对于该类型的应用，分步傅里叶方法提供了一种很强大的工具。

本章关心的是二维目标的散射。积分区域远小于远距离应用的情况，也许只有几百个波长，而不是几千或几百万个波长，并且目标边界的建模变得重要，而不再是折射指数的变化，如图12.1所示。假设波长为10cm，对应于频率为3GHz，一个典型的距离100km和高1km的对流层传播区域相对于波长倍数为10^6和10^4，如图12.1（a）所示。与此相比，图12.1（b）的散射问题需要的区域是5乘4m，或50乘40倍波长。

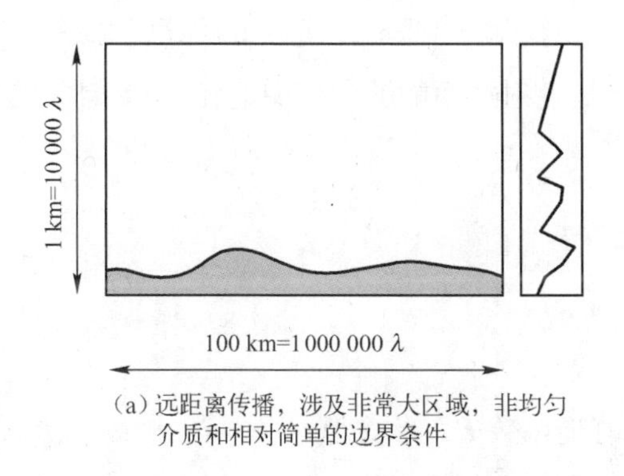

（a）远距离传播，涉及非常大区域，非均匀介质和相对简单的边界条件

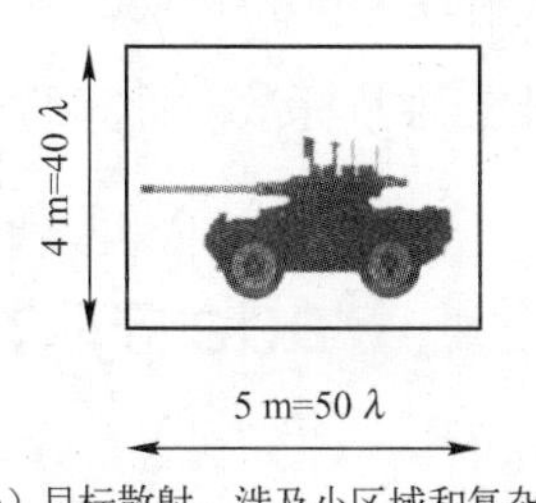

（b）目标散射，涉及小区域和复杂边界

图12.1　假设3GHz发射源的PE模型应用

因此，目标散射应用中数值效率的要求变得不那么紧迫，我们可以接受更小的步长和网格间隔。考虑到这些，有限差分法则变得相当具有吸引力。事实上，一般不再选择

傅里叶方法，因为傅里叶方法在边界建模方面不太灵活：例如，虽然存在适当的模拟区域一侧为阻抗边界条件的傅里叶变换，但是却不存在匹配如图 12.2 所示双边问题的傅里叶方法，图中每个目标必须满足不同类型的边界条件。对于三维问题，这种类型的问题变得更难以处理。只有个别几何形状的目标可采用傅里叶方法。本章中，我们针对的是有限差分方案。稍后的三维散射算法将利用这里介绍的二维方案模块。

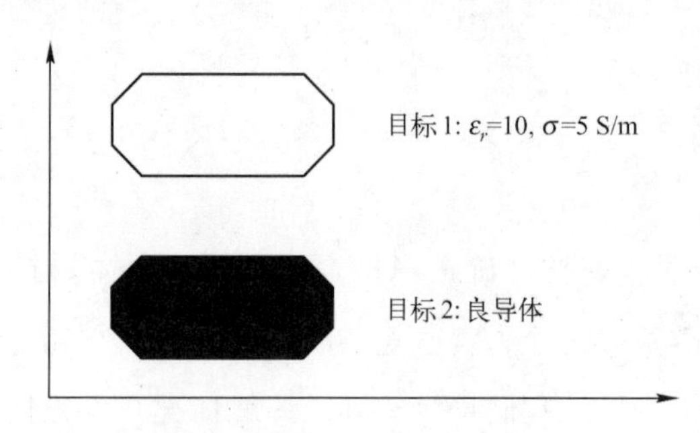

图 12.2　某双目标散射问题

12.2 节和 12.3 节的技术性较强，将给出不同方案及其数值特性的推导。在 12.2 节中，我们讨论求解窄角和宽角抛物方程的 Padé 方案[172]，详细分析低阶 Padé 方案的数值特性。12.3 节描述 Collins 提出的非常宽宽角分步 Padé 方案[34,35]，并解释了与高阶 Padé 近似的关系。12.4 节介绍适合宽角方案的理想透明边界条件。文献［121,129］中的工作归纳了针对平面波入射[23,175]的分步 Padé 方案。

在 12.5 节中，我们讨论利用抛物方程技术模拟散射场的不同方法。反射面方法[92]是无线电传播应用中地形模拟方法的自然推广。旋转 PE 方法[94,174]求解散射场，而不是总场。该方法可以分离近轴方向和入射方向：通过旋转近轴方向，可计算任意感兴趣角度区间的散射场。目标的 360°完整双基地雷达散射截面能够利用少量旋转 PE 计算得到。12.6 节给出二维目标散射计算的算例。

12.2　Padé 方案

函数 $f(t)$ 的 Padé $-(p_1, p_2)$ 近似是一个有理函数 F，形式为

$$F(t) = \frac{P_2(t)}{P_1(t)} \tag{12.1}$$

式中，$P_1(t)$ 和 $P_2(t)$ 分别是 p_1 和 p_2 阶多项式。定义 P_2/P_1 中的自由度个数是 $P_1 + P_2 + 1$，因此，有可能以阶数 $P_1 + P_2$ 用泰勒展开匹配 f。当求解抛物方程

$$\frac{\partial u}{\partial x}=ik(-1+\sqrt{1+Z})u=0 \tag{12.2}$$

其中微分算子 Z 定义为

$$Z=\frac{1}{k^2}\frac{\partial^2}{\partial z^2}+n^2(x,z)-1 \tag{12.3}$$

存在两种可能方法：我们可以利用平方根的泰勒展开求解得到的近似方程，或者可以直接将解表示为

$$u(x+\Delta x,z)=\mathrm{e}^{ik\Delta x(\sqrt{1+Z}-1)}\cdot u(x,z) \tag{12.4}$$

根据平方根的一阶展开，前一种方法导出窄角 PE。形式上窄角 PE 的解可表示为窄角指数算子

$$u(x+\Delta x,z)=\mathrm{e}^{ik\Delta xZ/2}\cdot u(x,z) \tag{12.5}$$

文献［4,5］中显示平方根算子 $\sqrt{1+Z}$ 的高阶 Padé 近似结果会导致数值不稳定。因而，我们利用第二种方法寻找 P_2/P_1 的 Padé 近似函数

$$f(t)=\exp(ik\Delta x\sqrt{1+t}-1) \tag{12.6}$$

我们注意到由于定义函数 f 时利用了距离步进 Δx，所以 x 的离散化已经得到执行。这样我们用下式代替方程（12.4）

$$P_1(Z)\cdot u(x+\Delta x,z)=P_2(Z)\cdot u(x,z) \tag{12.7}$$

由于我们利用关于 Z 的多项式代替难以处理的指数伪微分算子，因此通过该式得到非常有用的简化，变成常规的偏微分。接下来是 z 的离散化，利用二阶微分的普通中心差分公式实现。如果我们用 A_1、A_2 表示与 $P_1(Z)$ 和 $P_2(Z)$ 离散化操作相对应的矩阵，则得到的矩阵形式表达式为

$$A_1U_{m+1}=A_2(U_m+B_m) \tag{12.8}$$

式中，U_m 表示距离 $m\Delta x$ 和高度 $\Delta z,\cdots,N\Delta z$ 处的解；B_m 是考虑边界条件的非均匀部分的矢量。我们看到，如果 $p_1>0$，A_1 非平凡，需要获得线性系统的反演方案以得到 U_{m+1}，该方案归类于隐式方案。当 $p_1=0$ 时，不需要反演即可得到显式方案。

为达到选择优化的 PE 算法目的，我们需要一些数值分析中的普遍概念。关于有限差分方案的更多信息可参见文献［135,145］。当网格尺寸 Δx、Δz 趋近于零时，如果下式成立，则认为有限差分方案收敛

$$U_m(j)\rightarrow u(m\Delta x+j\Delta z) \tag{12.9}$$

如果网格足够精细，能够保障矢量 U_m 就是真实解的良好近似。由于实际上这里处理的是伪微分算子，使得情况较为复杂。容易清楚地认识到，一种给定的 Padé 方案只能

是特定传播方向上平方根算子的合理近似，因此，不能运用通常意义上的收敛。我们能够期望最好的结果是在给定传播方向角区间内误差做到较小。

我们来看这种方案的稳定性和一致性属性。为简化表述，我们可重写式（12.8）形式为

$$U_{m+1} = AU_m + B_m \tag{12.10}$$

式中，$A = A_1^{-1}A_2$。当网格尺寸 Δx、Δz 趋近于零时，若局部截断误差

$$T(m\Delta x, j\Delta z) = \tilde{u}_{m+1}(j) - A\,\tilde{u}_m - B_m \tag{12.11}$$

趋近于零，则认为该有限差分方案具有一致性。其中

$$\tilde{u}_m(j) = u(m\Delta x, j\Delta z) \tag{12.12}$$

通常意义的一致性仍不太适当，这是因为我们处理的是伪微分算子：我们只能期望随着 Padé 近似阶数的增大，截断误差趋近于零。我们可以假定泰勒展开机制可应用于指数伪微分算子。如果我们用阶数 $P_1 + P_2$ 的泰勒展开匹配 Padé -（p_1, p_2）近似，Z 中的主要误差项阶数为 $P_1 + P_2 + 1$，表明我们利用指数伪微分算子的高阶 Padé 近似可获得任意精确的结果。

Z 中的误差依赖于传播方向：对于与水平方向夹角为 θ 的平面波传播，算子 Z 对应于$\sin^2\theta + n^2(x,z) + 1$ 的倍乘。因此，用匹配 $P_1 + P_2$阶泰勒展开的 Padé -（p_1, p_2）近似代替指数算子的误差与下式成比例

$$\max\{\sin^2\theta + n^2(x,z) - 1\}^{P_1+P_2+1} \tag{12.13}$$

式中，max 是在感兴趣的空间和角度区域内取最大值。若折射指数的变化不太大，且我们只关心给定角度扇形部分的解，则大括号内的值小于 1，因此增大 $P_1 + P_2$，我们可得到任意小的误差。

下一步考虑 Z 的离散化导致的误差。利用 Z 的三点中心差分近似，z 的主要误差项阶数为 2，因此，PE 的任意 Padé 方法最多有关于 z 的 2 阶精度。此外，关于 Δx 的主要误差项阶数为 $P_1 + P_2 + 1$。注意，式（12.4）实际上是式（12.2）给出的原始 PE 的积分形式解。根据数值分析术语，对应于 Padé 近似的数值方案对 x 是第 $P_1 + P_2$ 阶精度。距离步进必须保持较小以保证精度，这确定了该近似方法的数值有效性。

利用高阶 Padé 可提高精度，但是使得边界的模拟难以实现。Z 高阶微分的有限差分近似需要更多的网格点，因此需要寻找接近或在边界上点的备选方案。实际上，如果目标边界存在，则限制了 p_1 和 p_2 最好为 1。

我们现在来看非常重要的稳定性概念，它与误差传播的处理相关。有限差分方案必然产生截断误差，而计算机实现总是意味着存在舍入误差。我们需要保证随着方法的进行，这些误差不会放大。我们利用下面的定义：随着计算进行，如果任意初始误差保持有界，且该界与网格尺寸 Δx 和 Δz 无关，则为无条件稳定。

我们利用式（12.10）的矩阵形式来阐明该属性，该方案中的矩阵为 $\boldsymbol{A}$。此分析中，认为代表边界条件的非均匀部分的矢量 $\boldsymbol{B}_m$ 项是已知的。这样，如果对于初始矢量 $\boldsymbol{U}_0$ 值的误差是 V_0，则 U_m 和扰动解 $\boldsymbol{U}_m+\boldsymbol{V}_m$ 根据式（12.10）而传播，误差 $\boldsymbol{V}_m$ 满足齐次方程

$$\boldsymbol{V}_{m+1}=\boldsymbol{A}\boldsymbol{V}_m \tag{12.14}$$

令 N 为矩阵 $\boldsymbol{A}$ 的阶数。如果 $\boldsymbol{A}$ 可对角化，对于任意 Δx、Δz 值，根据特征值 $\lambda_1,\cdots\lambda_N$ 表示的无条件稳定表示式为

$$|\lambda_j|\leqslant 1,j=1,\cdots,N \tag{12.15}$$

为了解 Padé 方案的稳定性，我们利用 Z 的离散化矩阵 $\boldsymbol{D}$ 来定义方案中的矩阵 $\boldsymbol{A}$。为简单起见，我们假设区域的顶部和底部场为零。这样矩阵 $\boldsymbol{D}$ 的形式为

$$\boldsymbol{D}=\frac{1}{k^2\Delta z^2}\begin{bmatrix} -2+b_1 & 1 & & & & \\ 1 & -2+b_2 & 1 & & & \\ & & \cdots & & & \\ & & & \cdots & & \\ & & & & -2+b_{N-1} & 1 \\ & & & & 1 & -2+b_N \end{bmatrix} \tag{12.16}$$

其中

$$b_j=k^2\Delta z^2(n^2(j\Delta z)-1),j=1,\cdots,N \tag{12.17}$$

只分析折射指数为正数的情况，则 b_j 是正数，矩阵 $\boldsymbol{D}$ 为正数且对称。因此可知 D 可对角化，其所有的特征值 $\mu_j,j=1,\cdots,N$ 均为正数。$\boldsymbol{A}$ 同样可对角化，特征值为

$$\lambda_j=\frac{P_2(\mu_j)}{P_1(\mu_j)} \tag{12.18}$$

由于 $\boldsymbol{A}$ 可对角化，所以对应于 $\boldsymbol{A}$ 的 Padé 方案当且仅当所有的特征值的模不大于 1 时无条件稳定。我们现在更为详细地讨论 Padé－(1,1)、Padé－(0,1) 和 Padé－(2,1) 方案的属性，这些最经常用到。

12.2.1　Padé－(1,1)方案

与函数f的2阶泰勒展开相同的Padé－(1,1)近似为

$$R_1(t)=\frac{1+\frac{1}{4}(1-ik\Delta x)t}{1+\frac{1}{4}(1+ik\Delta x)t} \tag{12.19}$$

这对应于式（2.25）的Claerbout近似。我们在第3章导出的窄角PE同样可看作一种Padé近似。如果用g表示对应于窄角指数算子的函数

$$g(t)=\exp\left(\frac{ik\Delta xt}{2}\right) \tag{12.20}$$

则与g的2阶泰勒展开相同的Padé－(1,1)近似为

$$S_1(t)=\frac{1+\frac{1}{4}(ik\Delta x)t}{1-\frac{1}{4}(ik\Delta x)t} \tag{12.21}$$

这对应于窄角Crank－Nicolson方案。窄角和宽角Crank－Nicolson方案对于x均为2阶精度，允许相对较大的距离步进。它们同样无条件稳定，因为，对于宽角Padé－(1,1)方案，我们有

$$\lambda_j=\frac{1+\frac{1}{4}(1-ik\Delta x)\mu_j}{1+\frac{1}{4}(1+ik\Delta x)\mu_j} \tag{12.22}$$

μ_j是实数，所有的特征值模为1，表示宽角Crank－Nicolson方案无条件稳定。对于窄角Crank－Nicolson方案同样如此。事实上，我们能够发现Crank－Nicolson方案存在复内积范数，为

$$\|\boldsymbol{u}\| = \left\{\sum_{j=1}^{N} |u_j|^2\right\}^{\frac{1}{2}} \tag{12.23}$$

由于矩阵$\boldsymbol{D}$是实对称阵，所以我们可以找到对应于$\lambda_1,\cdots,\lambda_N$的特征向量$\boldsymbol{e}_1,\cdots,\boldsymbol{e}_N$，该向量对于复内积是标准正交的。现在如果我们获得任意矢量$\boldsymbol{u}$，则可以把$\boldsymbol{u}$表示为

$$\boldsymbol{u} = \sum_{j=1}^{N} \boldsymbol{u}'_j \mathbf{e}_j \tag{12.24}$$

由于基$\boldsymbol{e}_1,\cdots,\boldsymbol{e}_N$是标准正交的，所以有

$$\|\boldsymbol{u}\| = \left\{\sum_{j=1}^{N} |u'_j|^2\right\}^{\frac{1}{2}} \tag{12.25}$$

利用 $\boldsymbol{e}_1,\cdots,\boldsymbol{e}_N$ 是 $\boldsymbol{A}$ 的特征向量，我们有

$$\boldsymbol{A}\boldsymbol{u} = \sum_{j=1}^{N} u_j u_j' \boldsymbol{e}_j \tag{12.26}$$

并且由于特征值的模为 1，所以有

$$\| \boldsymbol{A}\boldsymbol{u} \| = \| \boldsymbol{u} \| \tag{12.27}$$

因此，如所指出的那样，$\boldsymbol{A}$ 保持了内积泛数。通常，矩阵 $\boldsymbol{A}$ 依赖于距离：这是显而易见的，如果折射指数结构依赖于距离，或者存在不规则地形或障碍物。上述分析同样适用于依赖于距离的情况：在每一距离，矩阵 A 在该距离上等容，因此随着传播误差保持有界。

更一般地，对于任意正整数 p，Padé－(p,p) 近似结果为范数保持系统。为了解这点，我们注意到，如果 $P_1(t)/P_2(t)$ 是 $f(t)$ 的 Padé－(p,p) 近似，则 $P_1(t)/P_2(t)$ 是 Padé－(p,p) 的近似。如果 t 是实数且大于 -1，我们有 $1/f(t)=\overline{f(t)}$，这意味着 $p_1=\overline{p_2}$，则对于任意实数 t，有

$$|p_1(t)| = |p_2(t)| \tag{12.28}$$

因此所有特征值的模为 1。利用前面的特征向量正交基，可得范数保持特性。

虽然 Crank－Nicolson 方案无条件稳定，但我们看到由于特征值的模为 1，随着传播误差没有衰减。更一般地，如果在解中引入振动，如由于边界数据的不连续，传播将存在不确定性，导致类似噪声的解。显然，特征值模严格小于 1 的方案将保证传播时误差变小。这也是提出 Padé－(1,0) 方案的原因。

12.2.2 Padé－(1,0) 方案

Padé－(1,0) 近似为

$$R_0(t) = S_0(t) = \frac{1}{1 - \frac{ik\Delta x}{2}t} \tag{12.29}$$

对于这种情况，由于 Padé－(1,0) 近似不能比匹配平方根算子一阶展开做得更好，所以窄角和宽角指数算子得到相同的结果。尽管有窄角的局限，但是出于计算简单的观点，该方法特别有用，特别是扩展到三维问题。Padé－(1,0) 方案是典型的隐性方案，比 Crank－Nicolson 方案的稳定性更好，且计算中边界条件保持简单性。基本上只需在前向距离对 z 求二阶导数，而不是像 Crank－Nicolson 方案求前向和后向距离的平均。由于 $N_1+N_2=1$，这种方案只具有一阶精度，因此要求较小的距离步进。然而它具有很好的

稳定性。给出 Padé -(1,0)方案的特征值为

$$\lambda_j = \frac{1}{1 - \frac{ik\Delta x}{2}\mu_j} \tag{12.30}$$

因此所有特征值的模严格小于1。我们可以重复 Padé -(1,1)方案的分析得到

$$\| Au \| < \| u \| \tag{12.31}$$

对于通常非均匀介质中的传播情况，如果没有对特征值的估计则得不到更多结果。然而对于非常重要的目标散射应用，当 b_j 为零时（真空中传播），可明确地给出特征值为

$$\mu_j^0 = -\frac{4}{k^2\Delta z^2}\sin^2\left(\frac{j\pi}{2(N+1)}\right), j = 1, \cdots, N \tag{12.32}$$

对应的特征向量 $\boldsymbol{e}_j$ 为

$$\boldsymbol{e}_j(l) = \sqrt{\frac{2}{N}}\sin\left(\frac{jl\pi}{N+1}\right), l = 1, \cdots, N \tag{12.33}$$

我们注意到解的高频部分对应于 j 的较大值。令

$$r = \frac{2\Delta x}{k\Delta z^2} \tag{12.34}$$

有

$$|\lambda_j| = \frac{1}{\sqrt{1 + r^2 \sin^4\left(\frac{j\pi}{2(N+1)}\right)}} \tag{12.35}$$

对于固定值比率 r，可见高频部分衰减非常快，这样就自动“清除”了由于边界不连续引起解的噪声问题。这对应于文献［145］中的 L_0 稳定性。波方程自身拥有“清除”的属性：高频部分随距离衰减。采用数值计算方案时当然希望拥有这样的属性，这也是虽然具有精度局限性但 Padé -(1,0)方案仍非常有用的原因。相反地，Crank - Nicolson 方案无衰减地传播场的所有分量，因此人工保持着高频分量，实际上该分量应该随距离衰减掉。基于这种原因，Crank - Nicolson 方案主要对光滑边界的远距离传播有用。L_0 稳定性方案更适合于常常涉及边界不连续的目标散射应用。

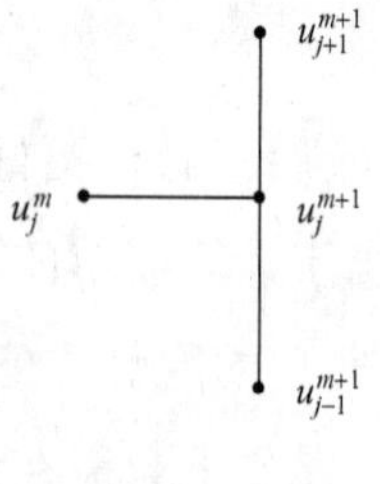

u_{j+1}^{m+1}

u_j^m　　u_j^{m+1}

u_{j-1}^{m+1}

图 12.3　Padé -(1,0)方案结构

Padé -(1,0)方案的离散化方程为

$$\frac{u_j^{m+1} - u_j^m}{\Delta x} = \frac{i}{2k\Delta z^2}(u_{j-1}^{m+1} + u_{j+1}^{m+1} - 2u_j^{m+1}) \tag{12.36}$$

这是四点有限差分方案，如图 12.3 所示。

式（12.36）在散射体非边界格点上有效。求解系统必须在边界格点上也满足 Padé－(1,0)方程。假设目标边界可以用矩形格点表示，示意图 12.4 描述了靠近目标倾斜边界的格点。从式（12.36）可以获得关于 A_1 的方程。对于目标边界上的 A_0 点，我们需要采用近似边界条件。我们用 a_i 表示 u 在 A_i 点的值。对于 Dirichlet 边界条件，求 A_0 的附加方程形式为

$$a_0 = \alpha \tag{12.37}$$

式中，α 是在 A_0 点上强制满足的值。对于 Neumann 边界条件，需要估计 A_0 点的正常导数，因此我们要求用有偏 x 和偏 z 导数的有限差分表示。利用单边有限差分表示可直接获得偏 z 导数，如 3 点表示式为

$$\frac{\partial u}{\partial z}(A_0) \sim \frac{2a_1 + a_2 - 3a_0}{4\Delta z} \tag{12.38}$$

不推荐偏 x 导数的直接估计。作为替代，我们对 PE 用 z 的二阶导数来代替距离向偏导。利用一个在 A_0 点的单边有限差分表示进行估计。最简单的情况，只基于 3 点，在 A_0 和 A_1 采用与 z 的二阶导数相同的有限差分表示式

$$\frac{\partial^2 u}{\partial z^2}(A_0) \sim \frac{a_0 + a_2 - 2a_1}{\Delta z^2} \tag{12.39}$$

我们发现该方法在模拟大上升斜率时无任何困难：事实上点 B_0 能够位于离边界相当远的位置，从而基本不影响算法。然而对于下降斜率，我们发现距离步进（等于点 B_1 和 A_1 的距离）必须较小，从而保持固定的 z 格点。

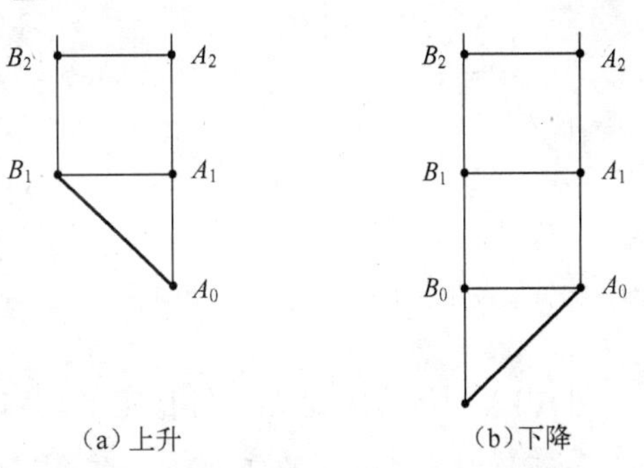

图 12.4　Padé－(1,0)方案边界模型

为更精确地表示散射目标，可以采用一种自适应方案，即调整点 A_0 和 A_1 的距离使 A_0 恰好在散射体上。通过简单的修改就可以得到 A_0 的一阶 z 导数和相应 A_1 的二阶 z 导数的有限差分表示式。

12.2.3　Padé－(2,1)方案

传统的隐式方案可抑制可能出现在边界不连续处（如建筑物边缘）的数值高频振荡，但就其所要求的小距离步进而言是不适用于大区域的。因此，我们希望使用一种更

高阶的方案来抑制我们不需要的振荡。Padé－(2,1)方案可以做到这一点。对于窄角指数算子，对应于三阶泰勒展开的 Padé－(2,1)近似为[173]

$$B_2(t)=\frac{1+\frac{i\delta}{6}t}{1-\frac{i\delta}{3}t-\frac{\delta^2}{24}t^2} \tag{12.40}$$

其中

$$\delta=k\Delta x \tag{12.41}$$

对于宽角指数算子，相应的 Padé－(2,1)近似为

$$A_2(t)=\frac{1+at}{1+bt+ct^2} \tag{12.42}$$

其中

$$a=\frac{-\delta^2+3i\delta+3}{6(i\delta+1)},b=\frac{2\delta^2+3}{6(i\delta+1)},c=-\frac{i\delta(\delta^2+3)}{24(i\delta+1)} \tag{12.43}$$

这些方案在距离上可精确到三阶，因此允许非常大的距离步进。窄角 Padé－(2,1)方案的本征值为

$$\lambda_j=\frac{1+\frac{i\delta}{6}\mu j}{1-\frac{\delta^2}{24}\mu_j^2-\frac{i\delta}{3}\mu j} \tag{12.44}$$

其模值为

$$|\lambda_j|^2=\frac{1+\frac{\delta^2}{36}\mu_j^2}{1+\frac{\delta^2}{36}\mu_j^2+\frac{\delta^4}{576}\mu_j^4} \tag{12.45}$$

上式表明该方案是无条件稳定的。对于 Padé－(1,0)方案，所有本征值的模严格小于1，而且对于比率 r 的任何值，高频部分的衰减都很快，因此该方案是 L_0 稳定的。宽角 Padé－(2,1)具有相同的特性，其本征值的模为

$$|\lambda_j|^2=\frac{\alpha_j}{\alpha_j+\beta_j^2} \tag{12.46}$$

其中

$$\alpha_j=576(1+\delta^2+\mu_j)+384\delta^2\mu_j+(16\delta^4+48\delta^2+144)\mu_j^2 \tag{12.47}$$

$$\beta_j=(3+\delta^2)\delta^2\mu_j^2 \tag{12.48}$$

为了说明 Padé－(1,1)和 Padé－(2,1)方案之间稳定特性的差异，我们考虑图 12.5

所示的狭缝。初始场在狭缝上是 1，在狭缝外是 0，近似为平面波正常入射到狭缝上。图 12.6给出了在距离狭缝 30 个波长远处由 Padé -(1,1)和 Padé -(2,1)分别计算的场和高度之间的函数关系。由于狭缝边缘初始场的不连续性，造成 Padé -(1,1)方案（Crank - Nicolson）的持续扰动。相反，对于 Padé -(2,1)方案，这种扰动很快就会消失。

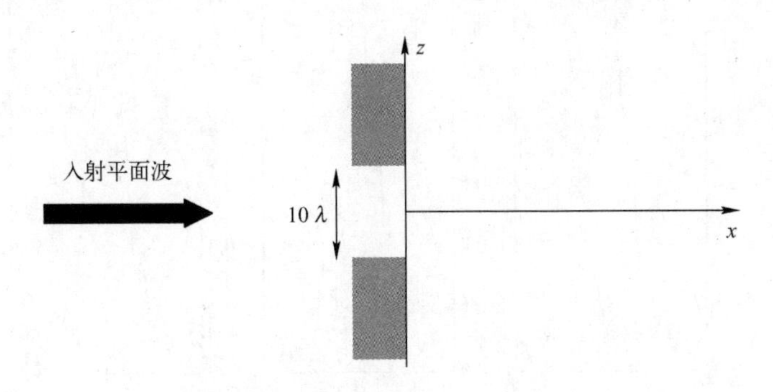

图 12.5　狭缝模拟几何示意图

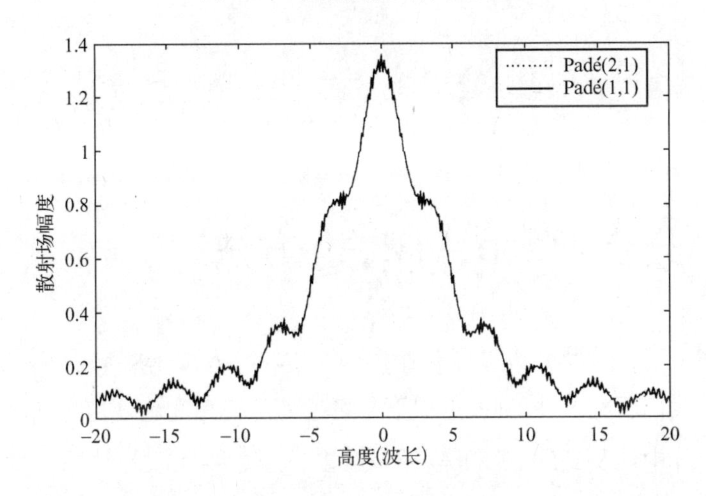

图 12.6　距狭缝 30λ 远处 Padé -(1,1)和 Padé -(2,1)方案的比较

图 12.7 给出了 Padé -(2,1)方案的滤波效应：起始于距狭缝 30λ 远处类似噪声的 Padé -(1,1)结果，应用 Padé -(2,1)方案时距离步进为 0.1λ。该图分别给出了一个、两个和三个步进远处的结果。作为一种正规算法，Padé -(2,1)方案是非常强大的：小于半个波长时，它已将边界扰动完全消除了。

将 L_0 稳定性和距离三阶精确度相结合，Padé -(2,1)方案在数值上是非常有效的。由于离散时需要更多的网格点，所以其主要缺点是难于对边界进行建模。我们也注意到 Padé -(2,1)矩阵是五对角的而非三对角的，这将导致更加复杂的求逆算法。一旦场行进超过散射目标，如建筑物散射应用，对于消除我们不需要的振动，Padé -(2,1)方案是非常有用的。13.6 节将给出一个例子。如 13.4.2 节所描述的，它们可以和双步法一起用来计算雷达截面。

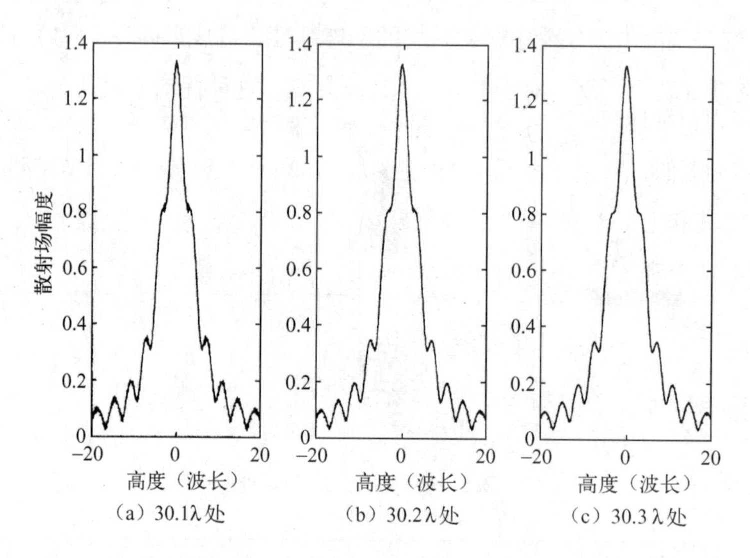

虚线：仅由 Padé - (2,1)方案获得的结果。实线：由直到距狭缝 30λ 远处 Padé - (1,1)方案获得的结果

图 12.7　Padé - (2,1)方案的滤波效应：距狭缝 30.1λ、30.2λ、30.3λ 远处的结果

12.3　分步 Padé - (2,1)方法

在文献［34］中，Collins 介绍了分步 Padé - (2,1)方法来解决涉及很大传播角的问题。从上一节中我们看到，在 Padé 近似下，对于大传播角问题，更好的精确度需要高阶多项式。随着矩阵中涉及到的非零元素越来越多，造成线性系统结果变得非常麻烦。通过把 Padé 近似分解成部分分式，分步方法绕开了这一问题。

Collins[34]给出的最初推导过程如下。从式（12.4）给出的 PE 形式解出发，直接将宽角指数伪微分算子近似为 Padé - (1,1)和式的形式

$$e^{ik\Delta x(\sqrt{1+Z}-1)} \sim 1 + \sum_{l=1}^{L} \frac{a_l Z}{1 + b_l Z} \tag{12.49}$$

式中，a_l 和 b_l 是 $2L$ 个待定系数。

将该式代入式（12.4）中，我们得到

$$u(x + \Delta x, z) = u(x, z) + \sum_{l=1}^{L} (1 + b_l Z)^{-1} a_l Z u(x, z) \tag{12.50}$$

分别求解每一部分，可以容易地计算出关于等式右侧（RHS）的和式。如果我们令

$$v_l(x+\Delta x,z)=(1+b_lZ)^{-1}a_lZu(x,z) \tag{12.51}$$

得到

$$u(x+\Delta x,z)=u(x,z)+\sum_{l=1}^{L}v_l(x+\Delta x,z) \tag{12.52}$$

而且我们可以单独地求解每一个v_l。这样，我们得到一个分步解。然而这次我们并没有进行任何进一步的近似，这就让该方法不同于需要分离不可互换算子的分步傅里叶解。

我们可以将其和上一节中“把式（12.49）的Padé展开看作把函数$f(t)$的高阶Padé近似分解成常数项1和L个简单分数的和”联系起来，写为

$$F(t)=1+\sum_{l=1}^{L}\frac{a_lt}{1+b_lt} \tag{12.53}$$

对上式右边求和，F也可表达成

$$F(t)=\frac{P_2(t)}{P_1(t)} \tag{12.54}$$

式中，P_1和P_2分别是p_1和p_2的多项式。

假设b_l是确定的，我们得到$p_1=L$和$p_2\leqslant L$。现在我们来确定系数。为了获得最佳精确度，显然要对两边进行相同的$2L$阶泰勒展开。因此，F是f的Padé－(L,L)近似，并且我们知道其方案结果是无条件稳定的，但不是L_0稳定的。这就意味着实际上该方案对于宽角应用将会是不稳定的。对于本该是倏逝波的带有虚部的特殊波，反而是无限持续的。就垂直平面波谱而言，我们考虑具有以下形式的简化平面波

$$u(x,z)=\exp(ik(\cos\alpha-1)x+ik\sin\alpha z) \tag{12.55}$$

式中，$|\sin\alpha|\leqslant 1$，相当于平面波以从水平面算起的物理角度α传播。

对于辐射波，$\cos\alpha$必须是正的。当$|\sin\alpha|>1$时，必须选择$\cos\alpha$使得波是倏逝的，因此$\cos\alpha$的虚部必须是正的，即

$$\cos\alpha=i\sqrt{\sin^2\alpha-1} \tag{12.56}$$

注意到在频谱项上变量t相当于$-\sin^2\alpha$，我们可将其和式（12.6）所示的函数$f(t)$联系起来。当我们只是相对地来看窄角方案时，倏逝波是没有贡献的，并且在进行与泰勒展开相匹配的Padé近似时，我们可以放心地使用所有的自由度。对于极宽角方案，在远离带有虚角部分的地方不再有截断。如果我们不采取任何预防措施，这些部分将导致数值解的极其严重的误差。如果式（12.54）分子中的p_1严格小于L，那答案自然就是要确保L_0稳定性。这就等于

$$\lim_{|t|\to\infty}F(t)=0 \tag{12.57}$$

对于系数来说，相当于条件

$$\sum_{l=1}^{l=N} \frac{a_l}{b_l} = -1 \tag{12.58}$$

特别地，我们看到当 t 趋于 $-\infty$ 时该近似趋于 0，给出了 $-\infty$ 处的倏逝条件。我们依然有 $2L-1$ 个用于匹配泰勒展开的约束条件

$$F^{(m)}(0) = f^{(m)}(0), m = 1, \cdots, 2L-1 \tag{12.59}$$

方程（12.49）自动确保 $f(0) = F(0)$。这些约束条件组成一个以 $A = (a_1, \cdots, a_L, b_1, \cdots, b_L)$ 为变量的含有 $2L$ 个非线性方程的方程组。可使用文献［33］中介绍的一种修正牛顿法来求解。令 Γ 为定义这些约束条件的矢量函数。我们想得到以下矢量方程的解

$$\Gamma(\boldsymbol{A}) = 0 \tag{12.60}$$

我们用 J 来表示 Γ 的雅克比矩阵

$$J_{k,l} = \frac{\partial \Gamma_k}{\partial a_l}, J_{k,L+l} = \frac{\partial \Gamma_k}{\partial b_l}, k = 1, \cdots, 2L, l = 1, \cdots, L \tag{12.61}$$

修正牛顿法主要是构建一个假设以 $\boldsymbol{A}_0$ 为初始值的序列 $\boldsymbol{A}_m$，且

$$\boldsymbol{A}_{m+1} = \boldsymbol{A}_m - \varepsilon J^{-1} \Gamma(\boldsymbol{A}_m) \tag{12.62}$$

一旦达到临界误差就停止迭代。如果假定的初始值不是非常接近于结果，则使用松弛参数 $\varepsilon < 1$ 就可以加快初始收敛。

现在，我们求解辅助函数 v_l。它们满足

$$(1 + b_l Z) v_l(x + \Delta x, z) = a_l Z u(x, z) \tag{12.63}$$

对其在 z 方向上进行离散化，我们得到 v_l 的有限差分形式

$$v_l^{j+1} + v_l^{j-1} + \left(\frac{s^2}{b_l} + s^2(n^2 - 1) - 2\right) v_l^j = \frac{a_l}{b_l} \{ u_l^{j+1} + u_l^{j-1} + (s^2(n^2 - 1) - 2) v_l^j \} \tag{12.64}$$

其中

$$v_l^j = v(x + \Delta x, j\Delta z), \mathrm{s} = k\Delta z \tag{12.65}$$

通常，需要增加上下边界条件来获得完整的方程组。例如，如果地形边界是一个位于 $z=0$ 处的平面，Dirichlet 边界条件 $u(x,0) = 0$ 将得到满足，且每一个 v_l 满足于该边界条件。本地阻抗边界条件用相同的方法来进行处理。对于 12.4 节所述的非本地阻抗边界条件，需要更加复杂的手法。任何情况下，每一个 v_l 都是由上一节中的高斯消元法求解三对角方程组得到的解。

由以下事实

$$\sum_{l=1}^{N} \frac{a_l}{b_l} = -1 \tag{12.66}$$

我们用一个更简单的形式重写 SSP 为

$$u(x + \Delta x, z) = -\sum_{l=1}^{l=N} (1 + b_l Z)^{-1} a_l u(x, z) \tag{12.67}$$

这是一个 Padé－(1,0)展开。因为在前向距离上不需要 z 的二阶偏导数，所以它与 Padé－(1,1)和式相比更容易实现。我们已经领会到这种方案和早先的传统隐式方案(Padé－(1,0))较 Crank－Nicolson 方案(Padé－(1,1))的优势。最显著的不同之处是，使用 Padé－(1,0)和式不会使分步 Padé 方案的数值特性变差。我们正在使用一种更简单的表述，但该和式依然是与之前一样的高阶 Padé 近似。

因为有 L 项的分步 Padé 法（SSP）相当于 Padé－(L,L－1)近似，在 x 上可精确到 $2L-1$阶，所以它可用于相当大距离的步进。在文献［34,35］中可找到有关该方法数值性能的例子。如果包含足够多的项，SSP 方法能够处理极宽角传播。由方程（12.13）得出，在给定的角域，给定精确度所需的项数依赖于折射率的变化。

在有前八项的情况下，可以精确地模拟直到 70°的传播。考虑一列与水平面夹角为 70°，在真空中传播的平面波。我们取其频率为 3GHz，对应的波长为 10cm。图 12.8 给出了分别由 SPE 和八项 SSP 计算得到的简化场 u 的实部和距离之间的函数关系。所给的理论值用来进行比较。虽然窄角结果表现出一个很大的误差，但 SSP 结果和理论是极其吻合的。

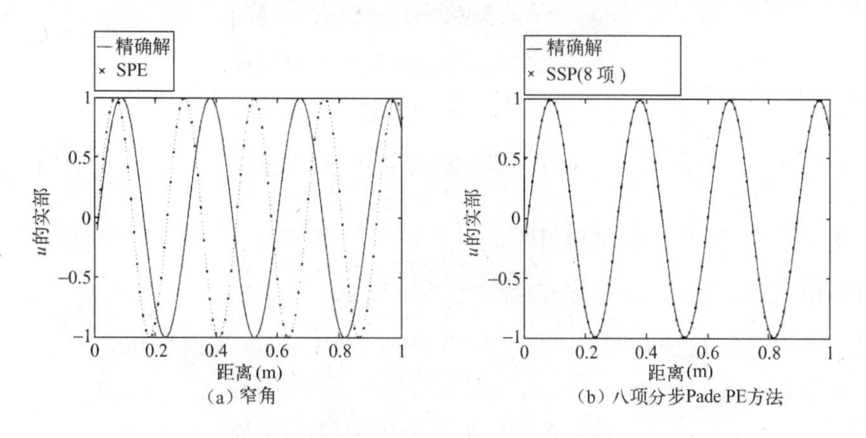

(a) 窄角　(b) 八项分步Pade PE方法

图 12.8　以与水平面夹角 70°传播的 3GHz 平面波结果

12.4　宽角 NLBCs

可将第 8 章中的非局部边界条件拓展到宽角抛物方程方法中[121,129,175]。最简单的方

法就是考虑下面的前向抛物方程

$$\frac{\partial u}{\partial x} = -ik(1-Q)u \tag{12.68}$$

式中，$Q=\sqrt{1+Z}$。我们处理高度 z_b 以上为均匀介质的情况。简单起见，假设当 $z \geqslant z_b$ 时，$n(x,z)=1$。

首先，我们处理衍射情况，假设当 $z \geqslant z_b$ 时初始场为零。对距离进行拉普拉斯变换，我们得到 $z \geqslant z_b$ 时有

$$pU(p,z) = -ik(1-Q)U(p,z) \tag{12.69}$$

也可写作

$$ikQU(p,z) = (p+ik)U(p,z) \tag{12.70}$$

两边同时乘以 ikQ，得到

$$-k^2\left(\frac{1}{k^2}\frac{\partial^2 U}{\partial z^2}(p,z) + U(p,z)\right) = (p+ik)^2 U(p,z) \tag{12.71}$$

也可重写为

$$\frac{\partial^2 U}{\partial z^2}(p,z) + (p^2+2ikp)U(p,z) - \frac{\partial u}{\partial x}(0,z) = 0 \tag{12.72}$$

我们注意到这也是对真空中的简化波方程在距离上做拉普拉斯变换

$$\frac{\partial^2 u}{\partial x^2} + 2ik\frac{\partial u}{\partial x} + \frac{\partial^2 u}{\partial z^2} = 0 \tag{12.73}$$

当 $z \geqslant z_b$ 时，我们有

$$\frac{\partial u}{\partial x}(0,z) = 0 \tag{12.74}$$

实际上，式（12.72）的推导过程证明：在衍射情况下，最后一个方程也适用于前向波方程的解，这显然不是一个先验特性。

现在，既然 u 满足前向波方程式（12.68），则 U 必须是有限的，并且我们想要式（12.72）的解有如下形式

$$U(p,z) = U(p,0)\exp(iz\sqrt{p^2+2ikp}) \tag{12.75}$$

对 z 求偏微分，我们得到，$z \geqslant z_b$ 时有

$$\frac{\partial U}{\partial z}(p,z_b) = i\sqrt{p^2+2ikp}\,U(p,z_b) \tag{12.76}$$

对上式进行逆拉普拉斯变换，我们得到宽角非本地边界条件，有

$$\sqrt{p^2+2ikp}=p\left(\frac{\sqrt{p^2+2ikp}}{p}-1\right)+pL \tag{12.77}$$

由文献［53,75］，有

$$\mathcal{L}w(p)=i\left(\frac{p^2+2ikp}{p}-1\right) \tag{12.78}$$

其中

$$w(x)=-k\mathrm{e}^{-ikx}(J_0(-kx)-iJ_1(-kx)) \tag{12.79}$$

式中，J_0 和 J_1 分别是零阶和一阶贝塞尔函数。由此得到宽角非本地边界条件

$$\frac{\partial u}{\partial x}(x,z_b)=i\frac{\partial u}{\partial x}(x,z_b)+\int_0^x\frac{\partial u}{\partial x}(\xi,z_b)w(x-\xi)\mathrm{d}\xi \tag{12.80}$$

在发射情况下，需要加上入射能量项来对上式进行修正

$$I(x)=\frac{\partial v}{\partial z}(x,z_b)-i\frac{\partial v}{\partial x}(x,z_b)-\int_0^x\frac{\partial v}{\partial x}(\xi,z_b)w(x-\xi)\mathrm{d}\xi \tag{12.81}$$

式中，v 是 z_b 以上与 8.6 节所述 u 具有相同初始场的任一解。对于宽角散射应用，最重要的是平面波入射的情况。对于平面波入射，射入能量项可由文献［175］近似给出。我们令 v 是简化平面波

$$v(x,z)=\exp\left(ik\left[x\sin^2\frac{\theta}{2}+(z-z_b)\sin\theta\right]\right) \tag{12.82}$$

然后有

$$\begin{aligned}\mathrm{e}^{ikx}I(x)=&ik\left(\sin\theta+2i\sin^2\frac{\theta}{2}\right)\mathrm{e}^{ikx\cos\theta}-2ik^2\sin^2\frac{\theta}{2}\int_0^x\mathrm{e}^{ik\xi\cos\theta}\\&\{J_0(-k[x-\xi])-iJ_1(-k[x-\xi])\}\mathrm{d}\xi\end{aligned} \tag{12.83}$$

使用展开[99]来计算积分

$$\int_0^x\mathrm{e}^{-it\cos\theta}J_v(t)\mathrm{d}t=2\mathrm{e}^{-ix\cos\theta}\sum_{k=0}^{\infty}i^k\frac{\sin([k+1]\theta)}{\sin\theta}J_{k+1+v}(x) \tag{12.84}$$

射入能量项的最终表达式是

$$\mathrm{e}^{ikx}I(x)=ik\left(\sin\theta+2i\sin^2\frac{\theta}{2}\right)\mathrm{e}^{ikx\cos\theta}+2ik^2\sin\frac{\theta}{2}\sum_{k=0}^{\infty}i^k\sin\left(\frac{2k+1}{2}\theta\right)J_{k+1}(kr) \tag{12.85}$$

分步 Padé 实现

推导出的非本地边界条件主要是和模拟极大角传播的分步 Padé 方法一起使用的。我们使用 12.3 节的表示方法将分步 Padé 解写为

$$u(x+\Delta x,z)=u(x,z)+\sum_{l=1}^{L}v_l(x+\Delta x,z) \tag{12.86}$$

其中，v_l 由下式给出

$$v_l(x+\Delta x,z)=(1+b_lZ)^{-1}a_lZu(x,z) \tag{12.87}$$

我们的问题是要找到 v_l 的边界条件，从而使得 u 满足于式（12.80）所示的非本地边界条件。主要的困难在于将距离 $x+\Delta x$ 处的 v_l 定义为距离 x 处 u 的函数。为了写出 v_l 的一个非本地边界条件，我们需要在 $x=0$ 处对其进行定义。对于式（12.82）所示平面波入射的情况，我们可以假设距离 $x\leqslant 0$ 处是真空，同时使用式（12.82）来定义距离为负时的入射场。之后，我们也可对 v_l 的定义进行扩展。现在，在真空中，式（12.87）退化成常微分方程

$$\frac{\partial^2 v_l}{\partial z^2}(x+\Delta x,z)+\frac{k^2}{b_l}v_l(x+\Delta x,z)=k^2\frac{a_l}{b_l}\frac{\partial^2 u}{\partial z^2}(x,z) \tag{12.88}$$

对于平面波入射，我们可以精确地计算 RHS，并且初始垂直平面上 v_l 所满足的微分方程变成

$$\frac{\partial^2 v_l}{\partial z^2}(0,z)+\frac{k^2}{b_l}v_l(0,z)=-k^2\frac{a_l}{b_l}\sin^2\theta \mathrm{e}^{-2ik\Delta x\sin^2\theta+ikz\sin\theta} \tag{12.89}$$

满足式（12.87）的解是

$$v_l(0,z)=\frac{a_l\sin^2\theta}{b_l\sin^2\theta-1}\mathrm{e}^{-2ik\Delta x\sin^2\theta-ikz\sin\theta} \tag{12.90}$$

为了推出 v_l 的入射能量项 $I_l(x)$，我们注意到，真空中与 v_l 相对应的解具有如下简单形式

$$v_l^0(x,z)=\frac{a_l\sin^2\theta}{b_l\sin^2\theta-1}\mathrm{e}^{-2ik\Delta x\sin^2\theta}v(x,z) \tag{12.91}$$

式中，v 是真空中与 u 相对应的解。通过线性化，我们有

$$I_l(x)=\frac{a_l\sin^2\theta}{b_l\sin^2\theta-1}\mathrm{e}^{-2ik\Delta x\sin^2\theta}I(x) \tag{12.92}$$

如果我们对每一 v_l 强制使用非本地边界条件

$$\frac{\partial v_l}{\partial z}(x,z_b)=i\frac{\partial v_l}{\partial x}(x,z_b)+\int_0^x\frac{\partial v_l}{\partial x}(\xi,z_b)w(x-\xi)\mathrm{d}\xi+I_l(x) \tag{12.93}$$

则通过线性化，u 满足非本地边界条件

$$\frac{\partial u}{\partial z}(x,z_b)=i\frac{\partial u}{\partial x}(x,z_b)+\int_0^x\frac{\partial u}{\partial x}(\xi,z_b)w(x-\xi)\mathrm{d}\xi+I(x) \tag{12.94}$$

通过对比真空中平面波传播的分步 Padé 结果和解析解，表明这提供了非常精确的区域截断。频率是 3GHz。传播区域如图 12.9 所示。将非局域边界条件同时应用到宽 2m 或 20 个波长区域的上下边界。图 12.10 给出了距离 4m 处一列以与水平面夹角 80°传播的平面波在垂直截面上场的实部。给出 $L=10$ 的分步 Padé 结果，该结果和参考值极其吻合。同时表明，直到传播角很大时，分步 Padé 解依然是非常精确的，且非本地宽角边界条件提供了极其明显的截断。

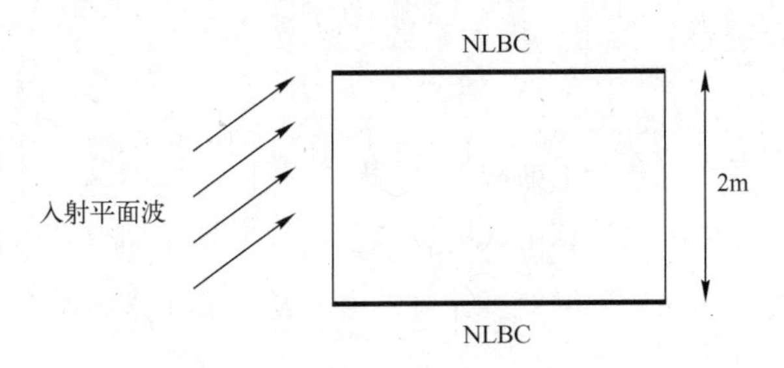

图 12.9　分步 Padé 模拟的传播区域

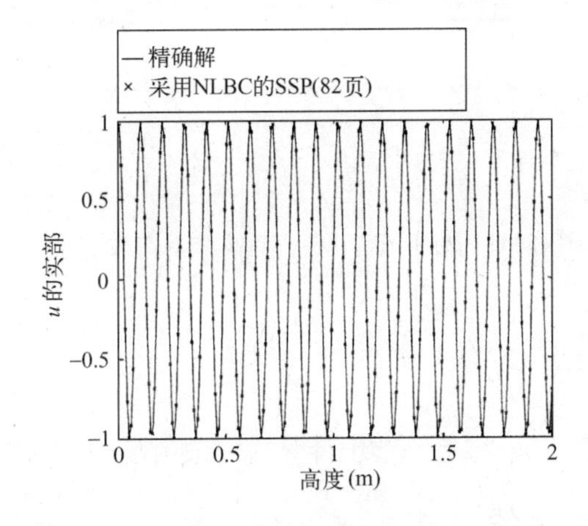

图 12.10　距离 4m 处，用十项分步 Padé 方法、宽角 NLBC 和精确解计算得到的以与水平面夹角 80°传播的 3GHz 平面波场

12.5　模拟散射场

12.5.1　反射小平面模型

在以下所有情况中，我们假设散射体是不可穿透的，并且使用物体表面上适当的边

界条件可以求解散射体外的场。散射应用的第一种方法就是使用和第 7 章中处理不规则地形上的传播完全一样的方式来处理目标的前向散射。对散射体边界进行矩形网格剖分。在散射体上应用合适的边界条件，沿 x 的正方向，使用 PE 来传播前向散射场。初始场是已知的入射场，对于大多数应用采用平面波。然后在 x 的负方向上做一遍，获得后向场，将目标看成一系列作为后向传播能量[92,95,23]源的小平面。这种情况下，我们从散射体外的某一垂直平面开始模拟，并将初始场设为零。每一个小平面上的边界条件由适当的依赖极化的反射系数给出，反射系数可沿散射体变化。图 12.11 是该方法的示意图。

使用这种小平面方法，在一个前向近轴圆锥体和后向近轴圆锥体里计算散射场。注意到，我们使用这种方法可以计算由入射场和前向散射场相加得到的前向总场，也可以直接计算后向散射场。使用近远场变换，可以由近场结果计算得到双站雷达截面。

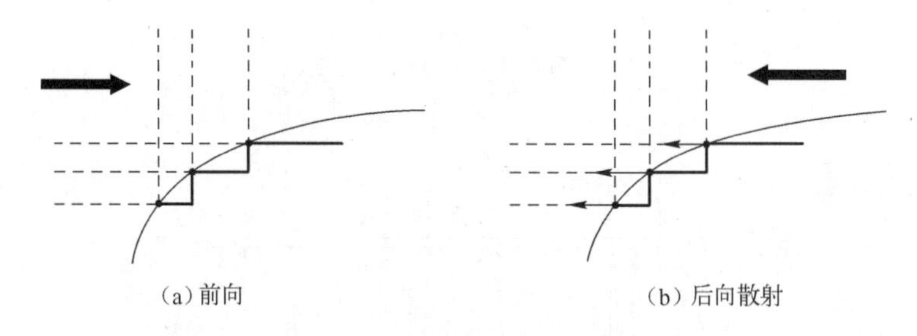

图 12.11　小平面方法用于前向和后向散射计算

12.5.2　旋转 PE 方法

使用旋转 PE 方法[94,174]可将上一节中计算后向散射场的方法推广到任意方向上。我们从场分量 ψ 开始，将其写为

$$\psi = \psi^i + \psi^s \tag{12.95}$$

式中，ψ^i 是入射场或没有散射体时存在的场；ψ^s 是散射场或散射体产生的扰动。

则 ψ^i 满足波动方程

$$\Delta\psi^i(x,z) + k^2 n^2(x,z)\psi^i(x,z) = 0 \tag{12.96}$$

其中，对于所有的 (x,z)，ψ 和 ψ^s 满足散射体外的波动方程；$n(x,z)$ 是周围介质的折射指数。我们选择 x 的正方向为近轴方向，并用 u^s 来表示与 ψ^s 相对应的简化 PE 场

$$u^s(x,z) = \mathrm{e}^{-ikx}\psi^s(x,z) \tag{12.97}$$

注意到近轴方向完全是随意的，并且和入射方向无关。在以下叙述中，我们只对一

个以近轴方向为中心的圆锥体内的散射能量感兴趣。在这个圆锥体内，在散射体外，简化散射场 u^s 近似满足抛物方程

$$\frac{\partial u^s}{\partial x}+ik(1-Q)u^s=0 \tag{12.98}$$

如图 12.12 所示，我们不去求解总场，而是求解散射场，特别是在这个近轴圆锥体内传播的部分。

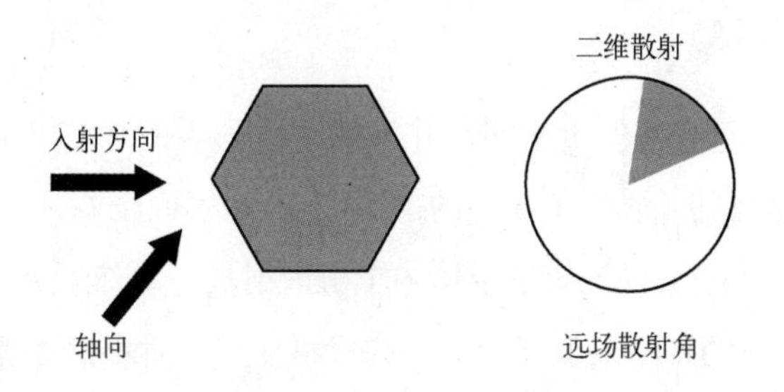

图 12.12　旋转 PE 方法

对于许多应用来说，周围的传播介质是真空，并且未受扰动的场可用解析法获得。我们注意到，旋转 PE 方法适用于更一般的情形，其周围的介质可能存在折射指数的变化并且含有交界面。因此，必须在数值上获得未受扰动的场，如使用远距离 PE 方法。

12.5.3　边界条件

在散射体表面上，由于边界条件包含入射场，所以 u^s 满足非齐次边界条件。例如，对于理想导体和水平极化，ψ 在散射体表面上横向电场 $\boldsymbol{E}_y$ 必须为零，因此，对于目标边界上的一点 P，边界条件为

$$u^s(P)=-\mathrm{e}^{-ikx}\psi^i(P) \tag{12.99}$$

对于垂直极化，ψ 是横向磁场 $\boldsymbol{H}_y$。其法向导数在散射体表面上必须为零

$$\frac{\partial\psi}{\partial\boldsymbol{n}}(P)=0 \tag{12.100}$$

式中，P 是散射体表面上的一点；$\boldsymbol{n}(P)$是散射体表面上 P 处的外法向。

通过使用 PE 求距离微分，我们得到 u^s 的非齐次边界条件

$$\left\{ikn_xQu^s+n_z\frac{\partial u}{\partial z}\right\}(P)=0 \tag{12.101}$$

式中，n_x 和 n_z 是外法向的坐标分量。

可以采用和非齐次混合边界条件类似的方法建立表面阻抗边界条件。显而易见，在后向散射情况下，即近轴方向和入射方向成180°角时，将这些非齐次边界条件施加到散射体上求解 u^s 和小平面处理完全一样。然而，如果我们用上面的数学处理来代替有关“源”的物理论证，就可将该方法推广到任意近轴取向。对于前向传播情况，这两种表述是等价的，只是边界条件的选择不同（总场是齐次的，散射场是非齐次的）。

12.5.4 初始场

我们假设散射体位于 $x>0$ 的半空间，并且从距离为零的地方开始积分。使用旋转 PE 方法，初始条件仅仅是在初始垂直平面上的散射场应该为零。这一出人意料的性质是因为我们在一个以 x 正方向为中心的近轴圆锥体内求解散射场。既然所有的散射源位于 $x>0$ 的半空间，则旋转 PE 方法的初始散射场为零。这里不存在矛盾：由于近轴近似，初始 PE 场不是实际的物理散射场，后者在目标前当然不为零。相反，初始 PE 场表示在近轴方向朝目标传播的散射能量。由于散射场总是远离目标散射，所以这种能量应该为零。

12.5.5 数值实现

可以使用多种方法求解式（12.98）。当然，最简单的就是和合适的 Padé 方法一起使用 Q 的窄角近似。对于该应用，最为灵活的就是 Padé -(1,0)方案，它将使得实施任意边界条件同时抑制由阻抗或斜率急剧变化引起的波动变得简单。由于只是一阶精确的，所以该方案需要非常小的距离步进。不同于远距离传播问题，目标散射问题通常被限制在最多几百个波长范围内，这一般是个优势。应该指出的是，非齐次边界条件包含一个右边项，该项含有一个依赖于入射方向和近轴方向之间夹角的随距离变化的相位。最坏的情况就是在后向散射边界条件的 RHS 中含有一个指数项 $\exp(-2ikx)$。对于近轴方向和入射方向所夹角度不可忽略的情况，由于相位随距离快速变化，所以无论如何都需要小的距离步进。

如果需要极宽角结果，分布 Padé 方法可用来求解散射场。因此，最好使用式（12.67）所示的SSP解的较简形式。我们将SSP解写作

$$u^s(x+\Delta x,z) = -\sum_{l=1}^{L} w_l^s(x+\Delta x,z) \tag{12.102}$$

其中，函数 w_l^s 被定义为

$$w_l^s(x+\Delta x,z) = -\frac{a_l}{1+b_l Z}u^s(x,z) \tag{12.103}$$

系数(a_l, b_l)对应于12.3节中的Padé展开。在积分区域内，可以直接写出w_j的有限差分表达式。对于散射体边界上的点，我们必须表示w_j使得u^s能够满足所需的非齐次边界条件。例如，考虑Dirichlet情况。如果我们令

$$w_l^s(x+\Delta x, z_b) = -w_l^i(x+\Delta x, z_b) \tag{12.104}$$

式（12.99）将近似地得到满足。

对于边界点$P=(x+\Delta x, z_b)$，w_l^i相当于入射场的一个Padé项。假设周围介质是真空，然后求解以下微分方程

$$\left(1+b_l\frac{1}{k^2}\frac{\partial^2}{\partial z^2}\right)w_l^i = a_l u^i \tag{12.105}$$

对于平面波入射，明显可以获得其解，但是一般需要数值积分。

12.5.6　考虑近场/远场

通常在一个含有目标的小区域内计算近场，并通过附录B中推导出的近场远场变换获得双站雷达截面。通过旋转近轴方向，可以获得所有散射角的远场双站散射结果。对于窄角，只要给出30°角域内的良好结果，十二步就足够建立起整个散射模型。

通过旋转PE方法获得的近场不一定是精确的。例如，对于窄角，近场结果并不包括宽角的贡献，因此它是不正确的。然而，这并不影响我们所感兴趣的近轴圆锥体内的远场结果，目标的散射能量不会遭受方向上的巨大变化。12.6.2节中举了一个例子，其中窄角算法是不适用的。事实情况一定是，对于Dirichlet边界条件，分步Padé方法可以缓解这种问题。目前，我们并不知道，使用SSP方法是否可以处理更加苛求的边界条件，以及它们是否可被推广到三维问题。

12.6　例子

在以下所有的例子中，假设周围介质为真空。

12.6.1　圆柱体

对于平面或柱面波入射，理想导电圆柱体的散射场可用一系列Hankel函数来表示。如图12.13所示，我们考虑半径为a的圆柱体，以及沿x正方向入射的单位振幅平面波。

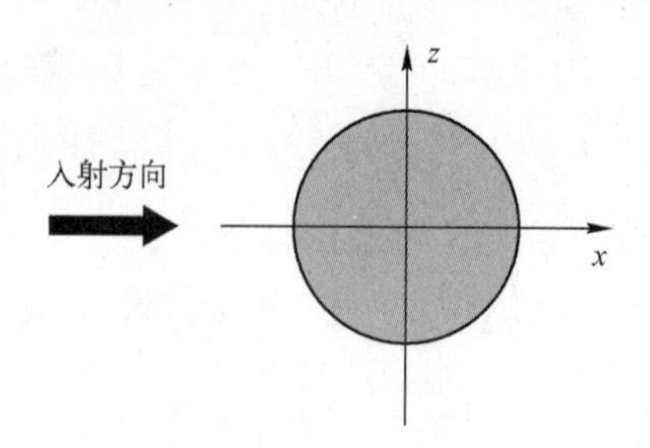

图 12.13　圆柱体散射示意图

图 12.14 给出了使用分步 Padé 方法计算得到的理想导电圆柱体散射场的实部，其归一化半径为 $ka=10$。入射平面波是水平极化的，且自左向右传播。SSP 使用了 8 项。使用 12.4.1 节中所述的理想透射边界条件对区域进行截断。计算中模拟宽角散射，非局部截断显示具有很好的性能。然而，侧向散射明显没有被体现出来：既然以与行进方向夹角 90°传播的能量在近轴圆锥体外，则这是近轴近似的结果。

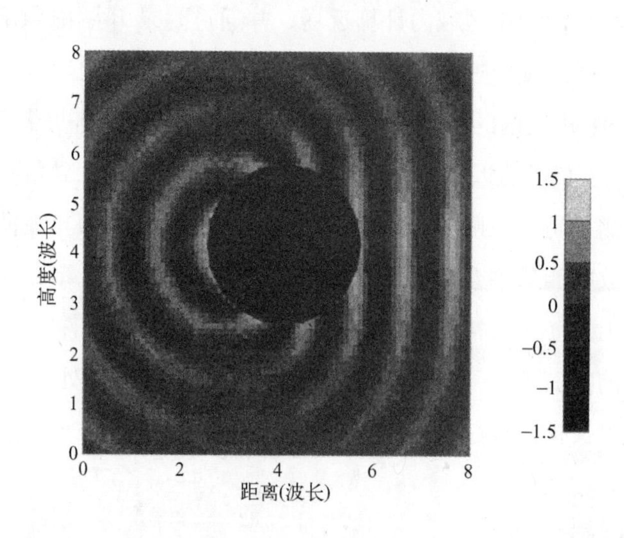

图 12.14　圆柱体散射场实部的等高图，归一化半径 $ka=10$

图 12.15 给出了由窄角和分步 Padé PE 方法计算得到的前向和后向双站 RCS 结果[23]。使用 Crank – Nicolson（或 Padé –（1,1））方法计算 SSP 和式的每一项。给出理论结果用来进行比较。窄角方案只能精确到人们期望的大约 15°，而 8 项分步 Padé 直到将近 40°也是非常精确的。从 12.3 节的结果来看，我们将希望 8 项 SSP 算法精确到 70°。由于 Crank – Nicolson 方法缺乏 L_0 稳定性，在目标上使用边界条件存在数值困难，这可能是精确度损失的原因。

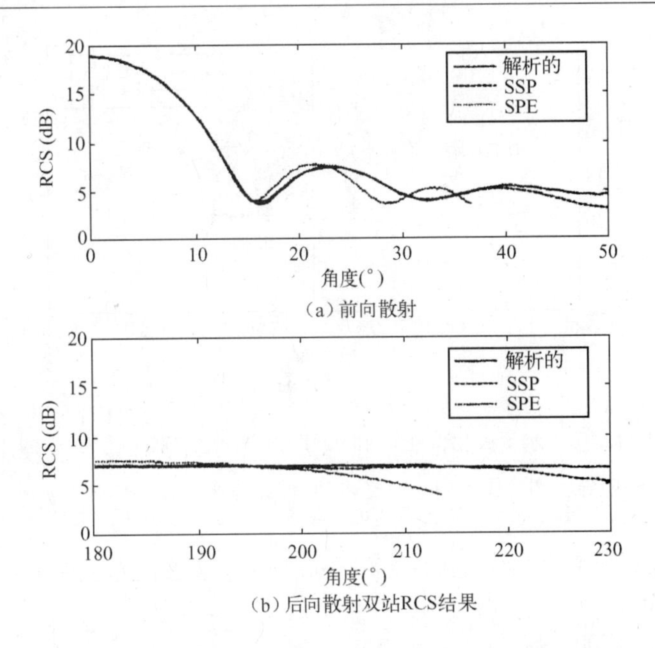

图 12.15　水平极化平面波入射到归一化半径 $ka=10$ 的理想导电圆柱体上的前向和后向散射双站 RCS 结果

使用 Padé-(1,0)方案，现在我们来看用旋转 PE 方法进行的计算。在水平极化平面波入射下，图 12.16 给出了在半径为 5λ 的理想导电圆柱体上运行一次旋转 PE 的结果，同时给出了理论结果。对于前向散射（近轴方向为0°）和侧向散射（近轴方向为 90°），直到与近轴方向夹角 15°时，与理论值也是高度一致的。在图 12.17 中，使用了 7 次旋转 PE 来计算圆柱体在所有角度下的双站 RCS，并给出了两种极化情况下的结果。对于水平极化，所有角度都是高度吻合的。对于垂直极化，即使使用 L_0 稳定的 Padé-(1,0)方案，目标上的边界条件也是棘手的，其一致性差强人意。

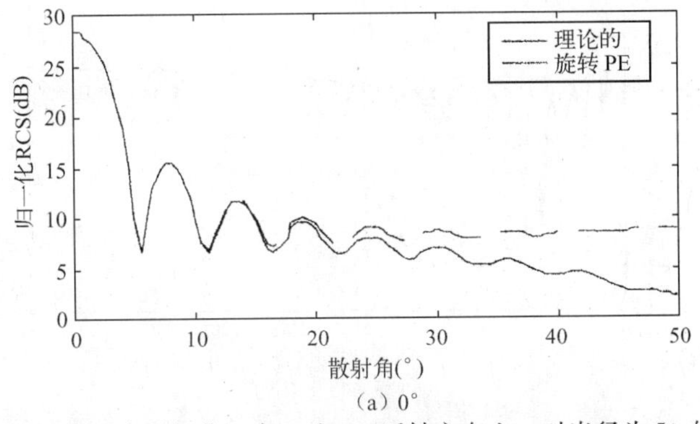

图 12.16　水平极化，在0°和 90°近轴方向上，对半径为 5λ 的理想导电圆柱体使用一次旋转 PE 计算得到的双站 RCS

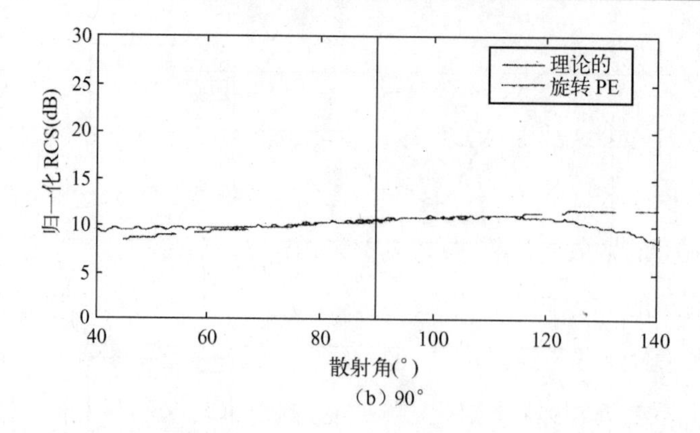

（b）90°

图 12.16　水平极化，在 0°和 90°近轴方向上，对半径为 5λ 的理想导电圆柱体使用一次旋转 PE 计算得到的双站 RCS（续）

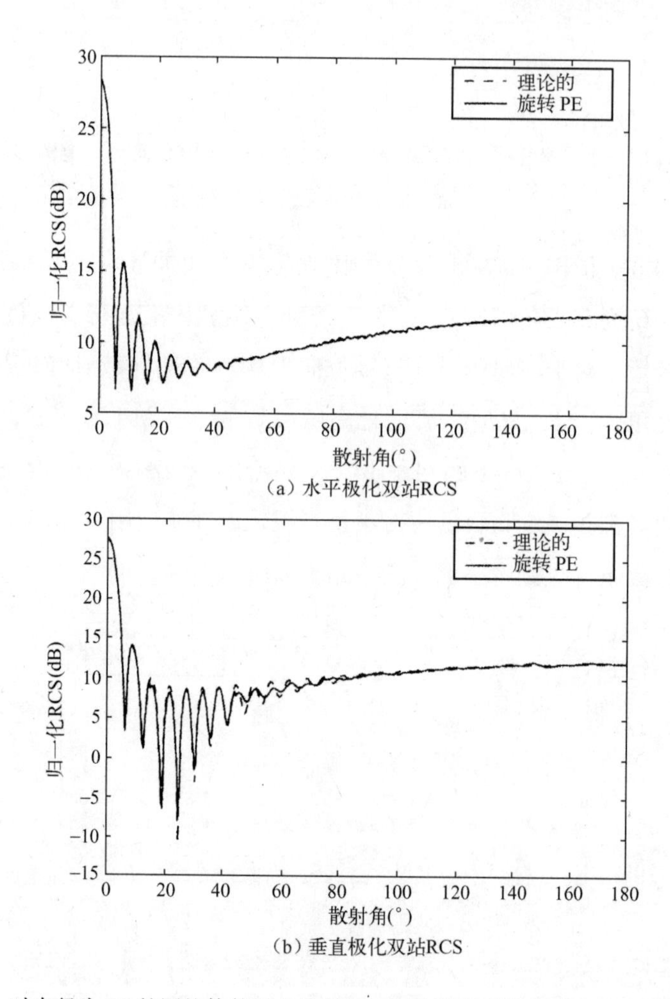

（a）水平极化双站RCS

（b）垂直极化双站RCS

图 12.17　对半径为 5λ 的圆柱体使用 7 次旋转 PE 计算得到的水平和垂直极化双站 RCS

12.6.2　L形物体

我们已经提到过表面波的问题，当物体足够小以至于波可沿其周围传播时，使用PE方法是不能精确地模拟表面波的。一个与之相关的困难就是，对于非凸物体，其某一部分在某一给定方向上的散射能量有时可引起该物体另一部分在另一完全不同的方向上的散射。图12.18所示的L形物体就说明了这一点。来自L垂直分支顶部的散射能量（射线1）能够射向水平分支并被反射出去（射线2）。虽然射线2的能量是朝近轴方向传播的，但由于射线1不在近轴圆锥体内，所以通过窄角旋转PE是不能够被模拟的。

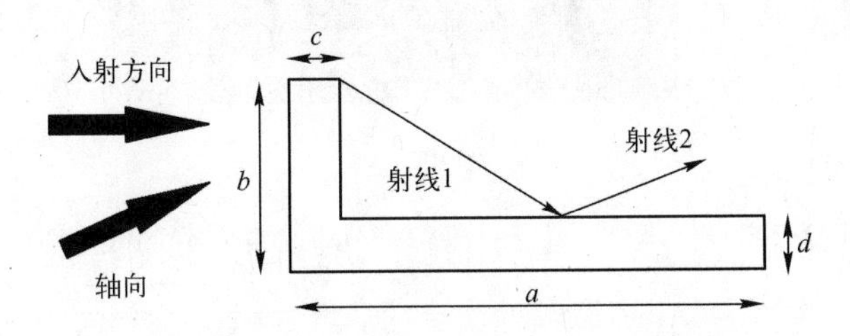

图12.18　对L形物体使用旋转PE时的困难

可通过下面的数值算例来证明这一点：设定参数 $a=10\lambda$，$b=3\lambda$，$c=d=0.5\lambda$，近轴方向与水平面夹角为20°。这样，射线1与近轴方向的夹角为40°且不是窄角圆锥体的一部分。在水平极化入射下，使用Dirichlet边界条件，我们将该物体看成一个理想导体。图12.19给出了使用旋转20°的窄角PE和8项分步Padé方法得到的双站RCS结果。后

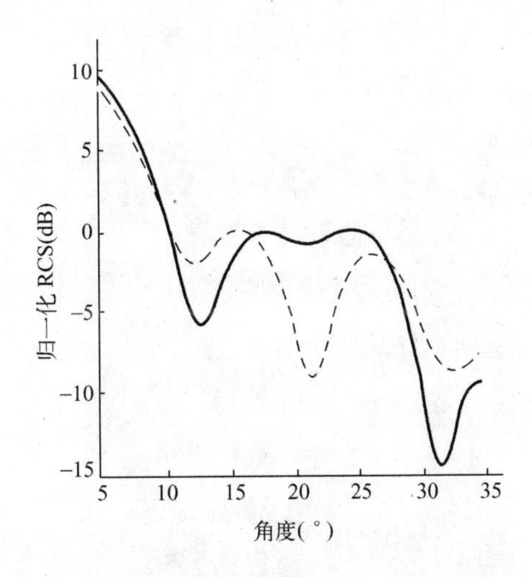

图12.19　使用旋转窄角PE方法（实线）和宽角PE方法（虚线）得到的L形物体RCS结果

者精确到70°且给出一个参考解。窄角旋转PE解基本上不同于参考解，这就表明远场结果受到了该问题的严重影响。图12.20给出了该情况下使用8项分步Padé方法得到的近场结果，证明宽角方法可准确地考虑L形物体顶部的衍射能量。

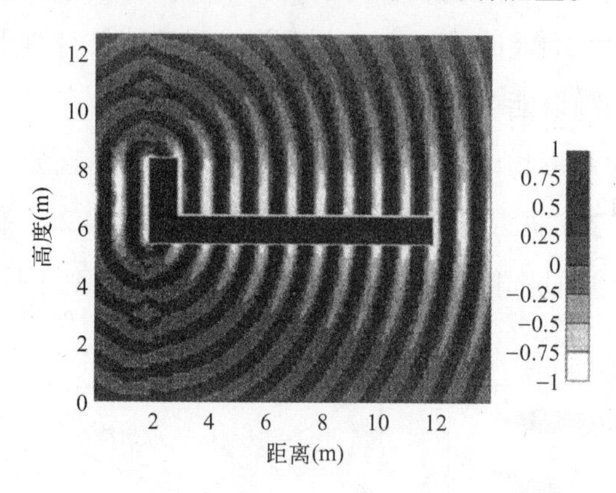

图12.20　对L形物体使用分步Padé PE方法得到的散射场实部

12.6.3　2D飞机形状

图12.21给出了一个理想二维飞机形状的散射场。一个频率为57.2MHz的水平极化平面波从下面入射到物体上。飞机在距离和高度上的最大尺度分别为19m和4.2m。使用Crank－Nicolson实施8项分步Padé方法。在接近水平面的散射方向上，明显的近轴近似是引起失真的原因。这种情况也已经通过有限元方法得到了解决[20]。图12.22给出了使用分步Padé方法和有限元方法计算得到的双站RCS结果，表现出较好的吻合度。在微波波段，这种情况也已经得到了处理[92]。

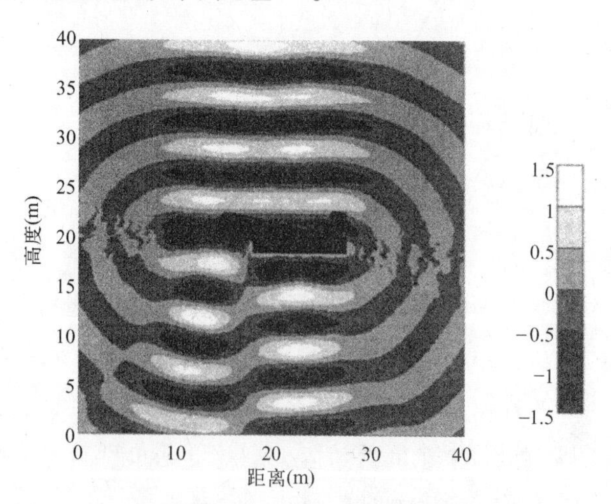

图12.21　57.2MHz平面波从下面入射时的散射场实部等高图

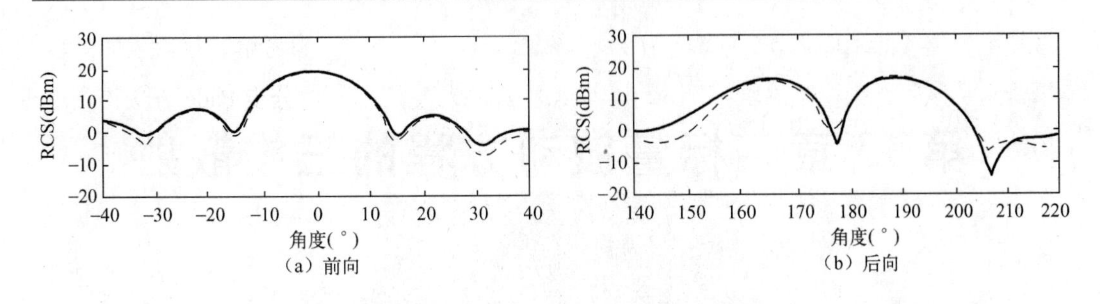

图 12.22　使用有限元[20]（实线）和分步 Padé 方法（虚线）计算得到理想飞机形状的双站 RCS 结果

第 13 章　标量波动方程的三维散射

13.1　引言

这一章，我们考虑使用标量波动方程模拟三维散射问题。非弹性物体的声散射被包含在这种类型中。当然，大多数电磁散射问题通过边界条件涉及标量场分量之间的耦合，因此，需要矢量解。然而，一些重要的电磁应用仍然可以使用标量波动方程来处理。

首先，我们来看轴对称问题，实际上，使用修正抛物方程[74,129]可将其退化到二维。13.2 节将给出轴对称 PE 的框架。Kopylov 等人[74]首先将轴对称 PE 方法应用到 X 射线衍射光学上。13.3 节将介绍模拟薄和厚菲涅尔区带片的工作。

接下来，我们考虑需要真正用三维 PE 算法处理的更加一般的问题。因为通常没有转化相关线性系统的简单方法，所以比起二维问题，这些三维问题需要更加复杂的数值算法[172,170,94]。13.4 节将介绍适用于散射问题的三维 PE 算法，主要困难在于对散射体上的边界条件进行建模，而这需要对大型稀疏矩阵求逆。两步法（double - pass method）的使用使得求解稀疏矩阵的区域范围变得最小，充分减少了计算量。该方法的稳定性允许将其用于极不规则的表面，13.5 节将介绍其在粗糙面建模方面的应用。三维 PE 方法可用于许多城市传播问题。13.6 节将介绍计算建筑物散射的例子。

13.2　轴对称抛物方程

我们使用如图 13.1 所示的柱坐标(r,θ,x)。假设 x 轴为对称轴，且选择 x 轴正方向作为近轴方向。根据文献 [74,129]，我们将简化场 u 的 PE 写作

$$\Delta_{\perp} u(x,r) + 2ik\frac{\partial u}{\partial x} + k^2(n^2(x,r) - 1)u = 0 \tag{13.1}$$

其中，$\Delta_{\perp}$ 是横向拉普拉斯算子，在轴对称情况下，当 $r>0$ 时，写为

$$\Delta_{\perp} u(x,r) = \frac{1}{r}\frac{\partial}{\partial r}\left(r\frac{\partial u}{\partial r}(x,r)\right) \tag{13.2}$$

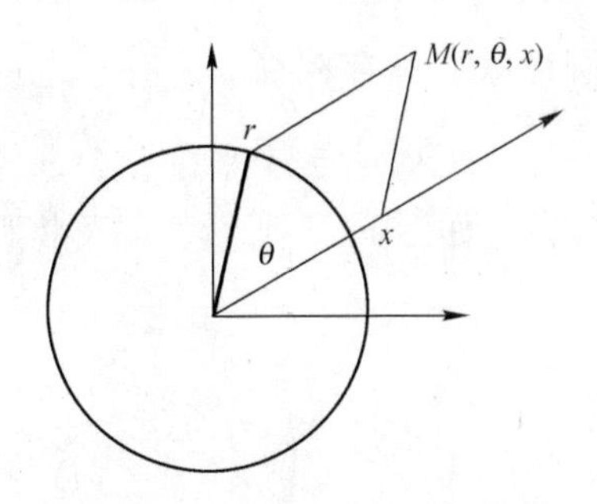

图 13.1　轴对称问题的柱坐标系

由于轴对称，径向导数在 $r=0$ 处为零，我们得到

$$\Delta_{\perp} u(x,0)=2\frac{\partial^2 u}{\partial r^2}(x,0) \tag{13.3}$$

由于存在因子 $1/r$，故式（13.1）不宜使用傅里叶变换解法来处理。然而，使用有限差分方法是没有困难的。文献［74］给出的例子中的 Crank - Nicolson 方案为

$$2ik\frac{u_j^{m+1}-u_j^m}{\Delta x}+\frac{u_{j+1}^{m+1}-2u_j^{m+1}+u_{j-1}^{m+1}+u_{j+1}^m-2u_j^m+u_{j-1}^m}{2\Delta r^2}+\frac{u_{j+1}^{m+1}-u_{j-1}^{m+1}+u_{j+1}^m-u_{j-1}^m}{4\Delta x\Delta r^2}$$
$$+k^2 b_j^m\frac{u_j^{m+1}+u_j^m}{2}=0 \tag{13.4}$$

其中

$$u_j^m=u(x_m,r_j)=u(m\Delta x,j\Delta r) \tag{13.5}$$

且

$$b_j^m=n^2\left(\frac{x_m+x_{m+1}}{2},r_j\right) \tag{13.6}$$

对于涉及折射率非常接近 1 的复合材料的应用，该式不适合用来模拟具有表面阻抗边界条件的界面。而是，应该模拟在材料里面的传播，并且需要考虑界面的不连续性。如文献［74］所述，如果用如下积分代替式（13.6）的离散平均值，则积分方法具有更好的数值特性

$$\overline{b_j^m}=\frac{1}{\mathrm{j}\Delta r^2\Delta x}\int_{m\Delta x}^{(m+1)\Delta x}\mathrm{d}x\int_{(j-\frac{1}{2})\Delta r}^{(j+\frac{1}{2})\Delta r}n^2(x,r)r\mathrm{d}r \tag{13.7}$$

该式更加精确地表示出了折射率的变化。

区域截断

以与二维标量情况一样的方法可以推导出轴对称问题的非本地边界条件[74,129]。我

们假设只在一个半径为 r_0 的圆柱体 C 内存在扰动，有

$$n(r)=1, r\geqslant r_0 \tag{13.8}$$

我们推导 C 上的非局域边界条件，如图 13.2 所示，则可将积分限制在圆柱体内部。

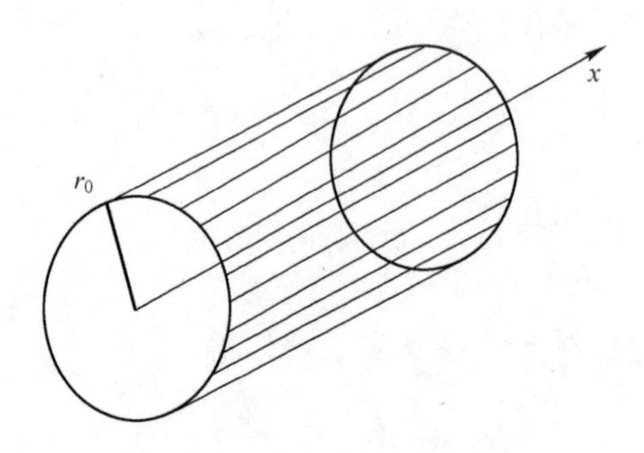

图 13.2　轴对称问题的区域截断

在 C 外，可使用闭合形式来求解式（13.1）。合适的拉普拉斯变换为

$$U(s,r)=\int_0^{+\infty}u(x,r)\mathrm{e}^{-sx}\mathrm{d}x \tag{13.9}$$

我们假设 C 外的初始场为零

$$u(x,r)=0, r\geqslant r_0 \tag{13.10}$$

式（13.1）的拉普拉斯输出解有以下形式

$$U(s,r)=A(s)H_0^{(1)}(r\sqrt{2iks}) \tag{13.11}$$

式中，$H_0^{(1)}$ 是第一类零阶汉克尔函数。

对 r 求导，我们得到边界条件

$$\frac{\partial U}{\partial r}(s,r_0)=\sqrt{2iks}\frac{H_1^{(1)}(r_0\sqrt{2iks})}{H_0^{(1)}(r_0\sqrt{2iks})}U(s,r_0) \tag{13.12}$$

由此得到一个具有以下形式的非本地方程

$$\frac{\partial u}{\partial r}(x,r_0)=\int_0^x\frac{\partial u}{\partial x}(\xi,r_0)g_0(x-\xi)\mathrm{d}\xi \tag{13.13}$$

其中，卷积核 g_0 是下式的逆拉普拉斯变换

$$G_0(s)=\sqrt{\frac{2ik}{s}}\frac{H_0^{(1)'}(r_0\sqrt{iks})}{H_0^{(1)}(r_0\sqrt{2iks})} \tag{13.14}$$

使用围线积分对拉普拉斯变换求逆，我们可用汉克尔函数 $H_0^{(1)}$ 的零点来表示该卷积核。另一种更易于实现的选择是使用渐进展开，当圆柱体半径相对于波长足够大时，该

方法是精确的[74,129]。当 z 趋于无穷大时，我们有渐进式[117]

$$H_{\nu}^{(1)}(z) \sim \sqrt{\frac{2}{\pi z}} \exp\left(i\left[z-\frac{\nu}{2}-\frac{\pi}{4}\right]\right) \tag{13.15}$$

现在，我们可将函数 F 的拉普拉斯变换 f 写成积分

$$f(x)=\frac{1}{2\pi i}\int_{\beta-i\infty}^{\beta+i\infty} F(s)\mathrm{e}^{sx}\mathrm{d}s \tag{13.16}$$

式中，β 可取大于临界值 β_0 的任何实数[57]。

从式（13.15）可知，如果 $kr_0^2 \gg 1$，我们得到

$$G_0(s) \sim -i\sqrt{\frac{2ik}{s}},\ s=\beta+i\gamma \tag{13.17}$$

γ 均匀，该式给出逆拉普拉斯变换的近似表达如下

$$g_0(x) \sim \sqrt{\frac{2k}{\pi x}}\exp\left(-i\frac{\pi}{4}\right) \tag{13.18}$$

该核就是第 8 章中我们得到的二维透射边界条件的核。实际上，条件 $kr_0^2 \gg 1$ 允许我们将圆柱体的曲率半径看成无限大的，这就变成了第 8 章中的二维问题。

如果入射场在 C 外不为零，必须引入如第 8 章中那样的一个输入能量项。当 $r \geqslant r_0$ 时，令 u_0 是满足式（13.1）的任意函数，且 $u_0(0,r)=u(0,r)$。这样，u 的非本地边界条件可写作

$$\frac{\partial u}{\partial r}(x,r_0)=\int_0^x \frac{\partial u}{\partial x}(\xi,r_0)g_0(x-\xi)\mathrm{d}\xi+I(x) \tag{13.19}$$

其中输入能量项 $I(x)$ 由下式给出

$$I(x)=\frac{\partial u_0}{\partial r}(x,r_0)-\int_0^x \frac{\partial u_0}{\partial r}(\xi,r_0)g_0(x-\xi)\mathrm{d}\xi \tag{13.20}$$

实际上，最常见的是平面波沿对称轴入射的情况。在这种情况下，我们可在整个区域中把 u_0 取作常数，且输入能量项为零。因此，对于平面波垂直入射的情况，式（13.13）也是有效的。虽然使用 13.4 节所述的笛卡儿坐标系和 PML 截断更加方便，但柱坐标系中的非本地截断方法可被推广到没有对称轴的情形[74,129]。

轴对称情形的非本地截断已被应用到满足 Dirichlet 边界条件的声学软物体的声散射中[95]。图 13.3 给出了平面波自左向右入射时半径为 0.5m 的声学软球体散射场的实部。入射波长为 0.1m。当以任意角度入射到边界上时，非本地截断都具有很好的性能。13.4 节给出了未采用轴对称的三维结果。

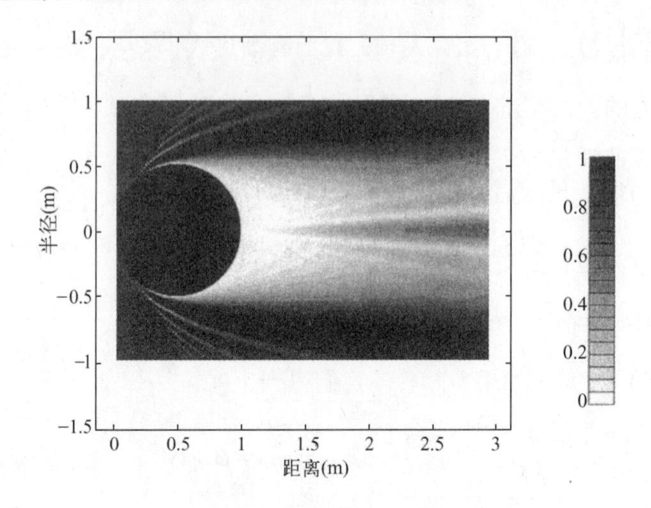

图 13.3　使用轴对称 PE 计算得到的半径为 $5\lambda = 0.5$m 的声学软球体散射场的实部

13.3　X 射线光学的应用

软 X 光是可用来探测有机或无机物的低能 X 光[110]。有效的衍射光学系统使用菲涅尔波带片，它是由透明与不透明“区域”交替组成的，该结构可提高聚光效率。如图 13.4 所示，菲涅尔波带片通常是轴对称的。对于软 X 射线光学，波带数是巨大的，其典型值是好几百个的量级。

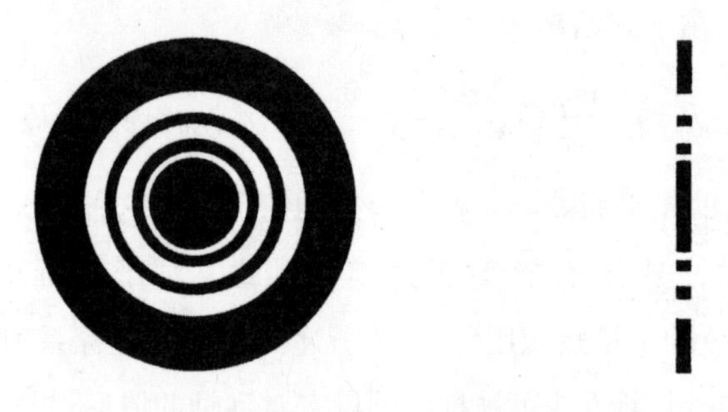

图 13.4　菲涅尔波带片横断面和侧面

虽然对于理想菲涅尔透镜存在封闭形式的解，但这并不是更加实际的厚波带片的情形。既然波带片的尺寸相对于波长是巨大的，则有限元方法是不可行的：对于典型透镜，给定一个尺寸可与远距离雷达传播问题相比拟的区域，波带片的最大尺寸是几千个波长级别的，而焦点可能位于距透镜好几百万个波长远处。对于特定类型的波带片，存在简化解，但它们仅仅给出了场行为的有限信息[109,138]。当然，将抛物方程方法应用到该问题是非常诱人的。幸运的是，对于 X 光波段，大多数材料是透明的，使得使用抛物方程方法并通过厚菲涅尔波带片的光学原理来极精确地模拟 X 光传播成为可能。

可以通过以下方法：取波带片元件内部的折射率为合适值，给定光源，从波带片的后面出发，并透过该波带片进行场的传播。波带片之外，场在自由空间中传播，这没有什么特别困难之处。由于折射率的不连续性，在光学元件的边界处会产生误差，但对于典型材料来说，这些误差是微小的。表 13.1 列出了波长为 2.4nm 时各种材料的折射指数。

下面我们仅考虑轴对称问题。式（13.1）给出了抛物方程的恰当形式。这里所列举的例子使用点源。使用一个大角度的滤光器，使得当 r 大于数个波长时，初始场可忽略不计[74]。因此，不用修正输入能量，使用如式（13.13）所示的透射边界条件就可以对积分区域进行截断。

表 13.1　X 射线波长为 2.4nm 时的折射指数

材　料	折射指数
锗	$1-0.00260+0.00094i$
镍	$1-0.00442+0.00101i$

首先，我们来看一个由 300 条同轴的完全透明与完全不透明波带交替组成的理想薄菲涅尔波带片，其外半径 $a=18000\text{nm}$。一个 2.4nm 的点源位于距透镜 $d=0.9\text{mm}$ 远处。f 的焦距由下式给出

$$f=\frac{R^2}{N\lambda} \tag{13.21}$$

式中，N 是菲涅尔带数[110]。

对应的像位于由下式给出的距离 d' 处

$$\frac{1}{f}=\frac{1}{d}+\frac{1}{d'} \tag{13.22}$$

图 13.5 所示的是场强的等值线图，在 0.9mm 处确实出现了强聚焦。薄菲涅尔波带片理论也预测了高奇阶焦距的存在，k 阶焦距 f_k 由下式给出

$$f_k=\frac{f}{k} \tag{13.23}$$

对应像焦点位于由下式给出的距离 d'_k 处

$$\frac{k}{f}=\frac{1}{d}+\frac{1}{d'_k} \tag{13.24}$$

在图 13.5 中，如该理论预测的那样，在距离 0.18mm 处，第三阶焦点清晰可见。虽然第五阶焦点在后面的图 13.9 中能够被看到，但在这幅等值线图中，第五阶焦点太弱了，分辨不出来。来自于大角度衍射的高阶焦距，这里使用的窄角 PE 方法不可将其精确地表示出来。我们注意到，图 13.5 中也出现了产生发散能量的负衍射阶。

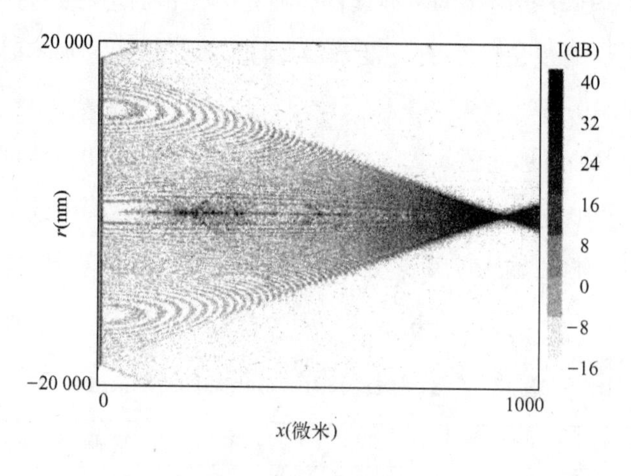

图 13.5　薄波带片的衍射[74]

具有相同焦距 f 和外半径 a 的等效理想薄透镜是非常具有指导意义的。使用下式给出的传输函数 $T(r)$ 来模拟该等效透镜

$$\begin{aligned} T(r) &= \exp\left(-ik\frac{r^2}{2f}\right), \quad & r \leqslant a \\ T(r) &= 0 & r > a \end{aligned} \tag{13.25}$$

该截断高斯相位屏在半径为 a 的圆内，且产生恰当的聚焦效应。为了看到这一点，我们考虑图 13.6。

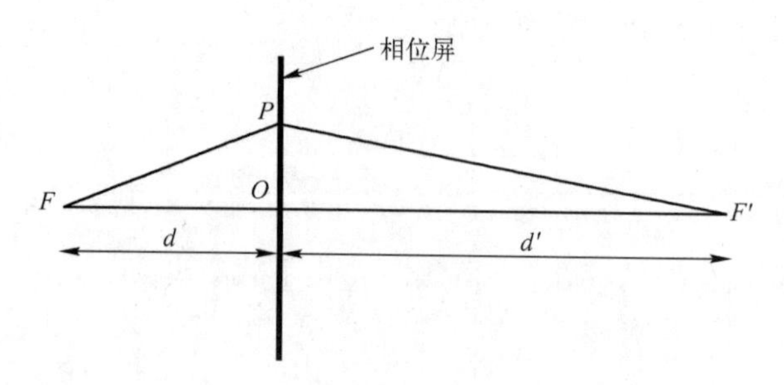

图 13.6　等效理想透镜几何示意图

点 F 与 F'之间的距离为 $d+d'$。在没有该相位屏的情况下，F 与 F'之间的相位延迟仅由直达路径 FF'的光程给出

$$\phi_1 = k(d+d') \tag{13.26}$$

该相位延迟对应于几何路径长度 f。

在相位屏存在的情况下，我们必须加上所有路径 FPF'的贡献。如果我们用 r 表示点 P 的径向距离，则几何路径长度 $l(r)$ 由下式给出

$$l(r) = \sqrt{r^2+d^2} + \sqrt{r^2+d'^2} \tag{13.27}$$

如果 d 和 d'相对于外半径 a 来说都是非常大的，则对应于窄角 PE 近似，我们有

$$l(r) \sim d+d' + \frac{r^2}{2}\left(\frac{1}{d}+\frac{1}{d'}\right) = d+d' + \frac{r^2}{2f} \tag{13.28}$$

相应的相位因子为

$$\varphi(r) = k\left(d+d' + \frac{r^2}{2f}\right) \tag{13.29}$$

式（13.25）所示的传输因子精确地给出可使所有 FPF'路径等于光程 ϕ_1 的相位补偿。为了得到计算区域内所有点处的数值 PE 解，在含有等效透镜的横切面上，入射场必须用传输系数来进行修正，之后再以通常的方式在真空中传播。图 13.7 所示的是该等效理想透镜的场强等值线图。图中没有高阶焦距，且焦点比起波带片更强；对于后者，零阶散射和焦点外的高阶散射产生降低波带片效率的背景场。理论预测的效率因子是 $1/\pi^2$，接近于使用该数值算例得到的大约 10% 的值（见表 13.2）。

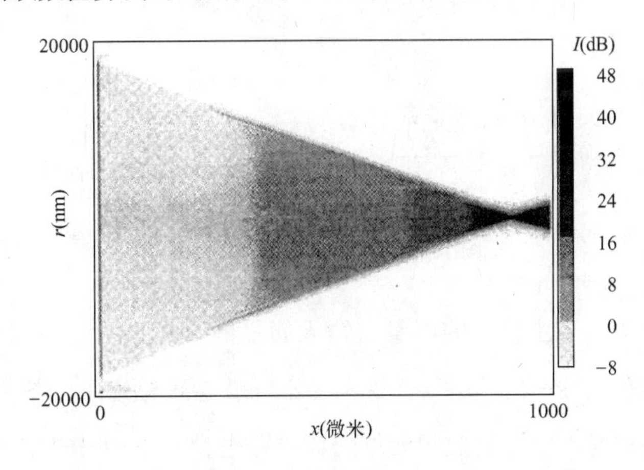

图 13.7　理想透镜衍射

现在，我们来看更加实际的情形：一个由厚度为 b 的镍元件构建的厚菲涅尔波带片。在这里，我们假设透射区的折射指数为 1，且该镍元件有一个矩形截面。可以毫无困难

地考虑更加复杂的情形，如有沟槽的元件。为了使波带片的效率达到最佳，选择厚度 b 使得不透明区域产生相移 π。假设平面波透过电介质传播，则可以得到相移 ϕ 的估计值

$$\varphi \sim \frac{2\pi\delta b}{\lambda} \tag{13.30}$$

式中，λ 是真空中的波长；δ 是 $1-n$ 的实部。

当

$$b \sim \frac{(l+1/2)\lambda}{\delta} \tag{13.31}$$

获得相移 π，其中 l 是整数。既然波带片元件在 X 光波段总是存在某种程度上的吸收，就不会出现完全消除的情况。当 $l=0$，或

$$b \sim \frac{\lambda}{2\delta} \tag{13.32}$$

吸收最小。对于此处所用的参数，由该式得出 $b\sim 270$nm。

图 13.8 所示的是 $b=300$nm 时的场强等高图。我们注意到第一阶和第三阶焦距，以及对应于第二阶焦距在 0.3mm 处的第二阶焦点。

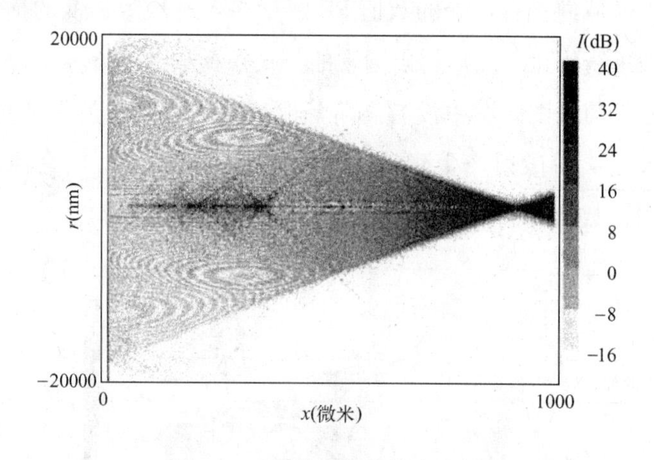

图 13.8　厚菲涅尔波带片衍射

透镜效率定义为流入主焦点的能量占输入能量的百分比[110]，也就是焦平面与理想透镜上的场强最大值之比[74]。表 13.2 给出了不同波带片厚度下的效率值，其他参数和前面的一样。有趣的是，由于透过镍元件的辐射发生相长干涉，事实上，厚波带片的衍射效率要高于薄波带片。当 $b=300$nm 时，可获得接近理论估计的最佳效率[74]。图 13.9 给出了在我们所考虑的三种情况下垂直场振幅沿对称轴的变化情况。对于两种波带片，第三阶焦距和第五阶焦距都是清晰可见的；对于厚波带片，第二阶焦距是清晰可见的。

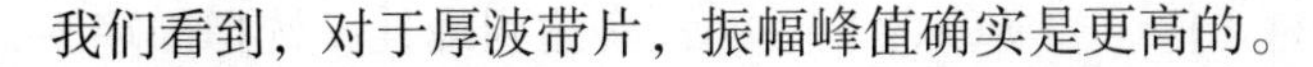

我们看到，对于厚波带片，振幅峰值确实是更高的。

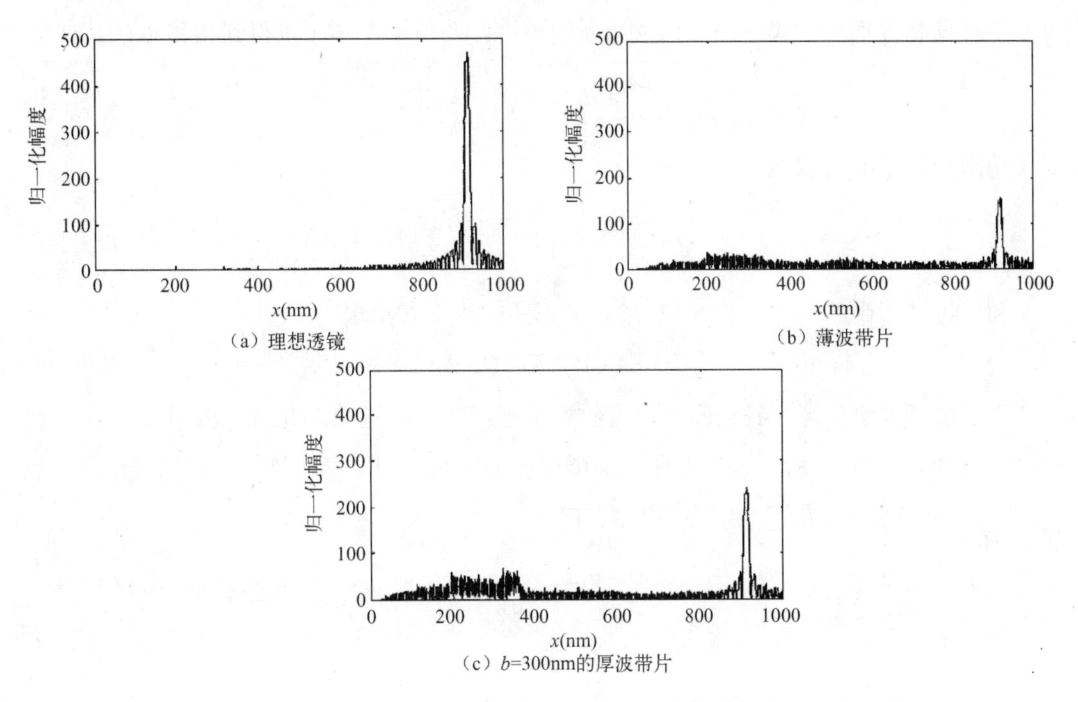

图 13.9　理想透镜、薄波带片和 $b=300\text{nm}$ 的厚波带片情况下的沿轴垂直场振幅[74]

表 13.2　不同厚度波带片的衍射效率

波带片类型	Efficiency
薄波带片	10.0%
厚波带片，$b=200\text{nm}$	22.7%
厚波带片，$b=300\text{nm}$	25.8%
厚波带片，$b=400\text{nm}$	18.8%

13.4　一般的三维情形

在笛卡儿直角坐标系下，我们从三维波动方程开始进行研究

$$\frac{\partial^2\psi}{\partial x^2}+\frac{\partial^2\psi}{\partial y^2}+\frac{\partial^2\psi}{\partial z^2}+k^2n^2u=0 \tag{13.33}$$

使用和二维情形相类似的方法推导出三维抛物方程。选择 x 正方向为近轴方向，且简化场 u 定义为

$$u(x,y,z)=e^{-ikx}\psi(x,y,z) \tag{13.34}$$

三维抛物方程由下式给出

$$\frac{\partial u}{\partial x}+ik(1-Q)u=0 \tag{13.35}$$

伪微分算子 Q 定义为

$$Q=\sqrt{\frac{1}{k^2}\frac{\partial^2}{\partial y^2}+\frac{1}{k^2}\frac{\partial^2}{\partial z^2}+n^2} \tag{13.36}$$

和二维情形中的一样，式（13.35）的形式解由下式给出

$$u(x+\Delta x,y,z)=\exp(ik\Delta x(Q-1))\cdot u(x,y,z) \tag{13.37}$$

为了进行数值计算，我们需要对指数算子进行适当的近似。此时，由于算子 Q 涉及两个横向变量 y 和 z，所以该情形比二维情形更加复杂。为了便于计算，我们希望将 y 和 z 分离开。由文献［172］，我们使用如下记号

$$Y=\frac{1}{k^2}\frac{\partial^2}{\partial y^2} \tag{13.38}$$

$$Z=\frac{1}{k^2}\frac{\partial^2}{\partial z^2}+n^2-1 \tag{13.39}$$

在接下来的讨论中，我们假设折射率仅依赖于高度 z，意思是 Y 和 Z 可交换。首先，我们分离出分别用 Y 和 Z 表示的项

$$e^{ik\Delta x(\sqrt{1+Y+Z}-1)}\sim e^{ik\Delta x(\sqrt{1+Y}-1)}e^{ik\Delta x(\sqrt{1+Z}-1)} \tag{13.40}$$

该式忽略了 Y 和 Z 之间的耦合。现在，我们可以找到分别用 Y 和 Z 表示的因子的近似形式。对两个算子使用平方根的一阶泰勒展开进行进一步的简化，得到

$$u(x+\Delta x,y,z)=e^{\frac{ik\Delta x}{2}Y}e^{\frac{ik\Delta x}{2}Z}\cdot u(x,y,z) \tag{13.41}$$

相当于三维窄角 PE

$$\frac{\partial u}{\partial x}=\frac{ik}{2}(Y+Z)u \tag{13.42}$$

或者，我们可以保持式（13.40）右边含有 Y 和 Z 的平方根表达式来进行宽角建模，还可以将窄角和宽角表达式结合起来。例如，如果用 y 表示的宽角模型是必需的，而用 z 表示的窄角模型是能够满足我们要求的，则我们可以使用

$$u(x+\Delta x,y,z)=e^{ik\Delta x(\sqrt{1+Y}-1)}e^{\frac{ik\Delta x}{2}Z}\cdot u(x,y,z) \tag{13.43}$$

式（13.42）和式（13.43）都需要得到进一步处理的数值解法。对于散射应用，我们将处理傅里叶变换解法不再适用的复杂边界。取而代之，我们使用各种 Padé 方案下的有限差分算法。正如二维情形中的那样，有一种可能就是将 Padé－(1,1) 和 Padé－(2,1)

方法结合起来。该方法适合于散射体上的边界条件可分成 y 和 z 方向的情况。这种情况发生在散射体外法向的 y 和 z 分量都不为零时的均匀 Dirichlet 边界条件（物体表面上的场为零）和 Neumann 边界条件（物体表面上场的法向导数为零）下。通过对三对角或五对角矩阵求逆，便可获得其解。

为了说明将 Padé -(1,1) 和 Padé -(2,1) 相结合的用法，我们将其应用到软球体的声散射上，使用和 13.2.1 节中轴对称模型一样的参数[95]。图 13.10 给出了位于球体后面 2m 处的横向平面上计算得到的场。对于本次运算，原则是 y 上宽角，z 上窄角。这就解释了 z 方向上的平缓现象，即比起 y 方向，有更少的干涉条纹是清晰可见的。使用理想匹配层（见 8.3 节）对横向平面上的区域进行截断。

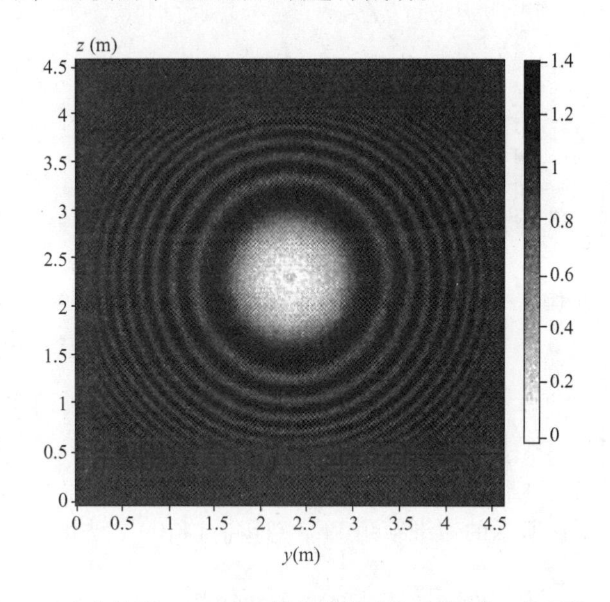

图 13.10　半径为 $5\lambda=0.5$m 的声学软球体后 2m 处，使用将 Padé 方案相结合的方法计算得到的近场

图 13.11 对分别使用三维 Padé 方法和轴对称 PE 方法计算得到的球体后面 2m 处横向平面竖直中线上的近场结果进行了对比。由图可知，直到 1m 都可获得高度的一致性，而这正是以该半径使用非局部边界条件对轴对称 PE 进行截断的。这就证实了轴对称 NLBC 的有效性。

由于 Padé -(1,1) 和 Padé -(2,1) 方法是二阶精确的（见 12.2 节），所以距离步进相较于波长来说可以较大，并且在台式电脑上可以在合理的时间内处理极大问题。这种实现对于有简单几何形状的建筑物散射应用特别有用[170,172]。然而，对于更加一般的边界条件，缺乏 L_0 稳定性可能成为使用 Padé 方法的一个问题，特别是对于像球体一样的

“扁平”物体[94]。因此，使用 Padé -(1,0)方法是更合适的，即传统隐式解法。当然，该方法主要的缺点是一阶精确，因此必须使用极小的距离步进。对于目标尺寸小于数十个波长的雷达截面应用来说，这不是一个严重的问题，但是对于其他应用，如毫米波在市内的传播，计算时间可能会变得不可接受地大。

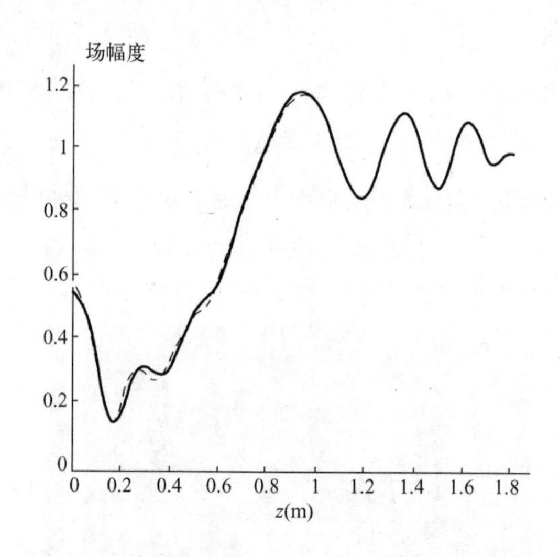

图 13.11　半径为 $5\lambda = 0.5$m 的声学软球体后 2m 处，三维 Padé 方法（实线）和轴对称 PE 方法（虚线）结果的比较

13.4.1　三维 Padé -(1,0)方法的实现

对于如式（13.42）所示的三维窄角 PE，Padé -(1,0)方法由下式给出

$$\frac{u_j^{m+1} - u_j^m}{\Delta x} = \frac{i}{2k\Delta z^2}(u_{i-1,j}^{m+1} + u_{i,j-1}^{m+1} - 4u_{i,j}^{m+1} + u_{i+1,j}^{m+1} + u_{i,j+1}^{m+1}) \tag{13.44}$$

式中，Δx 是距离步进大小；Δz 是横向平面上的网格间距。为简单起见，y 和 z 坐标使用等网格间距。上标 m 指的是沿 x 轴的点，而下标 i 和 j 分别指的是沿 y 和 z 轴的网格点。图 13.12 所示的是将该方法从距离 m 推进到距离 $m+1$ 时所必需的网格节点的位置。

假设在 y 方向上有 N 个网格节点。如果横向平面上的点是一行一行数的，则点 $N(i,j)$ 相应的索引号为 $i+N(j-1)$。对于 Dilichlet 边界条件，结果矩阵具有如图 13.13 所示的结构，中间有三条对角线，远处有两条对角线。通过将三维算子因式分解成 y 和 z 坐标的二维算子，可有效地对该五对角矩阵进行求逆[80]。

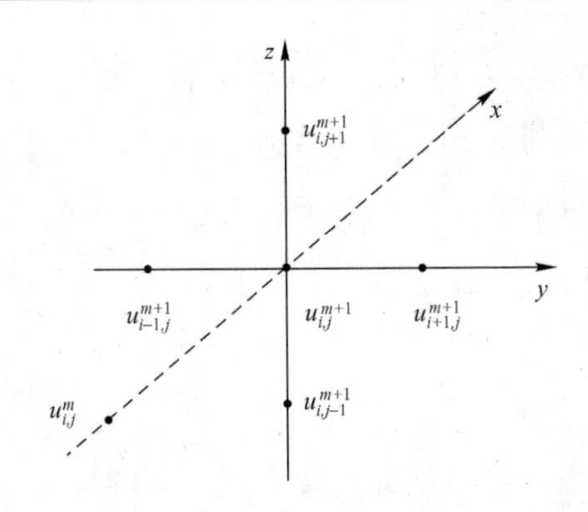

图 13.12　传统隐式解法所需网格节点的位置

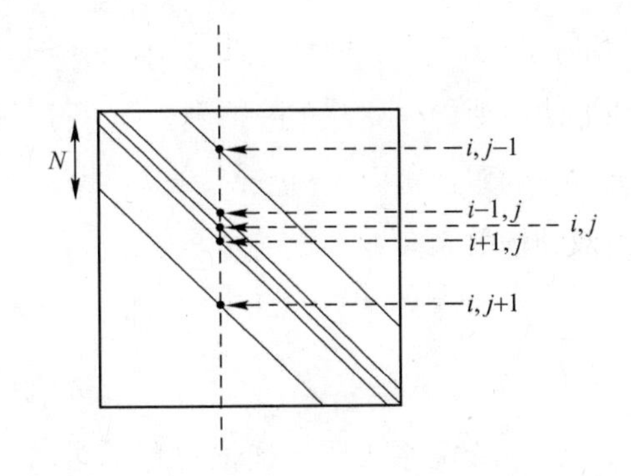

图 13.13　Dilichlet 情形下稀疏矩阵的结构

散射体上的其他类型边界条件会引入额外的非零矩阵元素。一般情况下，对横坐标的偏微分是耦合的，对矩阵不能进行显式的因式分解，则必须使用稀疏矩阵解法来求解该矩阵的逆。例如，重复使用共轭梯度法就是一种有效的解法[6,130]。我们希望找到如下线性系统的一个解 x

$$Ax = b \tag{13.45}$$

式中，A 是含有复系数的方阵；x 和 b 是复向量。

假定初始值为 x_0，我们通过下式来定义起始差值 r_0、s_0 和搜寻方向 p_0、q_0

$$r_0 = s_0 = p_0 = q_0 = b - Ax_0 \tag{13.46}$$

我们现在执行如下估计值 x_n 的递推构建过程

$$\begin{aligned}
\alpha_n &= \frac{\langle r_n, s_n \rangle}{\langle Ap_n, q_n \rangle} \\
r_{n+1} &= r_n - \alpha_n A p_n \\
s_{n+1} &= s_n - \alpha_n \overline{A}^T q^n \\
\beta_n &= \frac{\langle r_{n+1}, s_{n+1} \rangle}{\langle r_n, s_n \rangle} \\
p_{n+1} &= r_n + \beta_n p_n \\
q_{n+1} &= s_n + \beta_n q_n \\
x_{n+1} &= x_n + \alpha_n p_n
\end{aligned} \tag{13.47}$$

式中，$\overline{A}^T = (\overline{a}_{ji})$ 代表 $A = (a_{ij})$ 的共轭转置矩阵；$<,>$ 代表复内积。

由构建过程得知，如果 $i \neq j$，我们有以下正交关系

$$\langle r_i, s_j \rangle = 0$$
$$\langle r_i, q_j \rangle = 0 \tag{13.48}$$
$$\langle s_i, p_j \rangle = 0$$

及双共轭关系

$$\langle Ap_j, q_j \rangle = 0$$
$$\langle p_j, Aq_j \rangle = 0 \tag{13.49}$$

该正交关系表明，递推过程最多执行 N 步就必须停止，其中 N 为矩阵 A 的阶数。实际上，必须进行收敛性检验，当差值 r_n 足够小时就终止计算过程。循环次数依赖于假定的初始值的精确性。对于 PE 算法，使用抛物方程上一步的解作为下一步假定的初始值效果会比较好。循环次数依赖于散射体上边界条件的复杂程度，一般介于 50 到 100 次。

对于许多应用，距散射体非常远的横向平面上的积分区域必须得到扩展。因此，对于三维散射计算，所需的操作次数可能会变得无止境大。使用下述双步法可以充分地缩减运算时间。

13.4.2　双步法

我们将横向范围分成两个区域，一个目标周围的小区域 B 和一个外区域 A，如图 13.14 所示。在区域 B 里将使用精确的边界条件，而在区域 A 中使用近似方法。第一步，取距离 x 处的场，并将其传播到距离 $x+\Delta x$ 处，假设在该距离范围内不存在目标。既然在该区域内部没有需要满足的边界条件，则将三维传播算子分解成二维算子，并且这一步的矩阵求逆过程是比较快的。为了在区域 A 的外边界处进行区域截断，可以使用任何区域截断方法。理想匹配层特别适合于该应用。

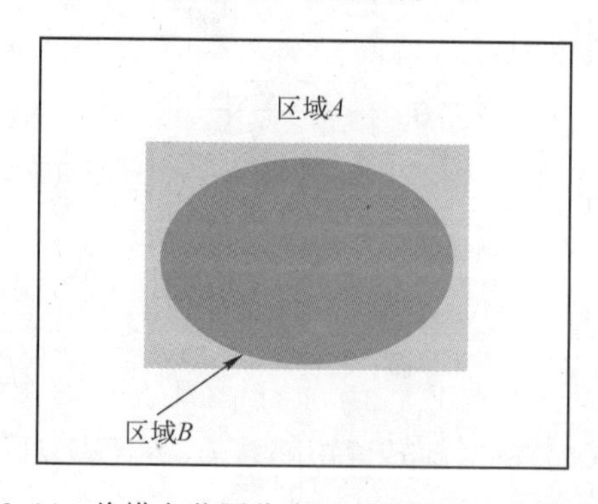

图 13.14　将横向范围分为两个区域：横向平面视图

取结果场作为区域 A 中距离 $x+\Delta x$ 处的解。我们现在重新计算区域 B 中的场，这次要算上目标。然而，通过使用第一步的值作为区域 B 边缘上的边界值，我们将积分区域仅仅限制在区域 B，如图 13. 15 所示。当然，由于区域 B 外边界上的值是近似值，所以这种方法将引入额外的误差。由于 PE 的近轴本质，只要选择合适的区域 A，该额外误差就可以忽略不计。

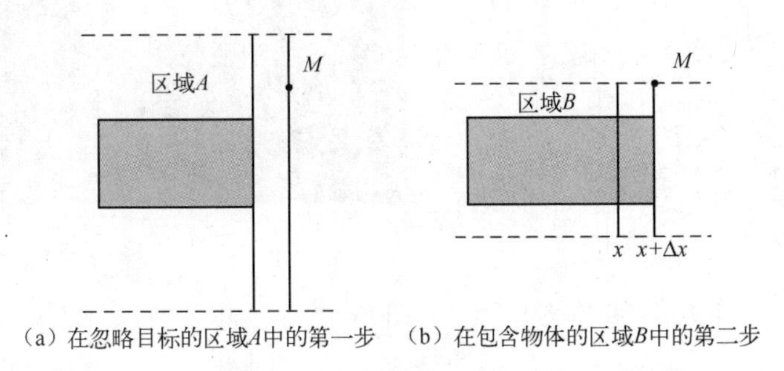

图 13. 15　三维仿真的双步法

对于远场应用，区域 A 的大小取决于是否有必要获得我们所感兴趣的角域中有意义的散射图样。一般，区域 A 取为横向平面中散射体最大直径的两到三倍。

13. 5　粗糙面模型

通过使用小平面替代方法，可用三维标量 PE 算法精确地建立某些类型粗糙面的模型[95,170,171]。我们考虑由矩形条构成的表面，如图 13. 16 所示。对每一个小平面应用边界条件，忽略边缘区域。该表面的粗糙度由沿法向的外平面的位置来衡量。通过实现所需参数的概率分布来构建随机平面。

图 13. 17 给出了边长为 1m 的光滑理想导电立方体的散射场，入射场为沿 x 正方向传播的波长为 10cm 且具有单位振幅的垂直极化平面波。这次仿真表示的是刚刚离开立方体的前向散射场。图 13. 18 所示的是由边长为 10cm 的正方形板块模拟构建的粗糙立方体的散射场。板块位移满足方差为 1. 5cm 的高斯分布。由粗糙表面引起的扰动是清晰可见的，在场的等高图中产生波纹。然而，随着场向前传播，这些扰动很快就消散了，并且它们对前向双站雷达截面不会产生任何影响。

如图 13. 19 所示，对于后向散射，情况是极其不一样的。该图给出了距相同立方体 10m 处的沿垂直中线的后向散射场。由于表面粗糙度，镜反射方向传播的后向散射能量极大地缩减了，并且在该种情形中，散射图样失去了对称性。

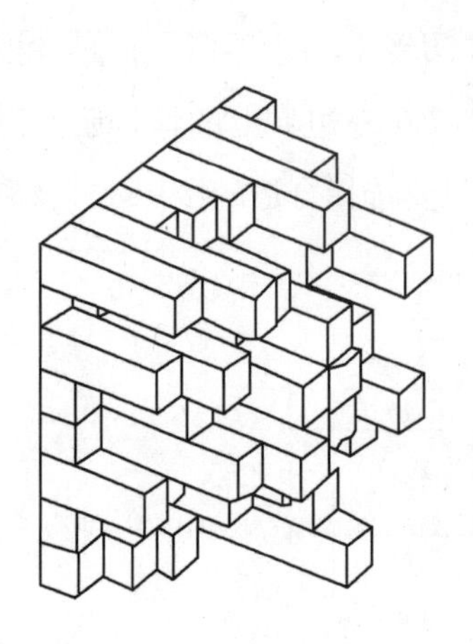

图 13.16　由矩形条模拟的清晰可见的粗糙面

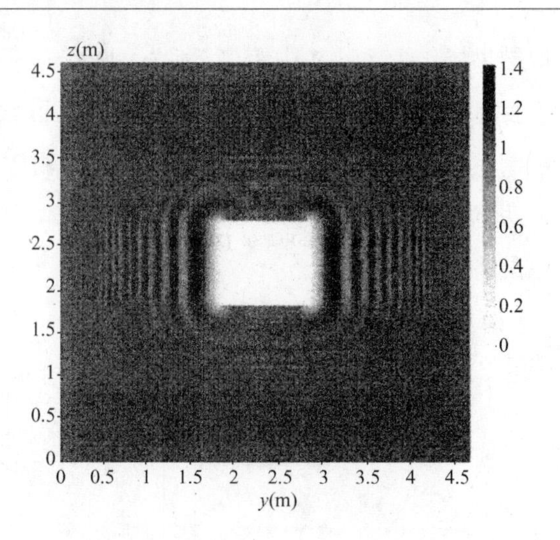

图 13.17　在边长为 1m 的光滑立方体后面 2m 处的散射场，入射波长为 10cm

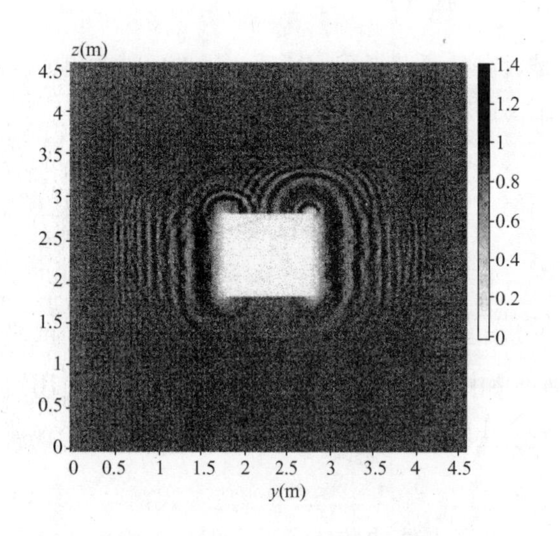

图 13.18　在边长为 1m 的粗糙立方体后面 2m 处的散射场，均方根粗糙度为 10cm

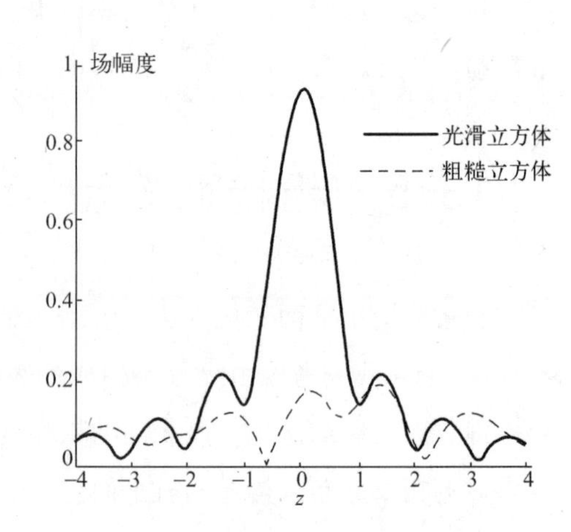

图 13.19　在距离光滑和粗糙立方体 10m 处的垂直中线上的后向散射值

13.6　建筑物散射

13.6.1　垂直入射

如图 13.20 所示，我们首先考虑垂直入射到一个矩形建筑物上的情形，暂且忽略地面的存在。在这种情况下，建筑物散射问题变得特别简单：计算过程从由建筑物表面上的反射场所给定的初始值开始，且该初始散射场只在真空中传播，将建筑物的法向作为近轴方向，这也是反射方向。在建筑物表面上应用合适的边界条件，由入射场获得反射场。使用变化的反射系数来模拟具体的建筑外貌。该例的源是一个 3GHz 的垂直极化全方位天线，其距建筑物 50m，离地高度 3m。矩形墙壁宽 4m，高 3m。

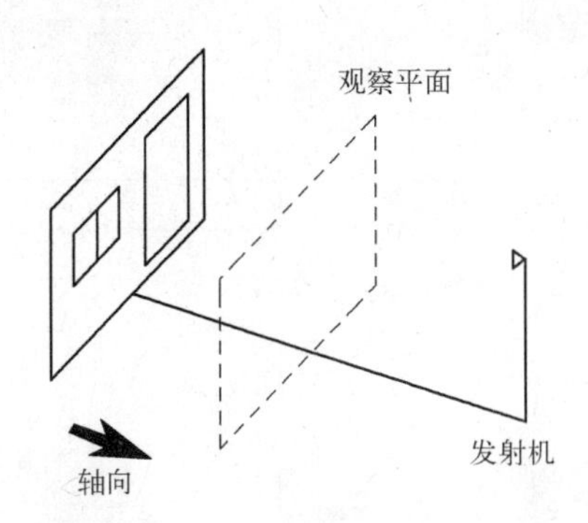

图 13.20　垂直入射情况下的建筑物散射仿真几何示意图

图 13.21 所示的是外形简单的建筑物对散射场产生的影响。该图给出了建筑物表面及距墙壁 10m 处横向平面上的散射场振幅的等值线图。用墙壁中心处的入射场对结果进行了归一化。考虑三种情形：一面没有外貌特征的墙，一面用反射系数为零的区域代替门和窗的墙，一面给门和窗加上边框的墙。砖墙的反射系数取为 0.3，而边框是理想导电的。和我们所期望的一样，没有边框的门和窗产生了大片散射场为零的区域，严重减少了整个散射场的能量。与之相比，金属边框修正了散射图样，但却引起了强烈的反射来填补零反射系数造成的反射空白。

13.6.2　斜入射

斜入射的情形是更具挑战性的，且需要将 Padé 方法结合起来[170,172]。图 13.22 所示的是该情形的几何示意图。自然，解决该问题的方法还是要选择反射方向作为近轴方向，如图 13.23 所示。但在该情形中，建筑物墙壁是作为积分区域边界的，而在垂直入射情形中，墙壁是用来修正初始场的。

对于该几何结构，由于场是沿镜面反射方向向前传播的，所以用边界条件来代替建筑物，且使用合适的反射系数来计算墙面上反射场的值。用 Padé -(1,1)方法可以容易地实现这种边界条件。然而，我们已经看到，使用这种方法时，边界的不连续性会引起波纹。幸运的是，一旦场离开建筑物，使用能够快速消除波纹的 Padé -(2,1)方法是没

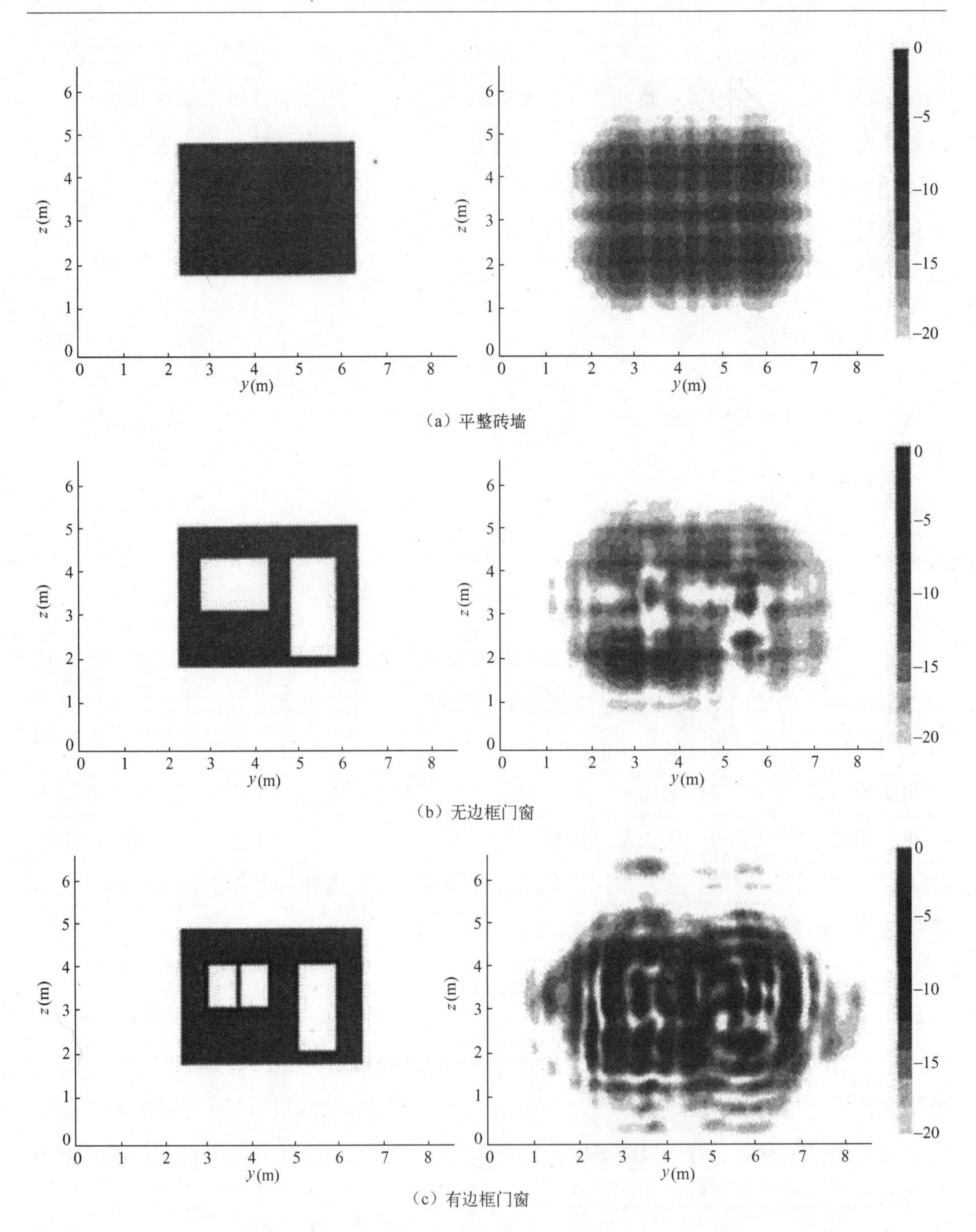

图 13.21　3GHz 垂直入射下建筑物外貌的影响，给出了平整砖墙、无边框门窗和有边框门窗情形下建筑物表面（左边）和离墙 10m 处（右边）的散射场振幅

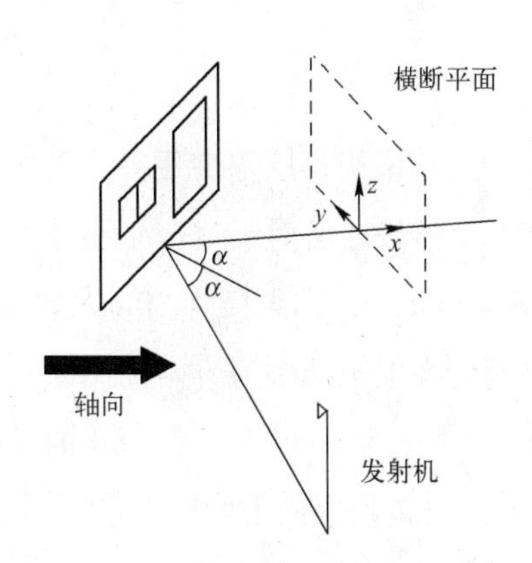

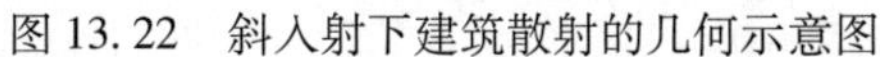
图 13.22　斜入射下建筑散射的几何示意图

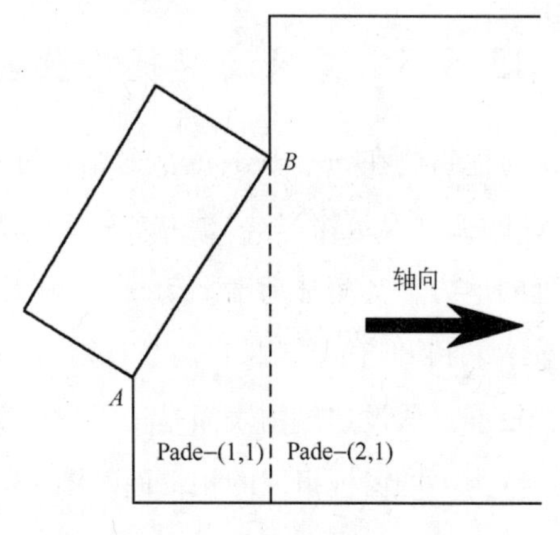

图 13.23　斜入射下使用 Padé 方法仿真建筑物散射的平面视图

有任何困难的。图 13.23 给出了进行斜入射仿真的平面视图，图中积分区域的边界用虚线来表示。使用 Padé－(1,1)方法从建筑物的左下角 A 开始积分，直到建筑物的右上角 B。在这个过程中，区域的上边界是建筑物墙壁 AB。B 之后，积分区域往上拓展，且使用 Padé－(2,1)方法。

图 13.24 所示的是坐标 $x=0$，$z=0.5$，$y=\pm 4$ 之间线段上的散射电场，给出了使用 Padé－(1,1)方法、Padé－(1,1)和 Padé－(2,1)相结合的方法及物理光学方法得到的结果。为了能够看得清楚，Padé－(1,1)方法的解下移了 5dB。用距发射天线 60m 处的自由空间路径损耗对结果进行了归一化。物理光学方法和混合 Padé－(1,1)/Padé－(2,1)方法的解是高度吻合的，而单纯的 Padé－(1,1)方法的解却是极其嘈杂的。

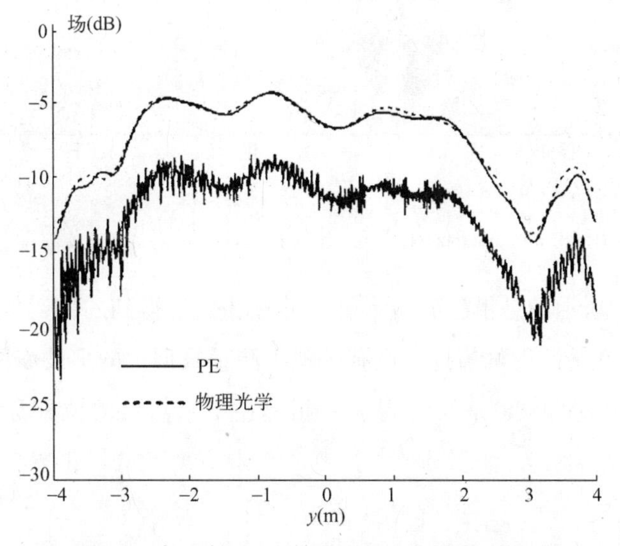

图 13.24　斜入射下 PE 结果和物理光学方法的对比

13.6.3　毫米波建筑物散射

对建筑物在 38GHz 时的散射结果进行测量来评估其量级，这里使用一个宽 16m、高 6.2m 的孤立建筑物[142]。建立如图 13.25 所示的实验场景。发射天线位于距建筑物 30m 远处的地方，其离地高度 1.7m。发射天线在同一高度处注，沿半径为 30m 的圆弧移动。测量结果和 PE 仿真结果进行了比对[170]。测量得到的发射天线辐射方向图用来对入射场进行校准。假设建筑物表面是一面由反射系数为 0.3 的砖墙、反射系数为 0 的玻璃及反射系数为 1 的窗框组成的粗糙面，图 13.26 给出了该建筑物表面上的散射场。

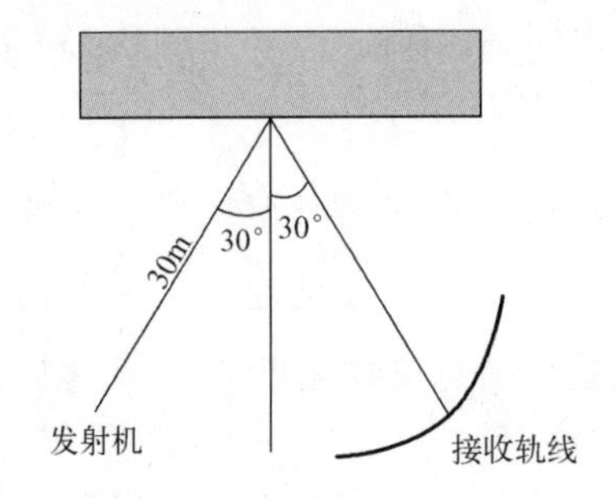

图 13.25　建立 38GHz 下建筑物散射测量实验的平面视图

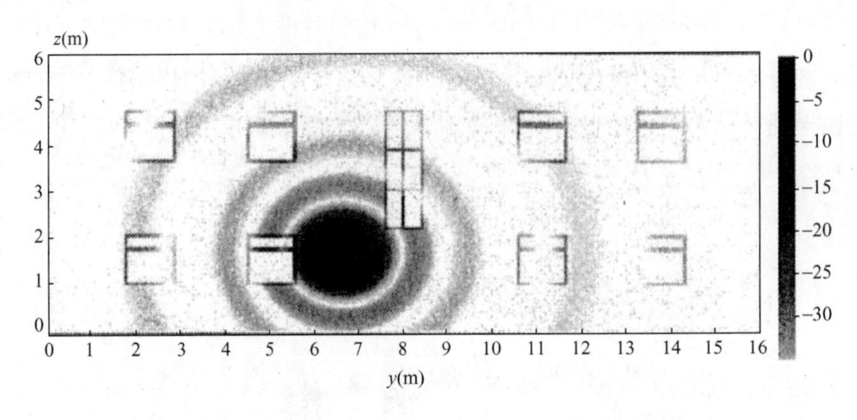

图 13.26　38GHz 入射下，建筑物墙面上散射场的 PE 仿真

图 13.27（a）所示的是粗糙面情形下，计算和测量得到的散射场。PE 结果高估了镜反射峰值，并且在镜反射峰值处，没有表现出测量数据中的多波瓣图像。其原因就是砖墙在 38GHz 入射波的照射下会变得非常粗糙：单个砖块的位移是 4mm 波长这个级别的。

译者注：应为“接收天线在同一高度处”。

我们进行一次更实际的仿真，将单个砖块看成长 17cm、宽 7cm 的长方形，其位移具有标准差为 1.5cm 的相同随机分步。图 13.27（b）给出了其结果。现在，镜反射峰值的量级和测量值吻合得很好，且也出现了多瓣现象，虽然没有测量结果变化得那么明显。我们得出结论：对于大型建筑物，使用三维标量 PE 方法可以非常精确地计算实际反射系数。

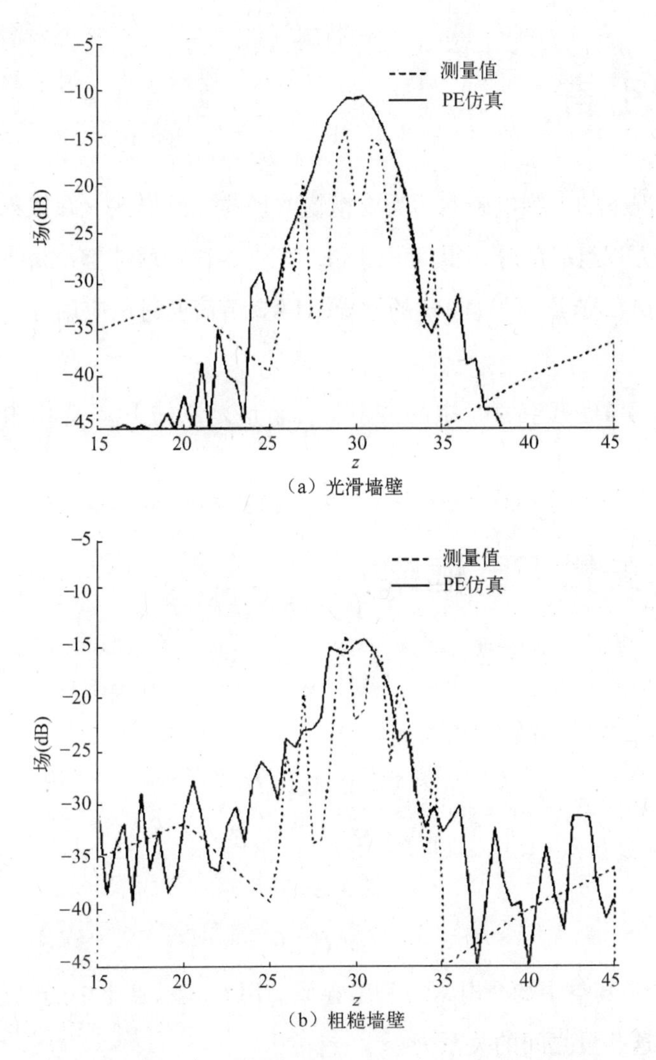

图 13.27　38GHz 下，光滑和粗糙墙壁测量值和 PE 仿真值的比较

第 14 章　矢量 PE

14.1　引言

处理一般情况下的三维电磁问题需要抛物方程的矢量形式。在散射体上通过合适边界耦合标量抛物方程组成部分，得到矢量 PE[173,174]，这样就能够准确处理近轴约束情况下的极化效应。14.2 节给出矢量 PE 的推导。14.3 节简要讨论应用方面的内容，14.4 节给出一些例子。

接下来，我们考虑真空背景中的散射目标，这是双站 RCS 应用中经常遇到的普遍情形。

14.2　矢量 PE 框架

我们设定时谐因子为 $\exp(-i\omega t)$，其中 ω 是角频率。在散射体外，电场量 $\boldsymbol{E}$ 和磁场量 $\boldsymbol{H}$ 满足麦克斯韦旋度和散度方程

$$\nabla \times \boldsymbol{E} = i\omega\mu_0 \boldsymbol{H} \tag{14.1}$$

$$\nabla \times \boldsymbol{H} = -i\omega\varepsilon_0 \boldsymbol{E} \tag{14.2}$$

$$\nabla \cdot \boldsymbol{E} = 0 \tag{14.3}$$

$$\nabla \cdot \boldsymbol{H} = 0 \tag{14.4}$$

式中 ε_0、μ_0 分别是真空中的介电常数和磁导率。用 C 表示真空中的光速，k 表示真空中波数，我们知道这些量之间的关系为

$$\omega = kC = \frac{k}{\sqrt{\mu_0 \varepsilon_0}} \tag{14.5}$$

根据前两个旋度方程，我们得到 $\boldsymbol{E}$ 和 $\boldsymbol{H}$ 的矢量波动方程

$$\nabla^2 \boldsymbol{E} + k^2 \boldsymbol{E} = 0 \tag{14.6}$$

$$\nabla^2 \boldsymbol{H} + k\boldsymbol{H} = 0 \tag{14.7}$$

我们求解的参数是电场 $\boldsymbol{E}$，如果需要，根据旋度方程（14.2）也可以获得磁场。我们用 $\boldsymbol{E}^i$ 和 $\boldsymbol{H}^i$ 表示散射体不存在情况下的场，用 $\boldsymbol{E}^s$ 和 $\boldsymbol{H}^s$ 表示散射场，即对应于散射引起的扰动

$$\boldsymbol{E}^s = \boldsymbol{E} - \boldsymbol{E}^i \tag{14.8}$$

$$\boldsymbol{H}^s = \boldsymbol{H} - \boldsymbol{H}^i \tag{14.9}$$

我们注意到，既然 $\boldsymbol{E}^i$ 和 $\boldsymbol{H}^i$ 在任何地方都满足于麦克斯韦方程组，则散射场在散射体外的区域内也满足于麦克斯韦方程组。使用笛卡儿直角坐标系 (x,y,z)，我们得到 $\boldsymbol{E}^s$ 分量 E_x^s、E_y^s、E_z^s 的三个标量波动方程。和标量情形中的一样，现在我们选择 x 为近轴方向，且定义 x 方向的简化散射场 $\boldsymbol{u}$ 为

$$\boldsymbol{u}^s = \mathrm{e}^{-ikx}\boldsymbol{E}^s \tag{14.10}$$

现在，我们来推导每个分量波动方程的一般抛物方程，从而得到 $\boldsymbol{u}^s$ 分量 (u_x^s, u_y^s, u_z^s) 的三个标量抛物方程。使用标准的 PE 近似，我们获得

$$\begin{cases} \dfrac{\partial^2 u_x^s}{\partial y^2}(x,y,z) + \dfrac{\partial^2 u_x^s}{\partial z^2}(x,y,z) + 2ik\dfrac{\partial u_x^s}{\partial x}(x,y,z) = 0 \\ \dfrac{\partial^2 u_y^s}{\partial y^2}(x,y,z) + \dfrac{\partial^2 u_y^s}{\partial z^2}(x,y,z) + 2ik\dfrac{\partial u_y^s}{\partial x}(x,y,z) = 0 \\ \dfrac{\partial^2 u_z^s}{\partial y^2}(x,y,z) + \dfrac{\partial^2 u_z^s}{\partial z^2}(x,y,z) + 2ik\dfrac{\partial u_z^s}{\partial x}(x,y,z) = 0 \end{cases} \tag{14.11}$$

为了在散射体上施加边界条件及式（14.4）所示的散度为零的条件，现在这些方程还必须是耦合的。我们首先考虑理想导电散射体。连续性条件表明，散射体表面上的切向电场必须为零，或者说电场必须平行于表面的法向。就 $\boldsymbol{E}^s$ 而言，得到非齐次矢量方程

$$\boldsymbol{n}(P) \times \boldsymbol{E}^s(P) = -\boldsymbol{n}(P) \times \boldsymbol{E}^i(P) \tag{14.12}$$

式中，P 是散射体表面上的一点，$\boldsymbol{n}(P) = (n_x, n_y, n_z)$ 是表面上点 P 处的外法向。

对于简化散射场 $\boldsymbol{u}^s$，我们获得如下方程组

$$\begin{cases} n_z u_y^s(P) - n_y u_z^s(P) = -\mathrm{e}^{-ikx}(n_z E_y^i(P) - n_y E_z^i(P)) \\ n_x u_z^s(P) - n_z u_x^s(P) = -\mathrm{e}^{-ikx}(n_x E_z^i(P) - n_z E_x^i(P)) \\ n_y u_x^s(P) - n_x u_y^s(P) = -\mathrm{e}^{-ikx}(n_y E_x^i(P) - n_x E_y^i(P)) \end{cases} \tag{14.13}$$

在二维情形中，由于只需求解出与横坐标 y 无关的 E_y^s 或 H_y^s，所以场自动是无散的。对于三维问题，这不再正确，必须确保我们的解确实是无散的。使用标准抛物方程来估算距离微分，我们得到简化散射场仅就横断面内坐标而言的具有以下形式的无散条件

$$\frac{i}{2k}\left(\frac{\partial^2 u_y^s}{\partial z^2}+\frac{\partial^2 u_z^s}{\partial z^2}\right)+iku_x^s+\frac{\partial u_y^s}{\partial z}(P)+\frac{\partial u_z^s}{\partial z}(P)=0 \tag{14.14}$$

使用能量守恒定律，可以表明，如果将式（14.14）所示的PE无散条件施加到边界上，它将处处得到满足。附录D给出了证明过程。

因此，对于散射体表面上的点P，我们将以下散度方程加入方程组（14.13）中

$$\frac{i}{2k}\left(\frac{\partial^2 u_y^s}{\partial z^2}(P)+\frac{\partial^2 u_z^s}{\partial z^2}(P)\right)+iku_x^s(P)+\frac{\partial u_y^s}{\partial z}(P)+\frac{\partial u_z^s}{\partial z}(P)=0 \tag{14.15}$$

实际上，这个方程对于获得完整的方程组来说是必需的，因为方程组（14.13）的秩仅为2。

可用类似的方法处理散射体上的更加一般的边界条件。假设Leontovich边界条件成立[82,141]。那么，该边界条件由本地表面阻抗给出，按以下形式

$$\boldsymbol{n}\times\boldsymbol{E}(p)=Z(p)\boldsymbol{n}\times\{\boldsymbol{n}\times\boldsymbol{H}(p)\} \tag{14.16}$$

式中，$Z(P)$是散射体在点P处的阻抗。阻抗Z定义为

$$Z=\sqrt{\frac{\mu}{\eta}} \tag{14.17}$$

式中，μ是磁导率；η是散射体的复介电常数。写作

$$\eta=\varepsilon+i\frac{\sigma}{\omega} \tag{14.18}$$

式中，ε是介电常数；σ是电导率。我们有

$$\frac{Z}{i\omega\mu}=\frac{1}{ik}\sqrt{\frac{\mu}{\mu_0}}\sqrt{\frac{\varepsilon_0}{\eta}} \tag{14.19}$$

假设散射体有真空的磁导率，我们得到

$$\frac{Z}{i\omega\mu}=\frac{1}{ik\sqrt{\eta_r}} \tag{14.20}$$

其中

$$\eta_r=\frac{\eta}{\varepsilon_0}=\frac{\varepsilon}{\varepsilon_0}+i\frac{\sigma}{\varepsilon_0\omega} \tag{14.21}$$

是相对复介电常数。使用旋度方程式（14.2），我们得到一个只用$\boldsymbol{E}$表示的方程，如以下形式所示

$$\boldsymbol{n}\times\boldsymbol{E}=\frac{1}{ik\sqrt{\eta_r}}\boldsymbol{n}\times\{\boldsymbol{n}\times(\nabla\times\boldsymbol{E})\} \tag{14.22}$$

简化方程右边外部的双重乘积，我们得到

$$\boldsymbol{n}\times\boldsymbol{E}=\frac{1}{ik\sqrt{\eta_r}}\{\boldsymbol{n}\cdot(\nabla\times\boldsymbol{E})\boldsymbol{n}-\nabla\times\boldsymbol{E}\}\tag{14.23}$$

使用 SPE 算法，通过消除旋度中的距离导数，可以获得仅用横断面坐标表示的方程组。和前面一样，我们需要无散条件来获得秩为 3 的方程组。由于表面阻抗可随散射体变化，所以最终算法是非常灵活的。

14.3　应用

数值应用是标量情形的直接普遍化。由于标量分量通过不可分离的边界条件耦合，所以算法过程的每一步都需要对稀疏矩阵求逆。13.4.1 节中介绍的共轭梯度法将会被用到。实际上，矢量情形中的运算需要的条件比标量情形更加苛刻。13.4.2 节的双向方法可以处理这个问题，通过将稀疏矩阵的求解限制在包含散射体的一个小的横断区域内。

与标量情形中一样，我们可以旋转近轴方向来求解所期望角域内的散射场。通过附录 B 中的近远场关系来获得双站雷达截面。散射体外横向平面上的场用来获得水平面和垂直面上的图样。通过绕合适的轴旋转散射体来获得完整的散射图样。

14.4　算例

14.4.1　双站散射几何图形

在下面的例子中，我们假设入射电场平行于 z 轴。水平面和垂直面上的散射图样对应于和入射波极化方式有关的不同的坐标轴。对于水平极化入射波，用横向平面 y 方向上的结果获得垂直平面上的散射图样，用 z 方向上的结果获得水平面上的散射图样，如图 14.1 所示。对于垂直极化，情况正好相反，如图 14.2 所示。

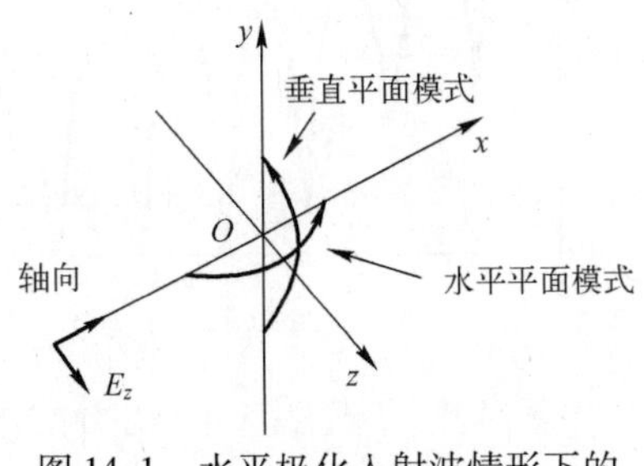

图 14.1　水平极化入射波情形下的散射几何示意图

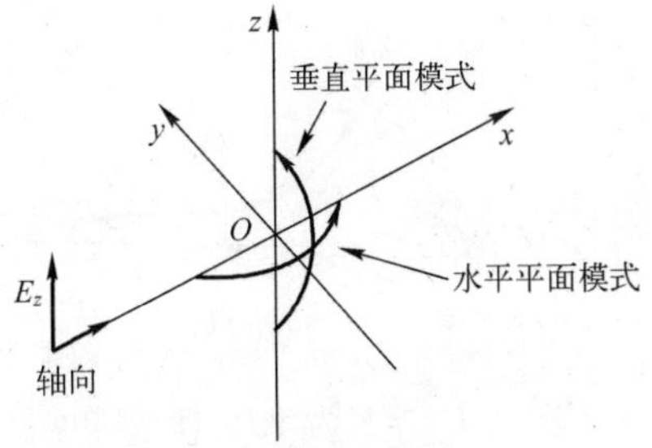

图 14.2　垂直极化入射波情形下的散射几何示意图

14.4.2　圆柱体

与二维情形下的标量 PE 结果作对比，提供对矢量 PE 的有趣验证。我们考虑波长为 λ 的垂直极化平面波入射到半径为 5λ 的理想导电圆柱体上。图 14.3 给出了几何示意图。通过求解磁场分量 H_y，我们可以把这个问题看成一个标量问题，或者通过求解电场分量 E_x、E_z，将其看成一个矢量问题。

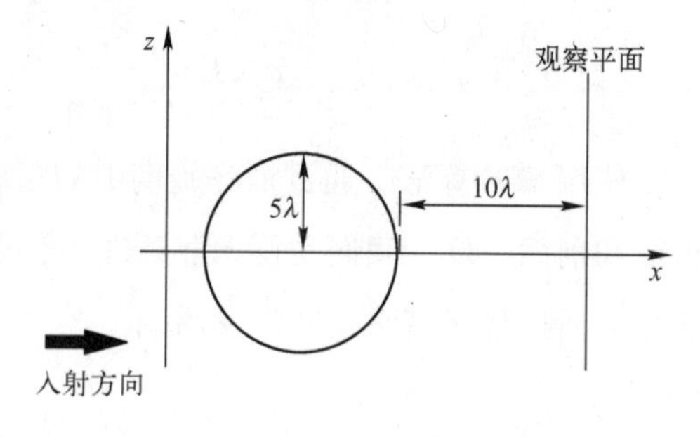

图 14.3　平面波入射到理想导电圆柱体上

图 14.4 给出了位于圆柱体后 10 个波长远处的横向平面上的前向散射近场结果。使用标准的 PE 算法获得 H_y 的标量 PE 结果，然后对其求数值微分，由旋度方程式（14.2）计算得到 E_x 和 E_z。这种情形下的矢量 PE 结果不需要全三维仿真，因为场和 y 无关。使用单向方法，在整个区域里对稀疏矩阵求逆是易处理的。标量和矢量 PE 的结果也几乎是一样的。但是，PE 结果本质上不同于基于汉克尔函数和余弦函数展开得到的理论解[24]。这是因为使用了窄角 PE 算法。近场结果不能准确地体现宽角衍射。例如，圆柱体底部和顶部衍射场之间的干涉不能被精确地模拟。但这不会影响远场结果。图 14.5 所示的是由理论及前向散射标量和矢量 PE 通过单前向散射计算得到的双站 RCS 结果。归一化时假设波长为 1m。图 14.5 给出了从近轴方向直到 45°的结果。直到大约 25°都是相当吻合的，这就证明近场结果包含准确的窄角部分。

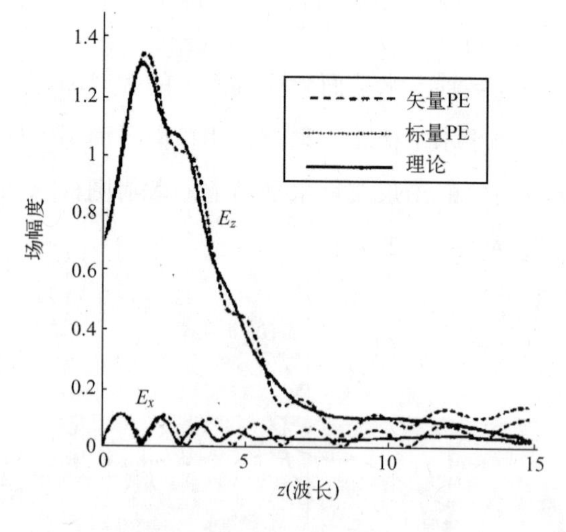

图 14.4　半径为 5λ 的理想导电圆柱体的近场结果

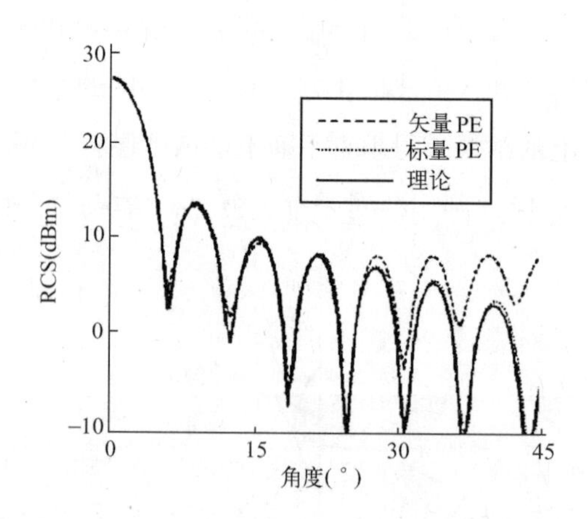

图 14.5　半径为 5λ 的理想导电圆柱体的双站 RCS 结果

14.4.3　球体

与由 Mie 展开[24]得到的理论解相比较，理想导电球体可用来对散射算法进行很好的测试。我们假设入射场为朝 x 正方向传播的垂直极化平面波。于是，入射场平行于 z 轴，有

$$E_z = e^{ikx} \tag{14.24}$$

我们来看不同半径理想导电球体的矢量 PE 结果。图 14.6 和图 14.7 所示的是半径为 10λ 的球体利用单前向散射计算在水平面和垂直面上的图形。在窄角 PE 的精确度范围内，PE 与理论结果的吻合度是非常高的。图 14.8、图 14.9 和图 14.10 所示的是半径分别为 5λ、λ 和 λ/4 的球体在水平面和垂直面上的完整图形。每一幅图都运行了七次旋转 PE，每次覆盖 30°的角域。

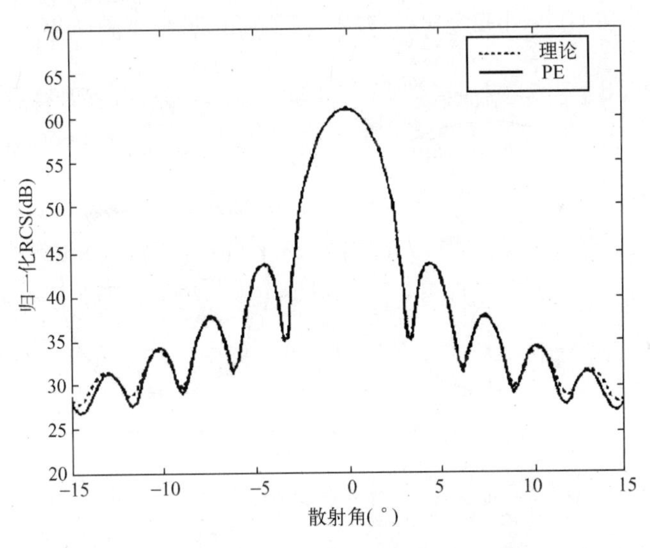

图 14.6　半径为 10λ 的球体在水平面上的归一化总双站 RCS

对于半径为 5λ 的球体，PE 结果和理论值是高度吻合的。当半径和波长可比拟时，PE 近似便失去了准确性，和我们期望的一样，这是因为它不能表示出绕散射体周围传播的表面波。这不是窄角效应，因而受近轴近似的本质限制。对于半径为 λ 的球体，结果仍然是可以接受的，但对于半径为 λ/4 的球体，该方法明显是失败的。

矢量 PE 方法已经被应用到了良导体上[171]。对于具有表面阻抗边界条件的球体，可使用 Mie 级数解[141]。我们注意到该解不同于使用涉及表面切向场连续的精确边界条件下得到的解。这在应用中是一个合适的参考，因为我们的目的是测试矢量 PE 方法的准确性，而不是 Leontovich 边界条件。

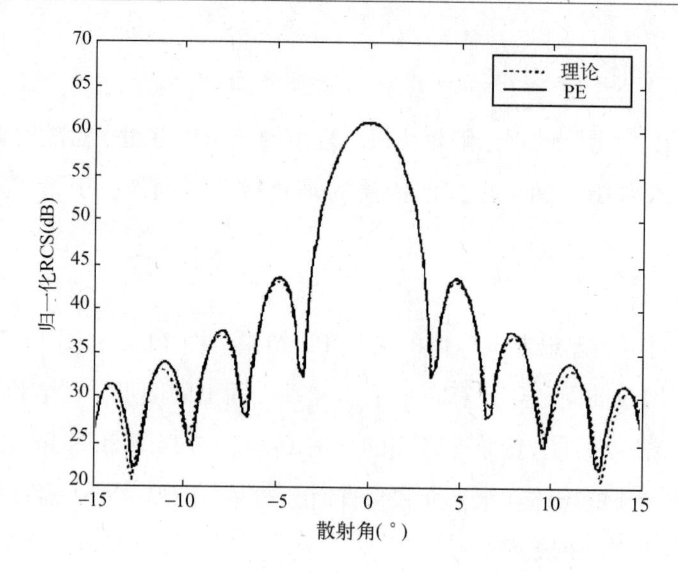

图 14.7　半径为 10λ 的球体在垂直面上的归一化双站 RCS

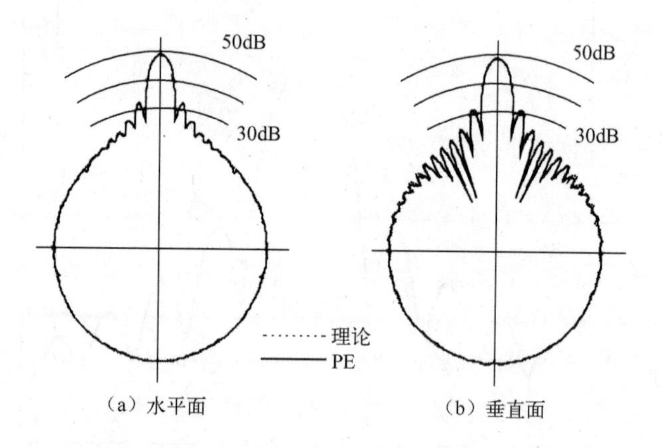

图 14.8　半径为 5λ 的理想导电球体在水平面和垂直面上的归一化双站 RCS

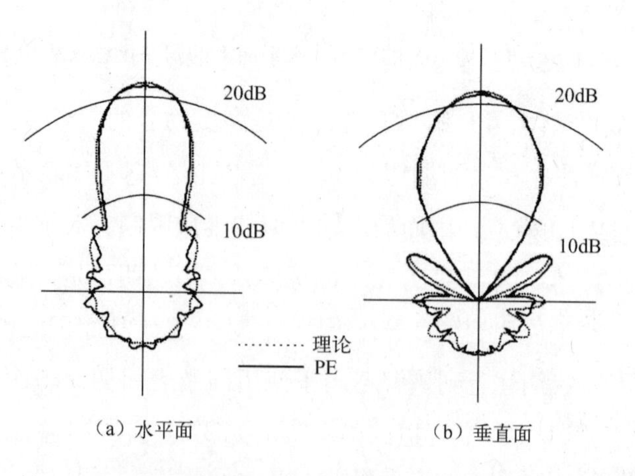

图 14.9　半径为 λ 的理想导电球体在水平面和垂直面上的归一化双站 RCS

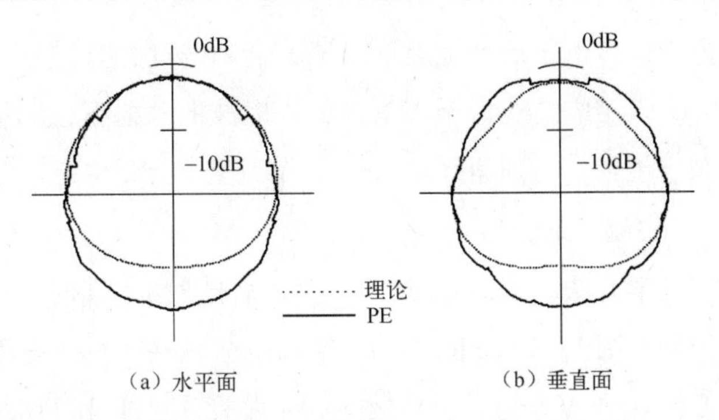

图 14.10　半径为 λ/4 的理想导电球体在水平面和垂直面上的归一化双站 RCS

我们考虑一个半径为 5λ 的球体，其相对介电常数为 $\varepsilon_r = 3.84$，电导率为 $\sigma = 0.027\text{S/m}$。入射波频率为 0.3GHz，相应的波长为 1m。在这个频率上，球体内部的相对折射指数等于 $2 + 0.04i$。图 14.11 所示的是该情形下水平面和垂直面上的散射图形。它们与相同半径理想导电球体的结果（见图 14.8）相当不同。特别是后向散射截面减小到 13dB/m^2，而对于理想导体情形是 19dB/m^2。矢量 PE 解和表面阻抗解析结果具有很好的吻合度，除了垂直面图形上 60°附近的深零点外。在那个角度上的散射场是如此微弱，以至于来自区域边缘的寄生反射变得明显。

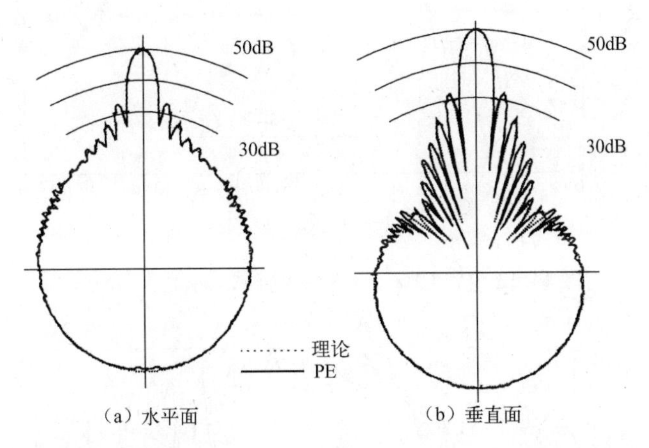

图 14.11　半径为 5λ 的良导电球体（$n = 2 + 0.04i$）在水平面和垂直面上的归一化双站 RCS

14.4.4　NASA 杏仁

如图 14.12 所示的 NASA 杏仁是一种著名的测试散射算法的目标情形[166]。目标的最大尺寸是 25.2cm。杏仁极其扁平的形状及电小尺寸的尖端使得其很难用抛物方程算法来仿真。此外，已经公布的结果仅仅是对于 PE 方法来说最有压力的后向

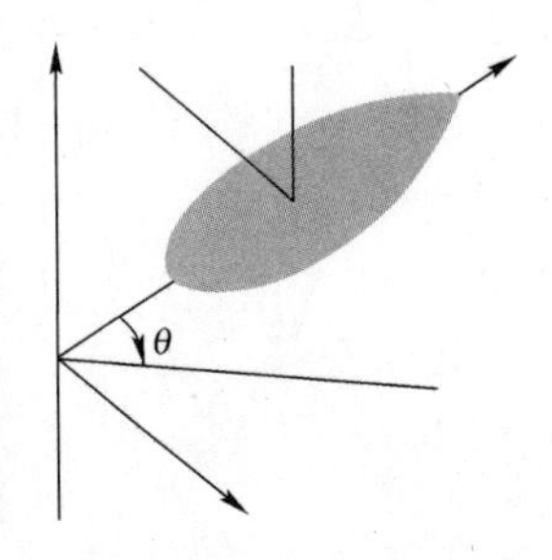

图 14.12　NASA 杏仁

散射情形。在某些方面，该例子清晰地展示出了矢量 PE 方法的局限性。

在频率为 9.92GHz，相应波长为 3.022cm 的入射波的照射下，测量 NASA 杏仁的单站 RCS。用宽侧面来定位杏仁。仰角固定为 0°，作为图 14.12 中方位角 θ 的函数来测量 RCS。0°方位角对应于尖端入射。

用后向散射物理光学方法[24]来进行对比。对于后向散射情形，PO 公式简化为运算速度非常快的标量积分。图 14.13 和图 14.14 给出了分别在 VV 极化和 HH 极化情形下计算得到的 NASA 杏仁单站 RCS 与方位角之间的函数关系。PE 和 PO 结果非常不同于测量值。从侧面（方位角为 90°）观测该杏仁，该模型表现得相当好，但当视角向尖端移动时，却越来越不准确。由于目标相对于波长来说是大的，这种情况对于 MOM 算法来说当然也是有压力的[166]。原则上，一台足够强大的计算机是能够算出精确的 MOM 解的，但是，对于 PE 和 PO 方法来说，由于其本质上的局限性却做不到这一点。

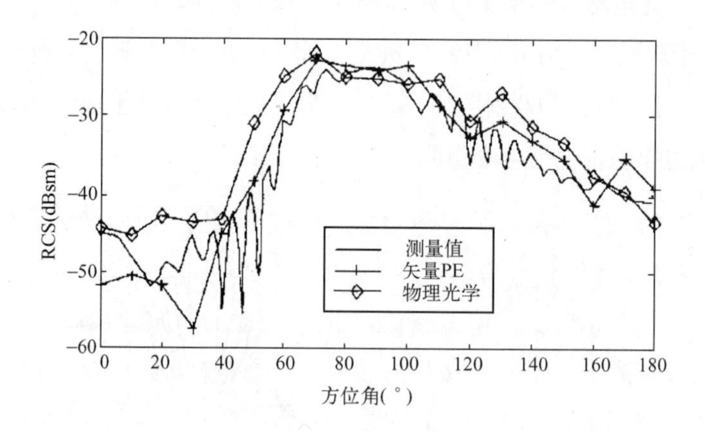

图 14.13　9.9GHz 下，NASA 杏仁的单站 VV RCS

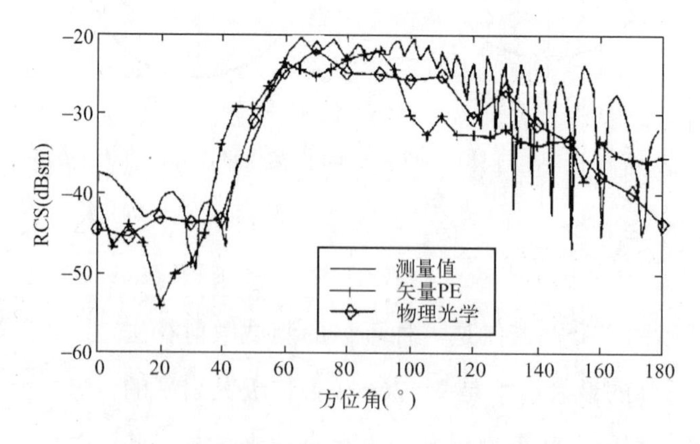

图 14.14　9.9GHz 下，NASA 杏仁的单站 HH RCS

14.4.5　F117 飞机

矢量 PE 的主要优点之一就是它可以在一台台式机上处理非常大的目标。我们用 F117 隐形飞机的理想化模型来说明这一点，如图 14.15 所示。在这里，应该注意到，PE 方法不需要把目标剖分成具有规则形状的基元，而是可以直接处理任意形状的目标，如具有标准 CAD 格式的目标。飞机的长度为 20.08m。

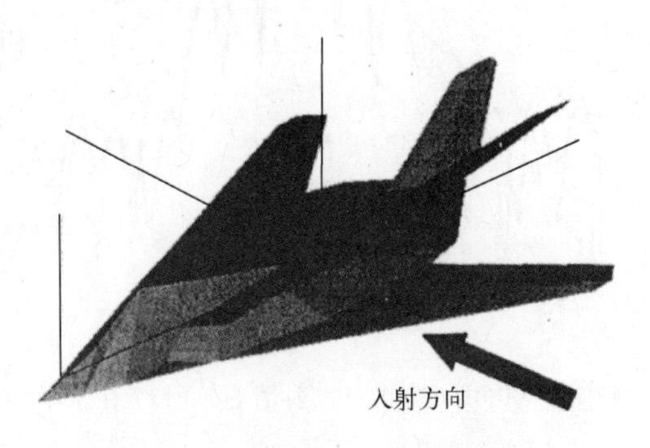

图 14.15　理想的 F117 飞机形状

我们考虑侧向入射，即入射方向和目标主轴垂直，如图 14.15 所示。入射波是垂直极化波。图 14.16 给出了入射频率为 400MHz 时水平面上的前向双站 RCS 结果。从入射波的方向来测量角度。VV 极化和 HH 极化下的矢量 PE 结果都给出来了。出于对比的目的，也根据文献［52］的方法使用了“阴影”物理光学方法来计算前向双站 RCS。这种方法将目标作为二维形状来处理，因此失去了三维特性和极化效应。和我们所期望的一样，与极化无关的“阴影”PO 结果位于两条 PE 曲线之间。图 14.17 给出了入射频率为

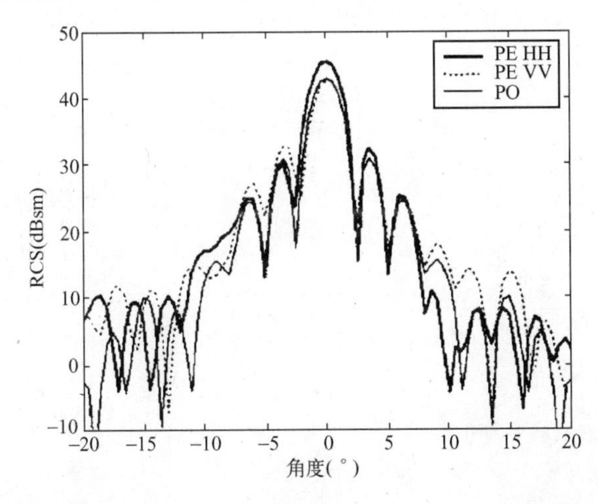

图 14.16　对于入射频率为 400MHz 的侧向入射情形，F117 在水平面上的前向双站 RCS

800MHz 时类似的结果。在一台 200MHz 的奔腾机器上，这些运行过程的计算时间对于 400MHz 的情形是 40 分钟，对于 800MHz 的情形是 100 分钟。

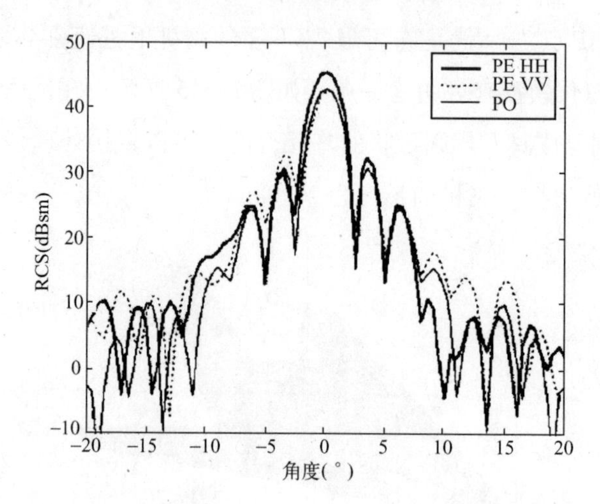

图 14.17　对于入射频率为 800MHz 的侧向入射情形，F117 在水平面上的前向双站 RCS

附录A 艾里函数

A.1 艾里微分方程

艾里微分方程

$$f''(z)=zf(z) \tag{A.1}$$

此方程的解为复变量 z 的函数。任何解均为艾里函数 Ai 及 Bi 的线性组合。艾里函数 Ai 及 Bi 有如下的泰勒展开（对于所有的 z 有效）

$$Ai(z)=Ai(0)\sum_{j=0}^{\infty}\frac{1\times 4\times\cdots\times(3j-2)}{3j!}z^{3j}-Ai'(0)\sum_{j=0}^{\infty}\frac{2\times 5\times\cdots\times(3j-1)}{(3j+1)!}z^{3j+1} \tag{A.2}$$

$$Bi(z)=Bi(0)\sum_{j=0}^{\infty}\frac{1\times 4\times\cdots\times(3j-2)}{(3j)!}z^{3j}+Bi'(0)\sum_{j=0}^{\infty}\frac{2\times 5\times\cdots\times(3j-1)}{(3j+1)!}z^{3j+1} \tag{A.3}$$

式中

$$Ai(0)=\frac{1}{3^{2/3}\Gamma\left(\frac{2}{3}\right)},\quad Ai'(0)=-\frac{1}{3^{1/3}\Gamma\left(\frac{1}{3}\right)} \tag{A.4}$$

$$Bi(0)=\frac{1}{3^{1/6}\Gamma\left(\frac{2}{3}\right)},\quad Bi'(0)=\frac{3^{1/6}}{\Gamma\left(\frac{1}{3}\right)} \tag{A.5}$$

这里的 Γ 为伽马函数。$Ai(x)$ 和 $Bi(x)$ 的朗斯基行列式 $W(Ai,Bi)$ 是 $\frac{1}{\pi}$。

艾里方程解的进一步的内容可以查阅文献［117］中的2、4、11章节。解在无限远处的数值特点取决于所考虑的角域。对于角域 $-\pi+\varepsilon<phase(z)<\pi-\varepsilon$，其中 $phase(z)$ 代表 z 的相位，ε 为介于0到 π 之间的任意常数。艾里函数对于较大的 $|z|$ 的渐近解的首项

$$Ai(z)\sim\frac{1}{2\sqrt{\pi}z^{1/4}}\exp\left(-\frac{2}{3}z^{\frac{3}{2}}\right) \tag{A.6}$$

类似的，只要 z 的角域位于 $-\frac{2\pi}{3}+\varepsilon<phase(z)<\frac{4\pi}{3}-\varepsilon$，我们可以得到

$$Ai(z\mathrm{e}^{-i\pi/3})\sim\frac{\mathrm{e}^{i\pi/12}}{2\sqrt{\pi}}\exp\left(\frac{2i}{3}z^{\frac{3}{2}}\right)\tag{A.7}$$

以及 z 的角域位于 $-\frac{4\pi}{3}+\varepsilon<phase(z)<\frac{2\pi}{3}-\varepsilon$，可以得到

$$Ai(z\mathrm{e}^{i\pi/3})\sim\frac{\mathrm{e}^{-i\pi/12}}{2\sqrt{\pi}}\exp\left(-\frac{2i}{3}z^{\frac{3}{2}}\right)\tag{A.8}$$

对于（A.7）与（A.8）中的任意常数 ε，位于区间$(0,2\pi/3)$。函数

$$w_1(z)=Ai(z\mathrm{e}^{2i\pi/3}),\quad w_2(z)=Ai(z\mathrm{e}^{-2i\pi/3})\tag{A.9}$$

同样是艾里方程的两个不相关的解。式（A.7）及式（A.8）表明艾里方程的解 w_1 代表向外传播的行波，w_2 代表向内传播的行波。

A.2　艾里函数的零点

艾里函数 Ai 的零点为均负的实数，将零点序列表示为$(a_j)_{j=1}^{\infty}$，零点的渐近特性为[117]

$$a_j\sim-\left(\frac{3\pi}{8}(4j-1)\right)^{2/3},\quad j\to+\infty\tag{A.10}$$

现在我们来推导线性媒质中非本地边界条件的卷积核及第8章中应用的等式

$$\sum_{j=1}^{\infty}\frac{1}{{a_j}^2}=\left(\frac{Ai'(0)}{Ai(0)}\right)^2\tag{A.11}$$

由第8章可知：如果 f 在零处的值存在，且有

$$|f(z)|\leqslant K\mathrm{e}^{|z|_\rho}\tag{A.12}$$

式中，K、ρ 为常数，则 f 有如下因式分解

$$f(z)=\mathrm{e}^{Q(z)}\prod_{j=1}^{\infty}\left\{\left(1-\frac{z}{z_j}\right)\mathrm{e}^{z/z_j}\right\}\tag{A.13}$$

式中，Q 为多项式的幂数且$\leqslant\rho$；z_j 为 f 的零点。

从式（A.7）、式（A.8）的渐近等式可以看出

$$|A_i(z)|<K\exp(|z|^{3/2})\tag{A.14}$$

因此将式（A.12）应用于 Ai，多项式幂数 Q 最大为1。由于 Ai 的零点比较简单[117]及 Q' 为一个常数，因此有

$$\frac{Ai'(z)}{Ai(z)}=\frac{Ai'(0)}{Ai(0)}+\sum_{j=1}^{\infty}\frac{z}{a_j(z-a_j)} \tag{A.15}$$

从式（A.13）可以看出序列收敛。注意到艾里函数 Ai 的零点的渐近特点，如等式（A.10）给出的情况。将式（A.15）除以 z，有 $H(z)=Ai'(z)/[zAi(z)]$ 的逆拉普拉斯变换 h

$$h(x)=\frac{Ai'(0)}{Ai(0)}+\sum_{j=1}^{\infty}\frac{e^{a_jx}}{a_j} \tag{A.16}$$

式（8.27）定义的卷积核函数 g_a，适用于线性媒质中非本地边界条件的情形，可以很容易地从上述表达式得出。由于艾里函数满足艾里微分方程，所以对等式（A.15）微分有

$$z-\left(\frac{Ai'(z)}{Ai(z)}\right)^2=\sum_{j=1}^{\infty}\left(\frac{1}{a_j(z-a_j)}-\frac{z}{a_j\,(z-a_j)^2}\right) \tag{A.17}$$

附录 B　远场表达式

B.1　二维的情形

在第 2 章，我们可以看到，二维抛物方程在真空中的解在 $x_0 \leqslant x$ 情形下有如下卷积

$$u(x,z) = \int_{-\infty}^{+\infty} u(x_0, z') g(x - x_0, z - z') \mathrm{d}z' \tag{B.1}$$

式中，函数 $g(x,z)$ 是轴向传播因子 $\mathrm{e}^{-ikx(1-S)}$ 的逆傅里叶变换。

前向传播的均方根 S 由下式给出

$$S(p) = \begin{cases} \sqrt{1 - \dfrac{4\pi^2 p^2}{k^2}} & |p| \leqslant \dfrac{k}{2\pi} \\ i\sqrt{\dfrac{4\pi^2 p^2}{k^2} - 1} & |p| > \dfrac{k}{2\pi} \end{cases} \tag{B.2}$$

现在我们来证明 g 是第一类一阶汉克尔函数 $H_1^{(1)}$ 的表达式，即

$$g(x,z) = \frac{ikx}{2\sqrt{x^2 + z^2}} \mathrm{e}^{-ikx} H_1^{(1)}(k\sqrt{x^2 + z^2}) \tag{B.3}$$

从文献［103］可以知道：第一类零阶汉克尔函数可以表达为

$$H_0^{(1)}(k\sqrt{x^2 + z^2}) = 2\int_{-\infty}^{+\infty} \frac{\exp[ikxS(p)]}{kS(p)} \mathrm{e}^{2i\pi pz} \mathrm{d}p \tag{B.4}$$

也就是说，函数

$$F(x,p) = 2\frac{\exp[ikxS(p)]}{kS(p)} \tag{B.5}$$

的逆傅里叶变换为 $f(x,z) = H_0^{(1)}(k\sqrt{x^2 + z^2})$。

这也可由格林函数的形式来理解。由于 $f(x,z)$ 是二维波动方程前向行波解，所以满足

$$\frac{\partial f}{\partial x} = i\sqrt{\frac{\partial^2}{\partial z^2} + k^2 f} \tag{B.6}$$

考虑到
$$H_0^{(1)}{}'(\varsigma) = -H_1^{(1)}(\varsigma) \tag{B.7}$$

对式（B.4）两边对 x 进行微分，可以得到

$$\frac{i}{2}\frac{kx}{\sqrt{x^2+z^2}}H_1^{(1)}(k\sqrt{x^2+z^2}) = \int_{-\infty}^{\infty} \mathrm{e}^{ikxS(p)}\mathrm{e}^{2i\pi pz}\mathrm{d}p \tag{B.8}$$

两边同乘以 e^{-ikx}，我们可以得到式（B.3）。

现在我们写出任意距离 x 上的真空中的 PE 方程的解，它是距离 $x_0 < x$ 上解的函数，即

$$u(x,z) = \frac{ikx}{2}\mathrm{e}^{-ik(x-x_0)}\int_{-\infty}^{+\infty} u(x_0,z)\frac{H_1^{(1)}(k\rho(z'))}{\rho(z')}\mathrm{d}z' \tag{B.9}$$

式中，
$$\rho(z') = \sqrt{(x-x_0)^2+(z-z')^2} \tag{B.10}$$

这也正是第2章所列的结果。

B.1.1 远场公式

当(x,z)沿着给定的方向趋向于无限远时，对于$u(x,z)$我们寻求一个有限制条件的表达式。有

$$\begin{cases} x = r\cos\theta \\ z = r\sin\theta \end{cases} \tag{B.11}$$

对于任意的 z'，有

$$\rho(z') = r - x_0\cos\theta - z'\sin\theta + O\left(\frac{z'^2}{r}\right) \tag{B.12}$$

利用汉克尔函数的渐近表达式

$$H_1^{(1)}(k\rho(z')) = \sqrt{\frac{2}{\pi k\rho(z')}}\mathrm{e}^{ik\rho(z')-3i\pi/4} + O\left(\frac{z'^2}{r}\right) \tag{B.13}$$

最后，当 r 趋向于无穷时，我们有

$$u(r\cos\theta, r\sin\theta) \sim \sqrt{\frac{k}{2\pi}}\mathrm{e}^{-i\pi/4}\frac{\cos\theta}{\sqrt{r}} \times \mathrm{e}^{ikr(1-\cos\theta)+ikx_0}\int_{-\infty}^{+\infty} u(x_0,z')\mathrm{e}^{-ikz'\sin\theta}\mathrm{d}z' \tag{B.14}$$

因此，远场被表达为一个固定垂直面上的傅里叶变换。

B.1.2 近场/远场变换

在本节，我们假定一个方位对称的源，采用圆柱坐标系。式（B.14）给出了源的孔径场及波束方向图的关系。现定义如下：场分量 ψ 在 θ 方向上的波束方向图

$$B(\theta)=\lim_{r\to\infty} r\mathrm{e}^{ikr}\psi(r\cos\theta, r\sin\theta) \tag{B.15}$$

由于在柱坐标系中 ψ 与 PE 简化函数 u 有如下关系

$$\psi(x,z)=\frac{\mathrm{e}^{ikx}}{\sqrt{kx}}u(x,z) \tag{B.16}$$

令 $x_0=0$，重新写出远场如下

$$\psi(r\cos\theta, r\sin\theta) \sim \frac{1}{\sqrt{2\pi}}\mathrm{e}^{-i\pi/4}\frac{\sqrt{\cos\theta}}{r}\mathrm{e}^{ikr}\int_{-\infty}^{+\infty}u(0,z')\mathrm{e}^{-ikz'\sin\theta}\mathrm{d}z' \tag{B.17}$$

可以发现，远场实际上是正比于球坐标格林函数。现重新写出波束方向图如下

$$B(\theta)=\sqrt{\frac{\cos\theta}{2\pi}}\mathrm{e}^{-i\pi/4}\int_{-\infty}^{+\infty}u(0,z)\mathrm{e}^{-ikz\sin\theta}\mathrm{d}z \tag{B.18}$$

应用逆傅里叶变换，得到归一化孔径场

$$u(0,z)=\sqrt{2\pi}\mathrm{e}^{i\pi/4}\int_{-\frac{1}{\lambda}}^{+\frac{1}{\lambda}}\frac{B(\theta(p))}{\sqrt{\cos(\theta(p))}}\mathrm{e}^{2i\pi pz}\mathrm{d}p \tag{B.19}$$

式中，λ 为波长，变量 p 与 θ 的关系为

$$\sin\theta(p)=\lambda p \tag{B.20}$$

这是正确的宽角近场/远场公式。对于窄角波束，有

$$\frac{B(\theta(p))}{\sqrt{\cos(\theta(p)}} \sim B(\lambda p) \tag{B.21}$$

可得人们较为熟悉的窄角公式

$$u(0,z)=\sqrt{2\pi}\mathrm{e}^{i\pi/4}\int_{-\infty}^{+\infty}B(\lambda p)\mathrm{e}^{2i\pi pz}\mathrm{d}p \tag{B.22}$$

这里我们假定了在区间$[-\alpha,\alpha]$外对于较小的角度 α 来讲 B 可以忽略。显然，最后一个等式在宽波束的情况下不能够与式（B.19）等价。利用此式来得到宽角传播的孔径场将会导致潜在的错误。

这里的原则是 PE 计算中的得到初始场的方法必须与计算中使用的 PE 传播因子相匹配。尽管更一般的式（B.19）必须在宽角 PE 中使用，但对于窄角 SPE 来讲，式（B.22）是充分的。事实上，式（B.19）几乎不增加计算量，因此这不会导致任何特别的困难。

B.1.3 收发分置的 RCS

目标在方向 θ 上的二维 RCS 给出如下

$$\sigma(\theta) = \lim_{r\to\infty} 2\pi r \left|\frac{\psi^s(r\cos\theta, r\sin\theta)}{\psi^i(r\cos\theta, r\sin\theta)}\right|^2 \tag{B.23}$$

式中，ψ^i、ψ^s 分别为入射场及散射场。

如果背景媒质为真空，我们可以利用式（B.14）将远场与物体之外在特定距离上 x_0 上的场关联。如果入射场是幅度为1的平面波，θ 方向上的收发分置RCS变为

$$\sigma(\theta) = k\cos^2\theta\left|\int_{-\infty}^{+\infty} u(x_0, z)\mathrm{e}^{-ikz\sin\theta}\mathrm{d}z\right|^2 \tag{B.24}$$

此式以垂直方向上的PE场的傅里叶变换的形式给出了收发分置RCS。对于小的散射角，因子$\cos^2\theta$ 可以忽略，但在大的角度则不能忽略。

B.2 三维的情形

如果通过传播媒质或散射目标没有耦合发生，则按照波动方程假定电磁场的各个分量相互独立地传播于自由空间中。这样对我们考虑的标量三维情形有用，这使得我们可以利用各个分量的叠加来重构电磁场的远场。

假定 U 对应于任意电磁场分量的PE简化场，则 x 处的场可由 $x_0 < x$ 处的场来卷积表达，有

$$u(x,y,z) = \int_{-\infty}^{+\infty}\int_{-\infty}^{+\infty} u(x_0, y', z')g(x - x_0, y - y', z - z')\mathrm{d}y'\mathrm{d}z' \tag{B.25}$$

式中，$g(x,y,z)$ 是三维传播因子 $\exp[-ikx(1-S)]$ 的逆傅里叶变换。

三维外向平方根 $S(p,q)$ 定义为

$$S(p,q) = \begin{cases} \sqrt{1 - \dfrac{4\pi^2(p^2+q^2)}{k^2}} & \sqrt{p^2+q^2} \leqslant \dfrac{k}{2\pi} \\ i\sqrt{\dfrac{4\pi^2(p^2+q^2)}{k^2} - 1} & \sqrt{p^2+q^2} > \dfrac{k}{2\pi} \end{cases} \tag{B.26}$$

有

$$\frac{\mathrm{e}^{ikr}}{r} = \frac{1}{2\pi}\int_{-\infty}^{+\infty}\int_{-\infty}^{+\infty}\frac{\mathrm{e}^{ikxS(p,q)}}{kS(p,q)}\mathrm{e}^{2i\pi py + 2i\pi qz}\mathrm{d}p\mathrm{d}q \tag{B.27}$$

式中，

$$r = \sqrt{x^2+y^2+z^2} \tag{B.28}$$

对式（B.27）关于 x 进行差分，格林函数表达为

$$g(x,y,z) = \frac{-1}{2\pi}\mathrm{e}^{-ikx}\frac{\partial\left(\dfrac{\mathrm{e}^{ikr}}{r}\right)}{\partial x} \tag{B.29}$$

最终 $x > x_0$ 处的场可以表达为

$$u(x,y,z) = -\frac{1}{2\pi}\int_{-\infty}^{+\infty}\int_{-\infty}^{+\infty} u(x_0,y',z')\,\frac{ik(x-x_0-1)}{\rho}\,\frac{e^{ik\rho}}{\rho}\,dy'dz' \tag{B.30}$$

式中

$$\rho(y',z') = \sqrt{(x_0-x)^2+(y-y')^2+(z-z')^2} \tag{B.31}$$

B.2.1　远场公式

类似于二维的情形，三维的情形也可以得到。从式（B.30）出发，使其转化为球坐标系下，有

$$\begin{cases} x = r\cos\theta \\ y = r\sin\theta\cos\phi \\ z = r\sin\theta\sin\phi \end{cases} \tag{B.32}$$

将等式（B.30）的积分展开为$\frac{1}{r}$，有

$$u(x,y,z) = -\frac{ik\cos\theta}{2\pi}\frac{e^{ikr}}{r}e^{-ik(1+\cos\theta)x_0}\iint u(x_0,y',z')\,e^{-ik\cos\theta(y'\cos\phi+z'\sin\phi)}\,dy'dz' + O\left(\frac{1}{r^2}\right) \tag{B.33}$$

此式给出了真空中传播的以给定距离上的场来表达任意横切面上的场表达式。

B.2.2　近场/远场转换

在三维的情形中，场分量 ψ 在给定的(θ,ϕ)的波束方向图定义为

$$B(\theta,\phi) = \lim_{r\to\infty} r e^{-ikr}\psi(r\cos\theta, r\sin\theta\cos\phi, r\sin\theta\sin\phi) \tag{B.34}$$

令式（B.33）中的 r 趋向于无穷，且使 $x_0=0$，我们得到

$$B(\theta,\phi) = -\frac{ik\cos\theta}{2\pi}\iint u(0,y,z)\,e^{-ik\cos\theta(y\cos\phi+z\sin\phi)}\,dydz \tag{B.35}$$

对于式（B.35），利用适当的傅里叶变换，我们再次利用远场方向图得到了孔径场。

B.2.3　双站（收发分置）RCS

在给定的(θ,ϕ)的双站 RCS 定义为

$$\sigma(\theta,\phi) = \lim_{r\to\infty} 4\pi r^2 \left|\frac{E^s(x,y,z)}{E^i(x,y,z)}\right|^2 \tag{B.36}$$

式中，E^i、E^s 分别为入射场及散射场。

当需要考虑极化形式时，假定极化沿着矢量 t，则所需的双站 RCS 有

$$\sigma_t(\theta,\phi)=\lim_{r\to\infty}4\pi r^2\left|\frac{E^s(x,y,z)\cdot t}{E^i(x,y,z)}\right|^2 \tag{B.37}$$

点代表复数内积。

如果入射场为单位幅度的平面波，利用（B.35）有

$$\sigma_t(\theta,\phi)=\frac{k^2\cos^2\theta}{\pi}\left|\iint E^s(x_0,y,z)\cdot t\mathrm{e}^{-ik\sin\theta(y\cos\phi+z\sin\phi)}\mathrm{d}u\mathrm{d}z\right|^2 \tag{B.38}$$

在已知收发极化条件下，交叉极化及同极化交叉散射截面利用式（B.38）得到。全部的 RCS 在 x、y、z 方向上可以得到。

附录 C　模级数的理论推导

C.1　引言

我们考虑二维波动方程的解

$$\frac{\partial^2 \psi}{\partial x^2}(x,z) + \frac{\partial^2 \psi}{\partial z^2}(x,z) + k^2 n^2(z)\psi(x,z) = 0 \tag{C.1}$$

在 $z \geqslant 0$ 的半平面中，满足如下形式的表面阻抗边界条件

$$\frac{\partial \psi}{\partial z}(x,0) = ik\delta\psi(x,0) \tag{C.2}$$

以及在无穷远处的 Sommerfeld 辐射边界条件

$$\lim_{r\to\infty}\sqrt{r}\left\{\frac{\partial \psi(r\boldsymbol{e})}{\partial \boldsymbol{e}} - ik\psi(r\boldsymbol{e})\right\} = 0 \tag{C.3}$$

上式对 $e_z \geqslant 0$ 的所有单位矢量 $\boldsymbol{e}$ 都是成立的。我们希望将这些解展开成如下形式

$$\psi(x,z) = \sum_{j=1}^{\infty} A_j f_j(z)\exp(ikC_j x) \tag{C.4}$$

该模式展开与下式定义的算子 T 有关

$$Tf(z) = f''(z) + k^2(n^2(z) - A)f(z) \tag{C.5}$$

式中，$n(z)$是折射指数；A 是待定系数。由于无穷远处的辐射条件，算子 T 不是自伴的，并且我们不能在水下声学问题中使用 Sturm – Liouville 理论工具[66]。

对于具有线性平方折射指数剖面的理想导电地球，Watson[163] 使用复分析方法推导了式（C.4）的模式展开。对于涉及有限导电地面和分层大气的更加复杂的情形，构建正确的展开是非常困难的。我们对使用泛函分析构架进行的推导过程进行一个概述，这解释了模理论的某些特征。使用表面阻抗边界条件极大地简化了分析过程。

在 C.2 节中，我们得到，对于线性剖面，这些模式总有唯一的一条沿幅角为 π/3 直线的渐近线。在一适当的希尔伯特空间中，就算子的模式问题，C.3 节给出了推导过程的泛函分析构架。C.4 节证明了线性剖面模式展开的正确性。最后，C.5 节处理了线性

剖面的扰动问题。

C.2 线性剖面的模

我们暂且假设平方折射指数剖面是线性的

$$n^2(z)=n^2(0)+\alpha z \tag{C.6}$$

其中，α 是正数。我们取 $A=n^2(0)$，为了简化标记，并设 $\alpha=1$；不失一般性，可以通过如下变量代换

$$z'=(\alpha k^2)^{2/3}z \tag{C.7}$$

T 对应于特征值 μ 的特征函数满足

$$f''(z)+(z-\mu)f(z)=0 \tag{C.8}$$

前向解和艾里函数成正比

$$w_1(-z)=Ai\{(z-\mu)\mathrm{e}^{-i\pi/3}\} \tag{C.9}$$

在 $z=0$ 的界面上施加边界条件。首先，我们假设表面阻抗无穷大。那么，μ 必须满足

$$Ai(\mu\mathrm{e}^{2i\pi/3})=0 \tag{C.10}$$

这就意味着特征值正比于艾里函数 Ai 的零点，因此它们构成一个位于幅角为 $\pi/3$ 半直线上的复数离散序列[117]。

如果表面阻抗 δ 是有限的，特征值 μ 满足模式方程

$$Ai'(\mu\mathrm{e}^{2i\pi/3})-\mathrm{e}^{-i\pi/6}ik\delta Ai(\mu\mathrm{e}^{2i\pi/3})=0 \tag{C.11}$$

也就是说，μ 必须是某一不完全为零的整函数的零点。这就表明，这些零点构成一个离散序列[57]。实际上，我们对这些零点的位置可以描述更多：当 $\delta=0$ 时，这些零点正比于 Ai' 的零点，并且再次位于幅角为 $\pi/3$ 的射线 Γ 上[117]。另外，我们不能指定这些零点的位置，但我们可以说，该零点序列有一条沿幅角为 $\pi/3$ 半直线的渐近线。确实，如果我们能找到这样的一个零点序列 μ_j，使得 $|\mu_j|$ 趋于无穷大且 $\mathrm{ph}(\mu_j\exp(2i\pi/3))$ 趋于某一常数 $\theta\neq\pi$，然后使用 Ai 和 Ai' 远离负实轴的渐进展开，我们得到

$$\frac{Ai'(\nu_j)}{Ai(\nu_j)}\sim-\nu_j^{1/2} \tag{C.12}$$

其中

$$\nu_j=\mu_j\mathrm{e}^{2i\pi/3}(2\alpha k^2)^{1/3} \tag{C.13}$$

在上式右边，由于μ_j满足模式方程式（C. 11），我们有

$$\frac{Ai'(\nu_j)}{Ai(\nu_j)}=k\delta \mathrm{e}^{-i\pi/6} \tag{C. 14}$$

当$|v_j|$趋于无穷大时，式（C. 12）和式（C. 14）明显不能同时成立，因此，特征值唯一可能的渐近线就是沿幅角为 π/3 射线。特征值的确有一条沿这条射线的渐近线：令 $v=\mu\exp(2i\pi/3)$，我们有

$$\frac{Ai'(\nu_j)}{Ai(\nu_j)}\sim(-\nu)^{1/2}\tan\left(\frac{2}{3}(-\nu)^{3/2}-\frac{\pi}{4}\right) \tag{C. 15}$$

并且我们可以找到无穷多个v的解，这些解渐进于Ai'的零点。最后，无论阻抗δ是多少，我们有唯一的一条沿幅角为 π/3 射线 Γ 的特征值渐近线。我们用μ_j来表示特征值序列，按其模值增加的方式来排序。

C. 3 泛函分析构架

C. 3. 1 复高度

当z值很大时，我们有对应于特征值μ_j的特征函数f_j

$$f_j(z)\sim\frac{\mathrm{e}^{7i\pi/12}}{2\sqrt{\pi}z^{1/4}}\exp\left(\frac{2}{3}iz^{3/2}-iz^{1/2}\mu_j\right) \tag{C. 16}$$

如果μ_j的虚部是正的，我们看到，当z在实轴的正半轴上趋于无穷大时，$|f_j(z)|$趋于无穷大。在上一节的讨论中，我们知道大特征值是在或接近幅角为 π/3 的射线，因此，如果j是足够大的，这将会发生。我们将探讨大幅角艾里函数在复平面其他部分的行为来使我们的问题变得更易处理。对于某个正数ε，当z值很大且其幅角在区间$[-2\pi/3+\varepsilon,4\pi/3-\varepsilon]$内时，式（C. 16）有效。特别地，如果$z$在开区间$]0,2\pi/3[$内一条幅角为$\theta$的射线上趋于无穷大，我们看到$f_j(z)$趋于零，其在幅角为 π/3 的射线上衰减得最快。这就致使我们去考虑复高度，而不仅仅是求解实高度的波动方程。扩展算子T由下式定义在复平面某一区域S内的正则函数上

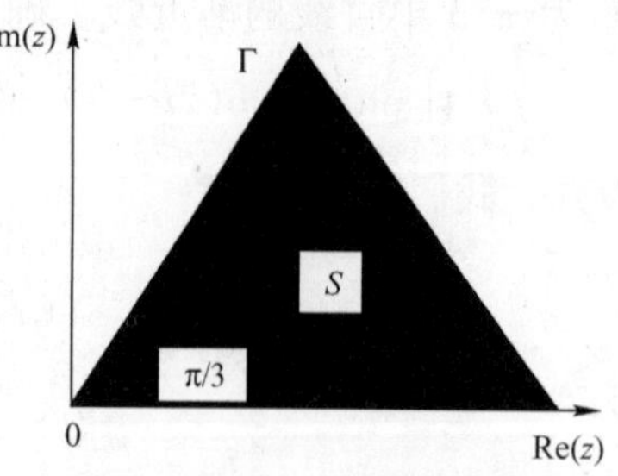

图 C. 1 复平面中的高度坐标

$$Tf(z)=f''(z)+zf(z) \tag{C. 17}$$

我们特别关照如图 C. 1 所示的角域，其中复数的幅角位于 0 到 π/3 之间。我们将曲线 Γ 表示为

$$z = t\mathrm{e}^{i\pi/3} \tag{C.18}$$

我们定义Γ上的内积为

$$\langle f,g\rangle = \int_0^{+\infty} f(z(t))\,\overline{g(z(t))}\,\mathrm{d}t = \int_\Gamma f(z)\,\overline{g(z)}\,\mathrm{d}|z| \tag{C.19}$$

我们用 $\|\ \|_2$ 来表示相关的希尔伯特范数。空间 $L_2(\Gamma)$ 由以下函数组成

$$\|f\|_2 = \left\{\int_0^{+\infty} |f(z)|^2\mathrm{d}|z|\right\}^{1/2} < +\infty \tag{C.20}$$

式（C.16）表明，算子 T 在幅角为零的射线 Γ_0 上的前向特征函数包含在空间 $L_2(\Gamma)$ 中。这就使得我们去考虑Γ上的函数域 $D(T)$，这些函数 $f(z)$ 沿Γ是二阶可微的，在零处满足阻抗边界条件，是平方可积的，且 Tf 也是平方可积的。我们将表明，算子 T 的特征函数构成空间 $L_2(\Gamma)$ 的一组基，也就是说，空间 $L_2(\Gamma)$ 中的任意函数 f 可展开成如下形式

$$f = \sum a_j f_j \tag{C.21}$$

式中，f_j 是算子 T 对应于特征值 μ_j 的归一化特征函数，并且在空间 $L_2(\Gamma)$ 中是收敛的。

C.3.2 T的预解式

现在，我们必须介绍一些算子的专业术语[134]。如果空间 $L_2(\Gamma)$ 中的算子 U 具有如下形式，那么它是 Hilbert - Schmidt 算子

$$Uf(z) = \int_\Gamma K(z,z')\,\mathrm{d}z \tag{C.22}$$

式中，核 K 在 (z,z') 内是平方可积的

$$\iint_{\Gamma\,\Gamma} |K(z,z')|^2\mathrm{d}|z|\mathrm{d}|z'| < \infty \tag{C.23}$$

如果算子 $T-\mu I$ 有一个有界的逆，则复数 μ 包含在 T 的预解式集中，其中 I 是单位算子。逆就是预解式 $R(T,\mu)$。结果表明，虽然 T 是无界的，但其预解式 $R(T,\mu)$ 是存在的，且对于任一不为 T 特征值的复数 μ，是一个 Hilbert - Schmidt 算子。为了看到这一点，我们构建 T 在Γ的格林函数。假设 μ 不是 T 的特征值。我们知道微分方程

$$Tf + (z-u)f = 0 \tag{C.24}$$

在Γ上平方可积的解具有如下形式

$$\chi(z) = aAi\{(z-\mu)\mathrm{e}^{-i\pi/3}\} \tag{C.25}$$

我们取系数 a 等于1。现在，令 ϕ 是微分方程（C.24）在零处满足阻抗边界条件的一个

解。由于μ不是T的特征值，那么χ和ϕ是相互独立的，并且它们的朗斯基矩阵$W(\chi,\phi)$是一个非零常量。我们对ϕ进行归一化，使得朗斯基矩阵等于一。现在，我们令

$$\begin{aligned} G(z,z') &= \phi(z)\xi(z'), \quad |z| \leqslant |z'| \\ G(z,z') &= \phi(z')\xi(z), \quad |z| \geqslant |z'| \end{aligned} \tag{C.26}$$

容易验证，对于任意z值，函数$G(z,z')$在z'上都是平方可积的。现在，令g是Γ上的一个平方可积函数。我们令

$$f(z) = \int_{\Gamma} G(z,z')g(z')\,\mathrm{d}z' \tag{C.27}$$

应用 Cauchy－Schwarz 不等式[134]，我们有

$$|f(z)| \leqslant \left[|\chi(z)| \left(\int_0^{|z|} |\phi|^2 \right)^{\frac{1}{2}} + \phi(z) \left(\int_{|z|}^{\infty} |\chi|^2 \right)^{\frac{1}{2}} \right] \| g \|_2 \tag{C.28}$$

我们将表明，方括号中的函数是平方可积的。我们知道ϕ具有以下形式

$$\phi(z) = aAi\{\zeta(z)\mathrm{e}^{i\pi/3}\} + bAi\{\zeta(z)\mathrm{e}^{-i\pi/3}\} \tag{C.29}$$

现在，使用渐进展开，我们能找到这样的一个常数K_1，对于Γ上的所有z值有

$$|\phi(z)| \leqslant K_1 |z|^{-1/4} \exp\left(\frac{2}{3}|z|^{3/2}\right) \tag{C.30}$$

且

$$\left\{\int_0^{|z|} |\phi(z)|^2 \mathrm{d}|z|\right\}^{\frac{1}{2}} \leqslant K_1 |z|^{-\frac{1}{2}} \exp\left(\frac{2}{3}|z|^{\frac{3}{2}}\right) \tag{C.31}$$

同样，我们可以找到这样的一个常数K_2，对于Γ上的所有z值有

$$|\chi(z)| \leqslant K_2 |z|^{-\frac{1}{4}} \exp\left(-\frac{2}{3}|z|^{\frac{3}{2}}\right) \tag{C.32}$$

且

$$\left\{\int_{|z|}^{\infty} |\chi(z)|^2 \mathrm{d}|z|\right\}^2 \leqslant K_2 |z|^{-\frac{1}{2}} \exp\left(-\frac{2}{3}|z|^{\frac{3}{2}}\right) \tag{C.33}$$

因此，我们有

$$|\chi(z)| \left\{\int_0^{|z|} |\phi|^2\right\}^{\frac{1}{2}} + |\phi(z)| \left(\int_t^{\infty} |\chi|^2\right)^{\frac{1}{2}} \leqslant 2K_1K_2|z|^{-\frac{3}{4}} \tag{C.34}$$

确实是平方可积的。这种特性意味着，f是平方可积且二阶可微的。使用分部积分及$W(\chi,\mu)=1$，我们有

$$Tf - \mu f = g \tag{C.35}$$

我们注意到，由于g是平方可积的，f的确是在Γ上的T域中，由此得到如下预解式$R(\mu)$

$$R(\mu)g=(T-1)^{-1}=f \tag{C.36}$$

式（C. 34）表明，$R(\mu)$是一个 Hilbert - Schmidt 算子。

C. 4　线性情形的模式展开

C. 4. 1　自伴情形

首先，假设阻抗δ为零或无穷大，相当于垂直极化或水平极化情况下的理想导电地面。那么，算子$T_1=\exp(-i\pi/3)$是自伴的：将$f(z)$写作$f_1(t)$，对t，我们有

$$e^{-i\pi/3}Tf(z)=-f''(t)+tf_1(t) \tag{C.37}$$

连续使用两次分步积分，我们有

$$\begin{aligned}&\langle e^{-i\pi/3}Tf,g\rangle\\&=\int_0^\infty(-f''(t)+tf_1(t))\overline{g_1(t)}\mathrm{d}t\\&=f_1(0)\overline{g_1'(0)}-f_1'(0)\overline{g_1(0)}+\int_0^\infty f_1(t)\overline{(-g_1''(t)+tg_1(t))}\mathrm{d}t=\langle f,e^{-i\pi/3}Tg\rangle\end{aligned} \tag{C.38}$$

假设f和g都在$D(T)$中：如果δ是无穷大的，我们有$f_1(0)=g_1(0)=0$，且如果$\delta=0$，我们有$f_1'(0)=g_1'(0)=0$，因此，两种情形中，积分部分都为零。

T_1的预解式是一个 Hilbert - Schmidt 算子，因此它是紧致的[134]。由此，T_1的特征向量（和T的特征向量相同）构成一个完备正交集[134]。注意到，由于T_1是自伴的，所以其特征值必须是实数。既然T_1特征值的幅角都是$\pi/3$，则其特征值属于实数这种情况。设(μ_j)是T_1的特征值序列，按其模值增加的方式来排序。我们有

$$\sum_{j=1}^{\infty}|\mu_j|^2<\infty \tag{C.39}$$

设(f_j)是一个相应的Γ上正交特征函数的序列

$$f_j(z)=\alpha_j Ai\{(z-\mu_j)e^{-i\pi/3}\} \tag{C.40}$$

其中，归一化常数α_j必须是确定的。我们可以强制α_j是正实数。于是，f_j是实的，并且由式（5. 56），我们有

$$\alpha_j^{-2}=|\mu_j|Ai^2\{-\mu_j e^{-i\pi/3}\}+Ai''\{-\mu_j e^{-i\pi/3}\} \tag{C.41}$$

对于阻抗为无穷大的情形（水平极化），我们有

$$\alpha_j = Ai'\{-\mu_j e^{-i\pi/3}\} \tag{C.42}$$

对于阻抗为零的情形（垂直极化），我们有

$$\alpha_j = |\mu_j|^{1/2} Ai\{-\mu_j e^{-i\pi/3}\} \tag{C.43}$$

利用艾里函数 Ai 零点的渐近特性信息及 Ai 和 Ai' 的渐进展开，我们发现，两种情形中，归一化系数具有相同的渐近特性

$$\alpha_j \sim \pi^{-1/2}|\mu_j|^{1/4} \sim \pi^{-1/2}\left\{\frac{3\pi}{2}j\right\}^{1/6}, \quad j \to \infty \tag{C.44}$$

再次使用渐近展开，这次得到特征函数的渐近特性：对于给定的 z 值，水平极化下，我们有

$$|f_j(z)| \sim \frac{1}{2}|\mu_j|^{-1/2}|\sin(z e^{-i\pi/3}|\mu_j|^{1/2})| \tag{C.45}$$

垂直极化下，我们有

$$|f_j(z)| \sim \frac{1}{2}|\mu_j|^{-1/2}|\cos(z e^{-i\pi/3}|\mu_j|^{1/2})| \tag{C.46}$$

我们注意到，对于复平面上的任意 z 值，式（C.45）和式（C.46）都是成立的。

对应于特征值 μ_j 的模(C_j)由下式给出

$$C_j = \sqrt{1 + \frac{\mu_j}{k^2}} \tag{C.47}$$

其中，我们取带正虚部的平方根。我们有

$$ikC_j \sim e^{2i\pi/3}|\mu_j|^{1/2}, \quad j \to \infty \tag{C.48}$$

这表明，沿着模渐近线，模衰减增长得非常快。

我们知道，空间 $L_2(\Gamma)$中的任意函数 f 可被展开为

$$f(z) = \sum_{j+1}^{\infty} < f, \ f_j > f_j \tag{C.49}$$

是内积范数的累加。接下来，我们将 Γ 上的展开和正实半轴上的展开联合起来。

C. 4. 2 联合解

我们做出以下论述：如果 $\phi(z)$在实半轴 $z \geqslant 0$ 上是一个良态实函数，则我们可以用一个具有以下形式的函数 f 来近似 ϕ

$$f(y) = P(z) e^{-z} \tag{C.50}$$

式中，P 是一个多项式；函数 f 是正则函数，且在幅角为 $\pi/3$ 的射线 Γ 上平方可积。我们将此应用到相关发射天线的场。由于 f 在幅角为 $\pi/3$ 的射线 Γ 上平方可积，我们可

以写

$$f(z)=\sum_{j=1}^{\infty}A_j f_j(z) \tag{C.51}$$

其中，该级数在空间 $L_2(\Gamma)$ 中是收敛的，或者等价于

$$\sum_{j=1}^{\infty}|A_j|^2<+\infty \tag{C.52}$$

由于特征函数 f_j 在 Γ 上是实的，系数 A_j 由下式给出

$$A_j=\mathrm{e}^{-i\pi/3}\int_{\Gamma}f(z)f_j(z)\,\mathrm{d}z \tag{C.53}$$

现在，我们来看由下式定义的函数 ψ

$$\psi(x,z)=\sum_{j=1}^{\infty}A_j f_j(z)\exp(ikC_jx) \tag{C.54}$$

什么时候这个级数是收敛的呢？从先前对模和高度增益函数渐近行为的讨论中，我们得到，如果 z 不在幅角为 $\pi/3$ 的射线上，则

$$|f_j(z)\exp(ikC_jx)|\sim\frac{1}{2}|\mu_j|^{-1/2}\exp\left(|\mu_j|^{1/2}\left\{|\mathrm{Im}(z\mathrm{e}^{-i\pi/3})|-\frac{x}{2}\right\}\right) \tag{C.55}$$

其中，j 趋近于无穷大。基于方程（C.52），如果大括号中的表达式是负的，则该级数是收敛的。在幅角为零的实射线上，对于

$$z\sqrt{3}<x \tag{C.56}$$

对应于仰角小于 $\pi/6$ 的点。显然，收敛速度随着仰角的减小而增加。在幅角为 $\pi/3$ 的射线上，由于正弦函数有界，对于任意的 z 和正距离 x，该级数都是收敛的。在该级数收敛的(x,z)区域中，ψ 是满足地面上和无穷远处边界条件波动方程的一个解。并且，在幅角为 $\pi/3$ 的射线上，该级数在距离零处就 L_2 而言收敛于场的准确初始值。

我们用 S 来表示幅角在$[-\pi/3,+\pi/3[$范围内的复数。考虑这样的波动方程，对于一个包括距离 $x\geqslant0$ 和复高度 z 的(x,z)区域，有由幅角为 $\pi/3$ 射线 Γ 上的 $f(z)$ 给出的初始条件、无穷远处的辐射条件和 $z=0$ 处的阻抗边界条件。该方程有唯一解 $\phi(x,z)$，其在任一固定距离 x 处对于 z 是正则的。由于这两个正则函数 $\phi(0,z)$ 和 $f(z)$ 在 Γ 上是相同的，所以它们必须在复平面上包含 Γ 的任一连通域中相同。我们得出结论，在它们都有定义的任一连通域中，ψ 和 ϕ 必须保持一致；如果模级数是收敛的，则和的确是满足由 $f(z)$ 给出初始条件和地面上及无穷远处边界条件的波动方程的解。这就是连接特性，连接着幅角为 $\pi/3$ 的复高度到实高度的解。我们注意到，对于模级数在 $L_2(\Gamma)$ 中收敛这一关键情形，该连接特性也是成立的。

一旦该连接特性建立起来，则不用涉及复高度，激励因子 A_j 就可被计算出来。利用 f 和 f_j 都是正则的这一事实，我们有

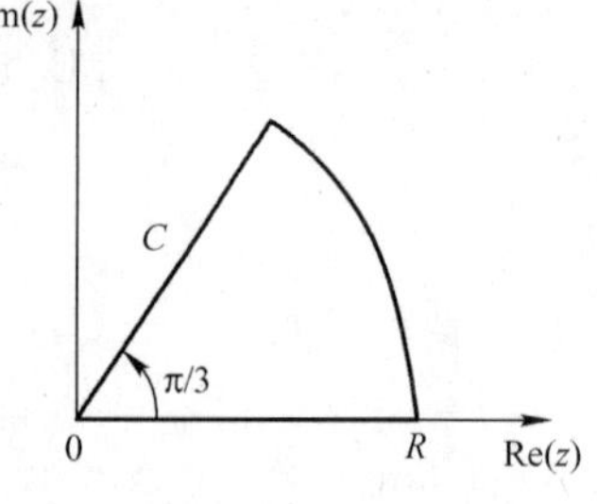

图 C.2　激励因子的积分围线

$$\int_{\Gamma} f(z) f_j(z)\,\mathrm{d}z = \int_0^{+\infty} f(t) f_j(t)\,\mathrm{d}t \tag{C.57}$$

这是由如图 C.2 所示闭合曲线 C 上的积分并令圆弧半径趋于无穷大得到的。由于当 f_j 对于某一正常数 a 表现为 $\exp(a\sqrt{t})$ 时，f 表现为 $\exp(-t)$，则式（C.57）右边的积分的确是收敛的。

C.4.3　有限阻抗情形

在有限阻抗情形中，算子 T 一般不是正规的，我们需要另一个要素来证明模级数的收敛性。可以通过对预解式使用围线积分来做到这一点。这种方法和 Coddington 及 Levinson[30] 用在有限区间上方程 $f''=0$ 的方法类似。我们用 T_0 来表示对应于零阻抗的算子，用 G_0 来表示相应的格林函数。以 C.4.1 节中我们看到，算子 $\exp(i\pi/3)T_0$ 对 Hilbert - Schmidt 预解式是自伴的，并且存在 T_0 的一个完备标准正交特征函数序列 h_j。$L_2(\Gamma)$ 中的一个函数 f 可展开为

$$f = \sum_{j=1}^{\infty} \langle f, h_j \rangle h_j \tag{C.58}$$

该式可用对 T_0 的预解式 $R_0(\mu)$ 进行的围线积分来表示。设 C_j 是半径为 $|a_j|$ 的圆，其中 a_j 是函数 Ai 的第 j 个零点。由于 T_0 的特征值具有形式 $\exp(i\pi/3)a_j'$，其中 $|a_j'|$ 是 Ai' 的第 j 个零点，所以这个圆不会通过预解式的任何极点。使用留数定理，式（C.58）可被写作

$$f = \lim_{j\to\infty} \int_{C_j} R_0(\mu) f \mathrm{d}\mu \tag{C.59}$$

我们将表明，对于大 j，C_j 不会通过 T 的预解式 $R(\mu)$ 的任何极点，且我们可以写

$$f = \lim_{j\to\infty} \int_{C_j} R(\mu) f \mathrm{d}\mu \tag{C.60}$$

然后利用 T 的特征值都是简单的这一事实，我们使用留数定理将该式表示为

$$f = \sum_{j=1}^{\infty} \langle f, f_j \rangle f_j \tag{C.61}$$

式中，f_j 是 T 的特征函数，归一化后有

$$\int_{\Gamma} f_j^2(z)\,\mathrm{d}z = 1 \tag{C.62}$$

式（C. 61）和级数在 $L_2(\Gamma)$ 中是收敛的。相比于自伴情形，特征函数不需要正交化，但它们满足伪正交关系

$$\int_{\Gamma} f_j(z) f_l(z)\,\mathrm{d}z = 0, \quad j \neq l \tag{C.63}$$

换言之，当 $j \neq l$ 时，f_j 正交于 $\bar{f}_l$。

和自伴情形中的一样，我们可将在幅角为 $\pi/3$ 的射线 Γ 上的模式展开和在幅角为 0 的实射线上连接起来。这就又会涉及当 j 趋向于无穷大时特征值 μ_j 和归一化特征函数 f_j 的估计。

为了证明（C. 60），我们考虑 T_0 和 T 的格林函数 G_0 和 G。我们知道，由于 T_0 是自伴的，所以其格林函数 G_0 的极点是单一的。通过回想 Ai 和 Ai' 没有共同零点也可以看到这一点。格林函数 G 的极点都是单一的，除了 γ^2 是特征值这一特殊情形外。如果 $|\gamma|$ 是大的，仅当 γ 接近于 $\pi/6$ 时，通常是这种情形。我们将假设 γ^2 不是特征值，使得 G 的极点都是单一的。

假设 μ 不是 T_0 或 T 的特征值。令 $\gamma = ik\delta$，我们定义

$$g_1(\mu,z) = w_1(\mu - z) \tag{C.64}$$

$$g_2^0(\mu,z) = w_2(\mu - z) - \frac{w_2'(\mu)}{w_1'(\mu)} w_1(\mu - z) \tag{C.65}$$

$$g_2^0(\mu,z) = w_2(\mu - z) - \frac{w_2'(\mu) - \gamma w_2(0)}{w_1'(\mu) - \gamma w_1(\mu)} w_1(\mu - z) \tag{C.66}$$

格林函数由下式给出

$$G_0(\mu,z,z') = \begin{cases} g_1(\mu,z) g_2^0(\mu,z'), & |z'| \leqslant |z| \\ g_2^0(\mu,z) g_1(\mu,z'), & |z'| \geqslant |z| \end{cases} \tag{C.67}$$

以及

$$G(\mu,z,z') = \begin{cases} g_1(\mu,z) g_2(\mu,z'), & |z'| \leqslant |z| \\ g_2(\mu,z) g_1(\mu,z'), & |z'| \geqslant |z| \end{cases} \tag{C.68}$$

我们有

$$(G - G_0)(\mu,z,z') = \frac{\gamma}{w_1'(\mu)(w_1'(\mu) - \gamma w_1(\mu))} w_1(\mu - z) w_1(\mu - z_p) \tag{C.69}$$

首先，使用科尔曼定理，我们表明 T 的特征函数构成一完备集。如果 T 有一个满足以下特性的 Hilbert – Schmidt 预解式，这是对的：当 μ 朝至少 5 个间隔最多为 $\pi/2$ 的方向趋近于无穷大时，$\| R_\mu \| = O(|\mu|^{-1})$[134]。实际上，对于我们的算子 T，其预解式沿

除了幅角为 π/3 的任意方向都保持着增长特性。当 μ 沿方向不同于 π/3 的射线趋近于无穷大时，对于 Γ 中的 z 和 z' 我们同样有

$$(G-G_0)(\mu,z,z') \sim \frac{\gamma}{|\nu|^{1/2}}\mathrm{e}^{-\frac{2}{3}((\nu+t)^{3/2}-\nu^{3/2})}\,\mathrm{e}^{-\frac{2}{3}((\nu+t')^{3/2}-\nu^{3/2})} \tag{C.70}$$

其中

$$\nu=-\mu\mathrm{e}^{-i\pi/3},\quad z=t\mathrm{e}^{-i\pi/3},\quad z'=t'\mathrm{e}^{-i\pi/3} \tag{C.71}$$

由均值定理，我们有

$$\frac{2}{3}\{(\nu+t)^{3/2}-\nu^{3/2}\}=t(\nu+\theta(t)t)^{1/2} \tag{C.72}$$

式中，$\theta(t)$是介于 0 和 1 之间的实数。

现在，如果 μ 沿方向不同于 π/3 的射线趋近于无穷大时，我们有

$$\nu=r\mathrm{e}^{i\alpha},\quad -\pi<\alpha<\pi \tag{C.73}$$

如果 ν 有正实部，式（C. 72）中函数的实部 $R(t)$满足

$$R(t)\geqslant t|\nu|^{1/2}\cos\left(\frac{|\alpha|}{2}\right) \tag{C.74}$$

否则，式（C. 72）右边的相位满足

$$-\frac{\pi-|\alpha|}{2}<ph\{(\nu+\theta(t)t)^{1/2}\}<\frac{\pi-|\alpha|}{2} \tag{C.75}$$

这意味着，式（C. 72）中函数的实部 $R(t)$满足

$$R(t)\geqslant t|\mathrm{Im}(\nu)|^{1/2}\sin\left(\frac{|\alpha|}{2}\right) \tag{C.76}$$

最后，存在一个正常数 K_1，使得

$$R(t)\geqslant K_1|\mu|^{1/2}t \tag{C.77}$$

由此，我们得到一个关于格林函数模值的约束条件：存在一个正常数 K_2，当 μ 沿方向不同于 π/3 的射线趋近于无穷大时，对于 Γ 中的 z 和 z'，我们同样有

$$|(G-G_0)(\mu,z,z')|\leqslant\frac{K_2}{|\mu|}\exp(-K_1|\mu|^{1/2}|z|)\exp(-K_1|\mu|^{1/2}|z'|) \tag{C.78}$$

于是，$G-G_0$ 满足

$$\left\{\int_\Gamma\int_\Gamma|(G-G_0)(\mu,z,z')|^2\mathrm{d}|z|\mathrm{d}|z'|\right\}^{\frac{1}{2}}\leqslant\frac{K_2}{2K_1|\mu|} \tag{C.79}$$

由于 $\exp(-i\pi/3)T_0$ 是自伴的，T_0 的预解式 R_0 在每条与 π/3 方向不同的射线上满足增长特性。现在式（C. 79）意味着 T 的预解式 R 有同样的增长特性。我们现在知道 T

的特征函数形成了一个完备系统。

令 μ_j 和 μ_j^0 分别是 T 和 T_0 的特征值序列。$G-G_0$ 在 μ_j 处的留数为

$$r_j(z,z') = \frac{w_1(\mu_j^0 - z)w_1(\mu_j - z_p)}{(\mu_j - \gamma^2)w_1^2(\mu_j)} \tag{C.80}$$

且 $G-G_0$ 在 μ_j^0 处的留数为

$$-r_j^0(z,z') = -\frac{w_1(\mu_j^0 - z)w_1(\mu_j^0 - z_p)}{\mu_j^0 w_1^2(\mu_j^0)} \tag{C.81}$$

我们可将 $G-G_0$ 在围线 C_J 上的积分写为

$$\int_{C_J}(G - G_0)(\mu,z,z')\mathrm{d}\mu = \frac{1}{2\pi i}\sum_{j=1}^{J}(r_j(z,z') - r_j^0(z,z')) \tag{C.82}$$

使用渐进展开[117]，我们发现

$$\left\{\int |r_j(z,z') - r_j^0(z,z')|^2 \mathrm{d}|z|\mathrm{d}|z'|\right\}^{1/2} \sim \frac{|\gamma|^2}{|\lambda_j|^2} \sim Kj^{-4/3} \tag{C.83}$$

这就证明了式（C.82）右边的级数在 $L_2(\Gamma\times\Gamma)$ 中收敛于一个函数 g。现在，令

$$P_j f(z) = -\frac{1}{2\pi i}\int_{\Gamma} r_j(z,z')f(z')\mathrm{d}z' \tag{C.84}$$

算子 P_j 是对应于特征值 μ_j 的频谱投射器[134]。由于特征函数构成一个完备集，我们有 $f=g$。现在，我们利用 T 及其伴随算子的特性来精确地描述该频谱投影：由于 G 的极点 μ_j 是单一的，我们有

$$\lim_{\mu\to\mu_j}(\mu - \mu_j)(T-\mu)^{-1}f = P_j f \tag{C.85}$$

两边同时乘上 $T-\mu$，我们得到

$$(\mu - \mu_j)P_j f = 0 \tag{C.86}$$

这意味着 $P_j f$ 正比于 f_j。因此，我们可写

$$f = \sum_{j=1}^{\infty} A_j f_j \tag{C.87}$$

现在，由于 $\bar{f}_j$ 是 T 的伴随算子 T^* 对应特征值 $\bar{\mu}_j$ 的特征函数，对于确切的 j 和 l，我们有

$$\langle Tf_j,\bar{f}_l\rangle = \mu_j\langle f_j,\bar{f}_l\rangle = \langle f_j,T^*\bar{f}_l\rangle = \mu_l\langle f_j,\bar{f}_l\rangle \tag{C.88}$$

即

$$\langle f_j,\bar{f}_l\rangle = \int_{\Gamma} f_j f_l = 0 \tag{C.89}$$

我们得出结论，如果 f_j 被恰当地归一化，则

$$A_j = \int_{\Gamma} f f_j \tag{C.90}$$

使得式（C. 61）给出的展开式是成立的。

C. 5　线性情形的微扰

现在，我们处理平方折射率剖面在某一高度上线性的情形。假设

$$n^2(z) = n^2(H) + z - H, \quad z \geqslant H \tag{C.91}$$

我们令

$$q(z) = n^2(z) - n^2(H) - z + H \tag{C.92}$$

使得对于大于 H 的 z，q 为零。我们用定义在幅角完全介于 $-\pi$ 和 π 之间的复数上的函数 Q 来近似 q，该函数具有以下特性：除了在零处外，Q 是正则的，且 $Q-Q(0)$ 在正实轴和幅角为 $\pi/3$ 的射线 Γ 上是实的。更加严格地，如果我们令 $\gamma=\exp(i\pi/3)$，对于幅角为 0 的任意 t 值，Q 满足

$$Q(\gamma t) - Q(0) = \gamma(Q(t) - Q(0)) \tag{C.93}$$

在正实半轴上，我们令

$$\psi(y) = \frac{q(y^{1/6}) - q(0)}{y^{1/6}} \tag{C.94}$$

利用厄米多项式的特性[57]，我们可以用一个具有以下形式的函数 g 来近似 ψ

$$g(y) = P(y)\mathrm{e}^{-y^2} \tag{C.95}$$

式中，P 是一个多项式。

现在，如果我们令

$$Q(z) = q(0) + zg(z^6) \tag{C.96}$$

容易看到，Q 具有我们所期望的特性。现在，对于复高度或完全介于 $-\pi$ 和 π 之间的幅角，我们可用下式来定义算子 T_Q

$$T_Q f(z) = f''(z) + (z + Q(z))f(z) \tag{C.97}$$

我们再次取零处的平方折射率作为参考，且与 T_Q 的特征值有关的模为

$$C = \frac{1}{k^2}\sqrt{\mu + k^2 n^2(0)} \tag{C.98}$$

其中，我们取带正虚部的平方根。利用下式解的 WKB 近似

$$T_Q f = \mu f \tag{C.99}$$

可以表明，当且仅当在幅角为 π/3 的射线 Γ 上平方可积，一个解在无穷远处对于实高度才是前向的。和线性剖面情形中的一样，我们表明，Γ 上的函数可用 T_Q 的特征函数来展开，且利用连接特性推导出波动方程解的模式展开。

眼下，注意到我们可以假设 $Q(0)=0$。给 Q 添加一个偏移常量 d 相当于给 T_Q 添加了一个常数倍的单位算子：特征函数保持不变，特征值偏移了 d。特征函数的基本特性不受影响。依据式（C.98）对模进行变换，这不会影响模级数的收敛性。由假设 $Q(0)=0$得到，γQ 在射线 Γ 上是实的。

我们从阻抗为零或无穷大的情形开始。由于 γQ 在 Γ 上是实数，算子 γT_Q 在射线 Γ 上是自伴的。由于 q 是有界的，我们可以假设，对于正实高度，$|Q|$的上界为 M，且由于式（C.93），在 Γ 上也可以做这样的假设。对有限区间上的微分方程沿文献［30］中使用的线应用微扰理论，可以证明，T_Q 有一个 Hilbert - Schmidt 预解式。通过推导构建 T_Q 的格林函数做到这一点。设 $G_0(\mu,z,z')$是对应于未受扰动的线性剖面算子 T_0 的格林函数，$R_{0,\mu}$是 T_0 的预解式。设 $G_Q^0=0$，且对于任意正整数 p，当 μ 不是 T 的特征值时，有

$$G_Q^{p+1}(\mu,z,z') = G_0(\mu,z,z') - \int_\Gamma G_0(\mu,z,\zeta)Q(\zeta)G_Q^p(\mu,\zeta,z')\mathrm{d}\zeta \tag{C.100}$$

我们有

$$(G_Q^{p+1}-G_Q^p)(\mu,z,z') = R_{0,\mu}\{Q(\zeta)(G_Q^p-G_Q^{p-1})(\mu,\zeta,z')\}(z) \tag{C.101}$$

其中，固定 z'时，右边花括号中的表达式被当作 ζ 的函数。对 z 取 L_2 范数，对于所有的 z'，我们有

$$\|(G_Q^{p+1}-G_Q^p)(\mu,z,z')\| \leqslant M\|R_{0,\mu}\|\ \|(G_Q^p-G_Q^{p-1})(\mu,z,z')\| \tag{C.102}$$

这样，如果 μ 沿一条方向与 π/3 不同的射线趋于无限，我们知道 $\|R_{0,\mu}\| = O(|\mu|^{-1})$。因此，如果$|\mu|$足够大，有

$$M\|R_{0,\mu}\| \leqslant \frac{1}{2} \tag{C.103}$$

经过推导，我们有

$$\|(G_Q^{p+1}-G_Q^p)(\mu,z,z')\| \leqslant 2^{-p}\|G_0(\mu,z,z')\| \tag{C.104}$$

且对于固定的 z'，序列$(G_Q^p(\mu,z,z'))$在 $L_2(\Gamma)$ 中收敛于一个满足下式的函数 $G_Q(\mu,z,z')$

$$\left\{\int_\Gamma |G_Q(\mu,z,z')|^2\mathrm{d}|z|\right\}^{1/2} \leqslant \left\{\int_\Gamma |G_0(\mu,z,z')|^2\mathrm{d}|z|\right\}^{1/2} \tag{C.105}$$

容易检验，G_Q 是 T_Q 的格林函数。由式（C. 105），我们得到

$$\int_{-\infty}^{+\infty}\int_{-\infty}^{+\infty}|G_Q(\mu,z,z')|^2\mathrm{d}|z|\mathrm{d}|z'| \leqslant \int_{-\infty}^{+\infty}\int_{-\infty}^{+\infty}|G_0(\mu,z,z')|^2\mathrm{d}|z|\mathrm{d}|z'| \quad (\mathrm{C}.106)$$

因此，T_Q 有一个 Hilbert - Schmidt 预解式。有证据表明，特征值的唯一一条渐近线沿着幅角为 π/3 的射线。

由于 γT_Q 对于紧预解式是自伴的，所以展开定理依然成立：对应于特征值 μ_j，存在一个特征向量 h_j 的完备标准正交序列。使用 WKB 近似[117]，我们发现，特征函数满足与线性剖面情形中获得的特征函数估计相类似的估计，即存在一个常数 K，使得

$$|h_j(z)|\leqslant K|\mu_j|^{-1/2}\exp(|\mu_j|^{1/2}|\mathrm{Im}(\gamma z)|) \quad (\mathrm{C}.107)$$

由此，对于线性情形，我们可以推导出相同的连接特性，并发现如果点 (x,z) 处的仰角小于 π/6，模式展开在距离 x 处和实高度 z 处依然成立。和以前一样，在有限阻抗情形中，对预解式应用微扰理论。如果 T_Q 在有限阻抗条件下格林函数的极点是单一的，则对于仰角小于 π/6 的点，模式展开再次成立。

我们已经表明，当折射率剖面是一个正则函数时，对于仰角小于 π/6 的点，模式展开是有效的，并且在这种情形中，特征值的唯一一条渐近线沿着幅角为 π/3 的射线。由于可以用所需类型的正则函数来处理任意剖面，所以我们发现波动方程的解可通过模式展开以任意小的误差得到近似。

现在，众所周知，对于分段线性折射率剖面，特征值也有一条渐近线沿着方向为 π 的射线[119]。毫无疑问，当我们处理分段线性剖面越来越接近正则剖面时，特征值的数目沿方向 π 增加到无穷大。实际上，由于这些特征值对应于衰减越来越严重的模，所以它们对模式展开不会产生重要的贡献。

附录D　能 量 守 恒

D.1　二维问题

我们首先考虑以下二维问题，找到满足以下窄角抛物方程的函数 u

$$\frac{\partial^2 u}{\partial z^2}+2ik\frac{\partial u}{\partial z}+k^2(n^2-1)u=0 \tag{D.1}$$

如图 D.1 所示，在一个上边界为曲线 $z=\zeta(x)$ 的区域中，以及 Neumann 边界条件

$$u(x,\zeta(x))=0 \tag{D.2}$$

我们进行进一步的假设，u 的能量是有限的，即

$$I(x)=\int_{-\infty}^{+\infty}|u(x,z)|^2\mathrm{d}z<+\infty \quad x\geqslant 0 \tag{D.3}$$

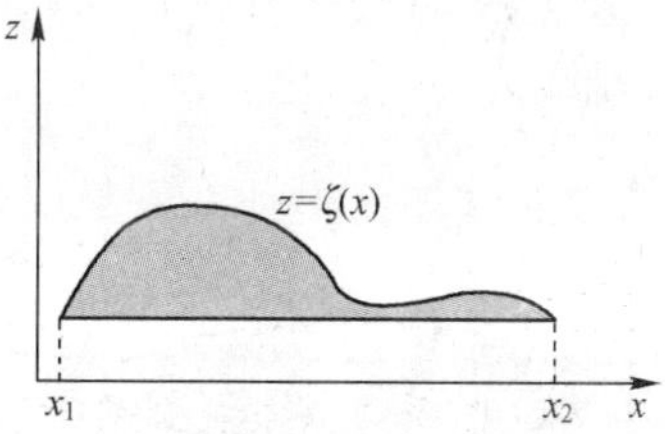

图 D.1　以一条曲线为界的散射体

其中，在边界以下令 $u(x,z)=0$，我们将 u 向下拓展。

我们将证明，能量函数 $I(x)$ 不依赖于 x。在这一点上，注意，允许折射率 $n(x,z)$ 随距离和高度变化，但必须是实的。由于传输介质中的吸收与能量守恒是矛盾的，这就是一个自然而然的约束条件。

为了证明能量守恒特性，我们计算能量函数的导数。由于也可以写

$$I(x)=\int_{-\zeta(x)}^{+\infty}|u(x,z)|^2\mathrm{d}z<+\infty \tag{D.4}$$

所以我们可将其导数表示为

$$I'(x)=\int_{\zeta(x)}^{+\infty}\left(u\frac{\partial\bar{u}}{\partial x}+\bar{u}\frac{\partial u}{\partial x}\right)\mathrm{d}z-\lim_{h\to 0}\frac{1}{h}\int_{\zeta(x)}^{\zeta(x+h)}|u(x,z)|^2\mathrm{d}z \tag{D.5}$$

如果 $\zeta(x)$ 是连续的，我们有

$$\lim_{h\to 0}\frac{1}{h}\int_{\zeta(x)}^{\zeta(x+h)}|u(x,z)|^2\mathrm{d}z=\zeta(x)\,|u(x,\zeta(x))|^2 \tag{D.6}$$

由于 u 在边界上为零，所以该极限为零。现在，我们利用 u 满足 SPE 的事实来代替被积函数中的距离导数，得到

$$I'(x) = \frac{i}{2k}\int_{\zeta(x)}^{+\infty}\left(u\frac{\partial^2 \bar{u}}{\partial z^2} - \bar{u}\frac{\partial^2 u}{\partial z^2}\right)\mathrm{d}z \tag{D.7}$$

这里的关键之处在于，SPE 中距离导数的纯虚系数 $2ik$ 结合共轭导致了被积函数中符号的变化，被积函数被则表示为两项之差。注意到，由于折射率是实的，所以折射率项抵消了。为了完成整个推导过程，我们进行分部积分，由于在分部积分过程中得到的第二个积分恒为零，所以其结果为

$$I'(x) = -\frac{i}{2k}\left(u\frac{\partial \bar{u}}{\partial z} - \bar{u}\frac{\partial u}{\partial z}\right)(x,\zeta(x)) \tag{D.8}$$

现在，我们再次利用 u 在边界上为零的事实得出结论：对于所有的 $x \geqslant 0$，$I'(x) = 0$，因此 $I(x)$ 为常数。

注意到，该证明过程只需要一条连续的边界曲线。这就允许我们考虑如分段线性边界。我们也可以允许边界存在垂直部分，因为它们对在式（D.5）中极限出现的积分没有贡献。

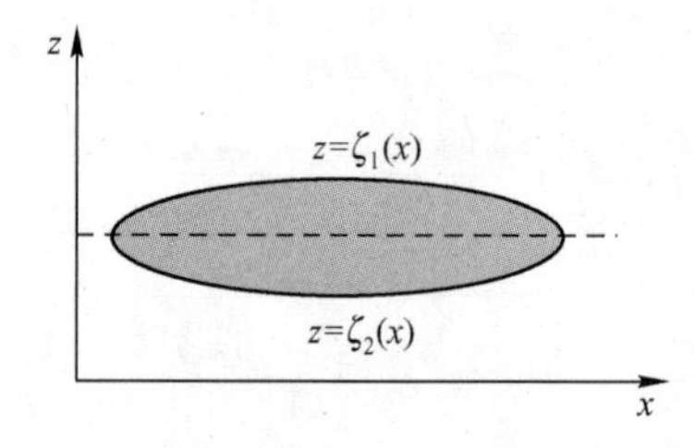

图 D.2　以两条曲线为界的散射体

最后，相同的论证可被应用到在一个有限散射体外的传播，如图 D.2 所示，该散射体以两条曲线 $z = \zeta_1(x)$ 和 $z = \zeta_2(x)$ 为界，或更一般地，在一个位于多散射体外的区域 Ω 中传播，依然有 Neumann 边界条件

$$u(x,z) = 0 \tag{D.9}$$

其中，$\partial\Omega$ 是该区域的边界，(x,z) 在 $\partial\Omega$ 上。证明能量不依赖于距离是对先前推导过程的直接一般化。

对于一个位于 $z = 0$ 处的平面边界，满足如下 Dirichlet 边界条件，能量守恒结果也是成立的

$$\frac{\partial u}{\partial x}(x,0) = 0 \tag{D.10}$$

由于边界条件是平面，式（D.5）中极限项中的积分为零，因此式（D.8）依然成立。Dirichlet 边界条件确保能量函数的导数为零，因此得到这样的结果。

D.2　三维问题

将能量守恒定理推广到三维问题中需要一个更加学术的推导过程，因为我们必须处理两个积分。我们对在一有限散射体 $\sum$ 外传播的证明进行一个概述。设 u 满足 $\sum$ 外区域

Ω 内的 SPE 和在 $\sum$ 上的 Neumann 边界条件。我们假设 u 的能量是有限的，其中，能量函数定义为

$$I(x)=\int_{-\infty}^{+\infty}\int_{-\infty}^{+\infty}|u(x,z)|^2\mathrm{d}y\mathrm{d}z \tag{D.11}$$

如果我们用 $\Omega(x)$ 来表示区域 Ω 和位于距离 x 处横向平面的交集，则也可将能量函数表示为

$$I(x)=\int\int_{\Omega(x)}|u(x,z)|^2\mathrm{d}z \tag{D.12}$$

能量函数的导数为

$$I'(x)=\int\int_{\Omega(x)}\left(f\frac{\partial\bar{f}}{\partial x}-\bar{f}\frac{\partial f}{\partial x}\right)\mathrm{d}y\mathrm{d}z+\lim_{h\to 0}\frac{1}{h}\int\int_{\partial\Omega(x)}|u(x,z)|^2\mathrm{d}y\mathrm{d}z \tag{D.13}$$

式中，$\partial\Omega(x,h)$ 是在 x 和 $x+h$ 之间散射体上横截面积的增量。注意到该表达式在任意距离处包括横向平面和散射体交集不为空的最小和最大距离都是有效的。由于 u 在散射体的边界上为零，所以右边的极限为零。现在，我们用 SPE 来代替距离导数，给出

$$I'(x)=\frac{i}{2k}\int\int_{\Omega(x)}\left(f\left(\frac{\partial^2\bar{f}}{\partial y^2}+\frac{\partial^2\bar{f}}{\partial z^2}\right)-\bar{f}\left(\frac{\partial^2 f}{\partial y^2}+\frac{\partial^2 f}{\partial z^2}\right)\right)\mathrm{d}y\mathrm{d}z \tag{D.14}$$

应用格林互易定理，我们得到

$$I'(x)=-\frac{i}{2k}\int_{\Omega(x)}\left(f\frac{\partial\bar{f}}{\partial \boldsymbol{n}}-\bar{f}\frac{\partial f}{\partial \boldsymbol{n}}\right)\mathrm{d}s \tag{D.15}$$

式中，$\boldsymbol{n}$ 是边界上的外法向。我们再次利用 f 在散射体边界上为零的事实得出结论 $I'(x)=0$，因此能量是守恒的。可直接将其推广到多散射体的情形。

在第 14 章中，该能量守恒结论被用来证明：如果矢量 PE 解在散射体边界上满足该结论，则其自然处处满足无散条件。

D.3 PE 解的唯一性

能量守恒特性为证明许多情形中 PE 解的唯一性奠定了基础，如水平极化下在理想导电不规则地形上的二维传播。假设我们有两个具有相同初始场的解 u_1 和 u_2，则 $u=u_1-u_2$ 也是一个解。由于其在地面上为零，所以满足能量守恒特性。现在，u 的能量在距离零处为零，因此其在任意距离处都为零，这表明 u 是完全等于零的，因此 $u_1=u_2$。

参考文献

[1] W. S. Ament, "Towards a theory of reflection by a rough surface", Proc. IRE, vol. 41, pp. 142 - 146, 1953.

[2] K. D. Anderson, "Inference of refractivity profiles by satellite - to - ground RF measurements", Radio Sci, vol. 17, pp. 653 - 663, 1982.

[3] A. Arnold and M. Ehrhardt, "Discrete transparent boundary conditions for wide angle parabolic equations in underwater acoustics", J. Coтp. Phys., vol. 145, pp. 611 - 638, 1998.

[4] A. Bamberger, B. Engquist, L. Halpern and P. Joly, "Parabolic wave equation approximations in heterogeneous media", SI AM J. Appl. Math., vol. 48, pp. 99 - 128, 1988.

[5] A. Bamberger, B. Engquist, L. Halpern and P. Joly, "Higher order paraxial wave equation approximations in heterogeneous media", SI AM J. Appl. Math., vol. 48, pp. 129 - 154, 1988.

[6] R. Barrett, M. Berry, T. F. Chan, J. Demmel, J. M. Donato, J. Dongarra, V. Eijkhout, R. Pozo, C Romine and H. Van der Vorst, Templates for the Solution of Linear Systems: Building Blocks for Iterative Methods, SIAM, Philadelphia, 1994.

[7] D. E. Barrick, "Theory of HF and VHF propagation across the rough sea, 1, The effective surface impedance for a slightly rough highly conducting medium at grazing incidence", Radio Sci., vol. 6, pp. 517 - 526, 1971.

[8] D. E. Barrick, "Theory of HF and VHF propagation across the rough sea, 2, Application to HF and VHF propagation above the sea", Radio Sci, vol. 6, pp. 527 - 533, 1971.

[9] D. E. Barrick, "'Grazing behavior of scatter and propagation over any rough surface", IEEE Trans. Antennas Propagat, vol. 46, pp. 73 - 83, 1998.

[10] A. E. Barrios, "Parabolic equation modelling in horizontally inhomogeneous environments", IEEE Trans. Antennas Propagat, vol. 40, pp. 791 - 797, 1992.

[11] A. E. Barrios, "A terrain parabolic equation model for propagation in the troposphere", IEEE Trans. Antennas Propagat, vol. 42, pp. 90 - 98, 1994.

[12] V. A. Baskakov and A. V. Popov, Implementation of transparent boundaries for numerical solutions of the Schrodinger equation, Wave Motion, vol. 14, pp. 123 – 128, 1991.

[13] F. G. Bass and I. M. Fuks, Wave Scattering from Statistically Rough Surfaces, Pergamon Press, Oxford, 1979.

[14] G. B. Baumgartner Jr., "XWVG: a waveguide program fortrilinear tropospheric ducts", Technical Document no. 610, NCCOSC RDT&E Div. (formerly Naval Ocean Systems Center), 1983.

[15] G. B. Baumgartner Jr., H. V. Hitney and R. A. Pappert, "Duct propagation modelling for the integrated – refractive – effects prediction system (IREPS)", IEE Proc, vol. 130, part F, pp. 630 – 642, 1983.

[16] B. R. Bean and E. J. Dutton, Radio Meteorology, Dover Publications Inc., New York, 1966.

[17] C. I. Beard, "Coherent and incoherent scattering of microwaves from the ocean", IRE Trans., vol. AP – 9, pp. 470 – 483, 1961.

[18] J. – P. Berenger, "A perfectly matched layer for the absorption of electromagnetic waves", J. Coтp. Phys., vol. 114, pp. 185 – 200, 1994.

[19] L. A. Berry and M. E. Christman, "A FORTRAN program for calculation of ground wave propagation over homogeneous spherical earth for dipole antennas", Nat. Bureau Standards Rep., NBS 9178, 1978.

[20] A. Bespalov, "Application of fictitious domain method to the solution of Helmholtz equation in unbounded domain", INRIA Report no. 1797, 1992.

[21] M. Born and E. Wolf, Principles of Optics, 6th ed., Pergamon Press, 1986.

[22] V. A. Borovikov and B. Ye Kimber, Geometrical Theory of Diffraction, IEE Electromagnetic Wave Series 37, The Institution of Electrical Engineers, London, 1994.

[23] P. – P. Borsboom and A. Zebic – Le Hyaric, "RCS predictions using wide – angle PE codes, IEE Conf. Pub., no. 436, pp. 2. 191 – 2. 194, 1997. 4

[24] JJ. Bowman, T. B. A. Senior and P. L. E. Uslenghi, Electromagnetic Scattering by Simple Shapes, revised ed., Hemisphere Publishing Corporation, New York, 1987.

[25] L. M. Brekhovskikh, Waves in Layered Media, 2nd ed., Academic Press, New York, 1980.

[26] H. Bremmer and S. W. Lee, " Propagation of a geometrical optics field in an isotropic inhomogeneous medium" , Radio Science, vol. 19, pp. 243 - 257, 1984.

[27] K. G. Budden, The Wave - Guide Mode Theory of Wave Propagation, Logos Press, London, 1961.

[28] J. F. Claerbout , Fundamentals of Geophysical Data Processing with Application to Petroleum Prospect, McGraw - Hill, New York, 1976.

[29] R. H. Clarke and J. Brown, Diffraction Theory and Antennas, EllisHorwood, 1980.

[30] E. A. Coddington and N. Levinson, Theory of Ordinary Differential Equations, McGraw - Hill, New York, 1964.

[31] F. Collino, " Perfectly matched absorbing layers for the paraxial equations" , J. Coтp. Phys. , vol. 131, pp. 164 - 180, 1997.

[32] F. Collino and P. Joly, "Splitting of operators, alternate directions, and paraxial approximations for the three - dimensional wave equation" , SIAM J. Sci. Comput. , vol. 16, pp. 1019 - 1048, 1995.

[33] M. D. Collins, " A two - way parabolic equation for acoustic backscattering " in the ocean" , J. Acoust. Soc. Am. , vol. 91, pp. 1357 - 1358, 1992.

[34] M. D. Collins, " A Split - stepPade solution for the parabolic equation method" , J. Acoust. Soc. Am. , vol. 94, pp. 1736 - 1742, 1993.

[35] M. D. Collins, "Generalization of the Split - stepPade solution" , J. Acoust. Soc. Am. , vol. 96, pp. 382 - 385, 1994.

[36] M. D. Collins, W. A. Kuperman and W. L. Siegmann, " A parabolic equation for poro - elastic media" , J. Acoust. Soc. Am. , vol. 98, pp. 1645 - 1656, 1995.

[37] D. Colton and R. Kress, Integral Equation Methods in Scattering Theory, John Wiley and Sons, New York, 1983.

[38] J. Cook and S. Burk, "Potential refractivity as a similarity variable" , Boundary - Layer Meteorology, vol. 58, pp. 151 - 159,1992.

[39] J. W. Cooley, P. A. W. Lewis and P. D. Welsh, " The fast Fourier transform algorithm: Programming considerations in the calculations of sine, cosine and Laplace transforms" , J. Sound. Vib. , vol. 12, pp. 315 - 337, 1970.

[40] K. H. Craig, " Propagation modelling in the troposphere: parabolic equation method" ,

Electron. Lett, vol. 24, pp. 113& -1139, 1988.

[41] K. H. Craig and M. F. Levy, "Parabolic equation modelling of the effects of multipath and ducting on radar systems", IEE Proc, part F, vol. 138, pp. 153 -162, 1991.

[42] R. A. Dalrymple and P. A. Martin, "Perfect boundary conditions for parabolic water - wave models", Proc. R. Soc. London A, vol. 437, pp. 41 -54, 1992.

[43] J. Deygout, "Multiple diffraction of microwaves", IEEE Trans. Antennas Propagat, vol. 14, pp. 480 -489, 1966.

[44] J. Deygout, "Correction factor for multiple knife - edge diffraction", IEEE Trans. Antennas Propagat, vol. 39, pp. 1256 -1258, 1991.

[45] G. D. Dockery, "Modeling electromagnetic wave propagation in the troposphere using the parabolic equation", IEEE Trans. Antennas Propagat, vol. 36, pp. 1464 -1470, 1988.

[46] G. D. Dockery and J. R. Kuttler, "An improved impedance boundary algorithm for Fourier Split - step solutions of the parabolic wave equation", IEEE Trans. Antennas Propagat, vol. 44, pp. 1592 -1599, 1996.

[47] A. Erdelyi, Tables of Integral Transforms, vol. 1, McGraw Hill, 1954.

[48] M. D. Feit and J. A. Fleck, Jr. , "Light propagation in graded - index fibers", Appl. Opt, vol. 17, pp. 3990 -3998, 1978.

[49] V. A. Fock, Electromagnetic Diffraction and Propagation Problems, Pergamon Press, 1965.

[50] M. Fournier, "Analysis of propagation in an inhomogeneous atmosphere in the horizontal and the vertical direction using the parabolic equation method", AGARD CP, no. 453, pp. 21. 1 -21. 12, 1989.

[51] D. Givoli, "Non - reflecting boundary conditions", J. Coтp. Phys. , vol. 94, pp. 1 - 29, 1991.

[52] J. L. Glaser, "Bistatic RCS of complex objects near forward scatter", IEEE Trans. Aerospace and Electronic Systems, vol. 21, pp. 70 -78, 1985.

[53] I. S. Gradshteyn and I. M. Ryzhik, Table of Integrals, Series and Products, New York, Academic Press, 1980.

[54] K. Hacking, "U. H. F. propagation over rounded hills", Proc. IEE, vol. 117, pp. 499 - 511, 1970.

[55] M. P. M. Hall, L. W. Barclay and M. T. Hewitt, Eds. , Propagation ofRadiowaves, The Institution of Electrical Engineers, London, 1996.

[56] R. H. Hardin and F. D. Tappert, " Application of the Split – step Fourier method to the numerical solution of nonlinear and variable coefficient wave equations", SIAM Rev. , vol. 15, p. 423, 1973.

[57] P. Henrici, Applied and Computational Complex Analysis, Wiley – Interscience, 1977.

[58] H. V. Hitney, " Hybrid ray optics and parabolic equation methods for radar propagation modeling", Proceedings of Radar 92, IEE Conf. Pub. , no. 365, pp. 58 – 61, 1992.

[59] H. V. Hitney, " Modelling tropospheric ducting effects on satellite to ground paths", AGARD Conf. Proc, no. 543, pp. 16. 1 – 16. 5, 1994.

[60] J. T. Hviid, J. Bach Andersen, J. Toftgard and J. B0jer, " Terrain – based propagation model for rural area – an integral equation approach", IEEE Trans. Antennas Propagat. , vol. 43, pp. 41 – 46, 1995.

[61] A. Ishimaru, Wave Propagation and Scattering in Random Media, vol. 2, Academic Press, San Diego, 1978.

[62] M. Israeli and S. A. Orszag, " Approximation of radiation boundary conditions", J. Cотр. Phys. , vol. 41, pp. 115 – 131, 1981.

[63] International Telecommunication Union, " Propagation in non – ionized media", Reports of the CCIR, vol. 5,Geneva, 1990.

[64] G. L. James, Geometrical Theory of Diffraction for Electromagnetic Waves, IEE Electromagnetic Waves Series, PeterPeregrinus, Stevenage, 1980.

[65] R. Janaswamy, " A curvilinear coordinate – based Split – step parabolic equation method for propagation predictions over terrain", IEEE Trans. Antennas Propagat, vol. 46, pp. 1089 – 1097, 1998.

[66] F. B. Jensen, W. A. Kuperman, M. B. Porter and H. Schmidt, Computational Ocean Acoustics, AIP series in Modern Acoustics and Signal Processing, 1994.

[67] D. S. Jones, Methods in Electromagnetic Wave Propagation, vol. 2, Oxford University Press, Oxford, 1986.

[68] D. Kannan, An Introduction to Stochastic Processes, North Holland, New York, 1979.

[69] J. B. Keller, " Geometrical theory of diffraction", J. Opt. Soc. Am. , vol. 52, pp. 116 –

130, 1952.

[70] J. B. Keller, "Diffraction by an aperture", J. Appl. Phys., vol. 28, pp. 426 - 444 and 570 - 579, 1957.

[71] D. E. Kerr, ed., Propagation of Short Radio Waves, IEE Electromagnetic Wave Series, Peter Peregrinus, London, 1987.

[72] M. Kline, "A note on the expansion coefficient of geometrical optics", Comms. Pure and Applied Math., vol. XIV, pp. 473 - 479, 1961.

[73] H. W. Ko, J. W. Sari and J. P. Skura, "Anomalous wave propagation through atmospheric ducts", Johns Hopkins APL Tech. Dig., vol. 4, pp. 12 - 26, 1983.

[74] Y. V. Kopylov, A. V. Popov and A. V. Vinogradov, "Application of the parabolic wave equation to X - ray diffraction optics", Optics Comms., vol. 118, pp. 619 - 636, 1995.

[75] G. A. Korn and T. M. Korn, Mathematical Handbook for Scientists and Engineers, McGraw - Hill Book Company, New York, 1968.

[76] J. R. Kuttler, "Differences between the narrow - angle and wide - angle propagators in the Split - step Fourier solution of the parabolic wave equation", IEEE Trans. Antennas Propagat, vol. 47, pp. 1131 - 1140, 1999.

[77] J. R. Kuttler and G. D. Dockery, "Theoretical description of the PE / Fourier Split - step method of representing electromagnetic propagation in the troposphere", Radio Sci., vol. 26, pp. 381 - 393, 1991.

[78] J. Larsen and H. Dancy, "Open boundaries in short - wave simulations: a new approach", Coastal Engng., vol. 7, pp. 285 - 287, 1983.

[79] D. Lee and S. T. McDaniel, "Ocean acoustics propagation by finite difference methods", Comput. Math. Applic, vol. 14, pp. 305 - 423, 1987.

[80] D. Lee, Y. Saad and M. H. Schultz, "An efficient method for solving the three - dimensional wide angle wave equation", in Computational Acoustics, Wave Propagation, edited by D. Lee, R. L. Sternberg and M. H. Schultz, pp. 75 - 88, Elsevier Science, New York, 1988.

[81] S. W. Lee, "Path integrals for solving some electromagnetic edge diffraction problems", J. Math. Phys., vol. 19, pp. 1414 - 1422, 1978.

[82] M. A. Leontovich, Investigations on Radiowave Propagation, Part II, Printing House of the

Academy of Sciences, Moscow, pp. 5 - 12, 1948.

[83] M. A. Leontovich and V. A. Fock, "Solution of propagation of electromagnetic waves along the Earth's surface by the method of parabolic equations", J. Phys. USSR, vol. 10, pp. 13 - 23, 1946.

[84] M. F. Levy. "Instability of the roots of the modal equation for thetropospheric waveguide", Radio Sci., vol. 22, pp. 61 - 68, 1987.

[85] M. F. Levy, "Parabolic equationmodelling of propagation over irregular terrain", Electron. Lett, vol. 26, pp. 1153 - 1155, 1990.

[86] M. F. Levy, "Diffraction studies in urban environment with wide - angle parabolic equation method", Electron. Lett., vol. 28, pp. 1491 - 1492, 1992.

[87] M. F. Levy, "Horizontal PE modelling of tropospheric effects on Earth - space paths", in Proceedings of the 1994 Progress in Electromagnetics Research Symposium, pp. 1489 - 1493, Eds. B. Arbesser et al., Kluwer, Dordrecht, 1994.

[88] M. F. Levy, "Fast PE methods for mixed environments", AGARD SPP Symposium on propagation assessment in coastal environments, AGARD Conf. Pub., no. 567, pp. 8.1 - 8.6, 1995.

[89] M. F. Levy, "Non - local boundary conditions for radiowave propagation", Proceedings of Third International Conference on Mathematical and Numerical Aspects of Wave Propagation, Ed. G. Cohen, SIAM, pp. 499 - 505, 1995.

[90] M. F. Levy, "Horizontal parabolic equation solution ofradiowave propagation problems on large domains", IEEE Trans. Antennas Propagat., vol. 43, pp. 137 - 144, 1995.

[91] M. F. Levy, "Transparent boundary conditions for parabolic equation solutions of radiowave propagation problems", IEEE Trans. Antennas Propagat, vol. 45, pp. 66 - 72, 1997.

[92] M. F. Levy and P. - PBorsboom, "Radar cross - section computations using the parabolic equation method", Electron. Lett, vol. 32, pp. 1234 - 1235, 1996.

[93] M. F. Levy and K. H. Craig, "TERPEM propagation package for operational forecasting with EEMS", Proceedings of the 1996 Battlespace Atmospherics Conference, Technical Document 2938, NCCOSC, RDT&EDivision, San Diego, pp. 497 - 505, 1996.

[94] M. F. Levy and A. A. Zaporozhets, "Target scattering calculations with the parabolic

equation method", J. Acoust. Soc. Am., vol. 103, pp. 735 - 741, 1998.

[95] M. F. Levy, P. -P. Borsboom, A. A. Zaporozhets and A. Zebic - Le Hyaric, "RCS calculations with the parabolic wave equation", AGARD SPP symposium on radar signature analysis and imaging of military targets, AGARD Conf. Proc, no. 583, pp. 5.1 - 5.9, 1996.

[96] M. F. Levy, K. H. Craig, R. J. B. Champion, J. D. Eastment and N. W. M. Whitehead, "Airborne measurements of anomalous propagation over the English Channel", IEE Conf. Pub., vol. 333, Part 1, pp. 173 - 176, 1991.

[97] H. J. Liebe, "MPM - An atmospheric millimeter - wave propagation model", Int. J. of Infrared and Millimeter Waves, vol. 10, pp. 631 - 650, 1989.

[98] R. J. Luebbers, "Propagation prediction for hilly terrain using GTD wedge diffraction", IEEE Trans. Antennas Propagat, vol. 32, pp. 951 - 955, 1984.

[99] Y. L. Luke, Integrals of Bessel Functions, McGraw - Hill Book Company, New York, 1962.

[100] T. S. M. Maclean and Z. Wu, Radiowave Propagation over Ground, Chapman & Hall, London, 1993.

[101] R. J. McArthur, "Propagation modelling over irregular terrain using the Split - step parabolic equation method", Proceedings of Radar 92, IEE Conf. Pub., no. 365, pp. 54 - 57, Oct. 1992.

[102] R. J. McArthur and D. H. O. Bebbington, "Diffraction over simple terrain obstacles by the method of parabolic equations", Proceedings of ICAP 1991, IEE Conf Pub., no. 333, Part 2, pp. 824 - 827, 1991.

[103] N. W. McLachlan, Bessel Functions for Engineers, Oxford University Press, Oxford, 1955.

[104] G. D. Malyuzhinets, "Progress in understanding diffraction phenomena", Sov. Phys. Usp., vol. 69, pp. 321 - 334, 1959.

[105] S. W. Marcus, "A model to calculateem fields in tropospheric environments at frequencies through SHF", Radio. Sci., vol. 17, pp. 895 - 901, 1982.

[106] S. H. Marcus, "A generalized impedance method for application of the parabolic approximation to underwater acoustics", J. Acoust. Soc. Am., vol. 90, pp. 391 -

398, 1991.

[107] S. H. Marcus, "A hybrid (finite difference - surface Green's function) method for computing transmission losses in an inhomogeneous atmosphere over irregular terrain", IEEE Trans. Antennas Propagat., vol. 40, pp. 1451 - 1458, 1992.

[108] P. A. Martin and R. A. Dalrymple, "On the propagation of water waves along a porous - walled channel", Proc. R. Soc. London, Part A, vol. 444, pp. 411 - 428, 1994.

[109] J. Maser and G. Schmahl, "Coupled wave description of the diffraction by zone plates with high aspect ratios", Optics Comms., vol. 89, pp. 355 - 362, 1992.

[110] A. G. Michette, Optical Systems for Soft X - Rays, Plenum Press, New York, 1986.

[111] A. R. Miller, R. M. Brown and E. Vegh, "New derivation for the rough - surface reflection coefficient and for the distribution of sea - wave elevations", IEE Proc, vol. 131, part H, pp. 114 - 116, 1984.

[112] G. Millington and G. A. Isted, "Ground - wave propagation over an inhomogeneous smooth earth: part 2, experimental evidence and practical implementation", Proc. IEE, vol. 97, Pt. Ill, pp. 209 - 221, 1950.

[113] G. Millington, R. Hewitt and F. S. Immirzi, "Double knife - edge diffraction in field - strength predictions", Proc. IEE, vol. 109C, pp. 419 - 429, 1962.

[114] G. Millington, R. Hewitt and F. S. Immirzi, "The Fresnel surface integral", Proc. IEE, vol. 109C, pp. 430 - 437, 1962.

[115] H. M. Nussenzveig, Diffraction Effects in Semiclassical Scattering, Cambridge University Press, 1992.

[116] J. A. Ogilvy, Theory of Wave Scattering from Random Rough Surfaces, Adam Hilger, Bristol, 1991.

[117] F. W. J. Olver, Introduction to Asymptotics and Special Functions, Academic Press, 1974.

[118] R. H. Ott, "An alternative integral equation for propagation over irregular terrain, 2", Radio Sci., vol. 6, pp. 429 - 435, 1971.

[119] R. H. Ott, "Roots of the model equation for em wave propagation in a tropospheric duct", J. Math. Phys., vol. 21, pp. 1256 - 1266, 1979.

[120] R. H. Ott and L. A. Berry, "An alternative integral equation for propagation over irregu-

lar terrain", Radio Sci, vol. 5, pp. 767 –771, 1970.

[121] J. S. Papadakis, "Exact nonreflecting boundary conditions for parabolic – type approximations in underwater acoustics", J. Comput. Acoust, vol. 2, pp. 83 –98, 1994.

[122] R. A. Pappert, "Conversion of radiation modes to trapped modes due to lateral inhomogeneity of a simple elevated layer", Radio Sci., vol. 17, pp. 305 –322, 1982.

[123] R. A. Pappert, "Field strength and path loss in a multilayer tropospheric waveguide environment", Technical Note 1366, Naval Ocean Systems Center, 1984.

[124] R. A. Pappert and C. L. Goodhart, "Case studies of beyond – the – horizon propagation in tropospheric ducting environments", Radio Sci., vol. 12, pp. 75 –97, 1977.

[125] W. L. Patterson, "Advanced Refractive Effects Prediction System (AREPS), Version 1.0 User's Manual", Technical Document 3028, Space and Naval Warfare Systems Center, San Diego, CA 92152 –5001, 1998.

[126] R. Paulus, Ed., "Proceedings of the Electromagnetic Propagation Workshop", Technical Document 2891, Space and Naval Warfare Systems Center, San Diego, CA 92152 – 5001, 1995.

[127] C. L. Pekeris, "Accuracy of the earth – flattening approximation in the theory of microwave propagation", Phys. Rev., vol. 70, pp. 518 –522, 1946.

[128] O. M. Phillips, "Spectral and statistical properties of the equilibrium range in wind – generated gravity waves", J. Flui. Mech., vol. 156, pp. 505 –531, 1985.

[129] A. V. Popov, "Accurate modeling of transparent boundaries in quasioptics", Radio Sci., vol. 31, pp. 1781 –1790, 1996.

[130] W. H. Press, S. A. Teukolsky, W. T. Vetterling and B. P. Flannery, Numerical Recipes, Cambridge University Press, 1994.

[131] A. C. Radder, "On the parabolic equation method for water – wave propagation", J. Fluid. Mech., vol. 95, part 1, pp. 159 –176, 1979.

[132] CM. Rappaport, "Perfectly matched absorbing boundary conditions based on anisotropic lossy mapping of space", IEEE Microwave and Guided Wave Letters, vol. 3, pp. 90 – 92, 1995.

[133] H. R. Reed and CM. Russell, Ultra High Frequency Propagation, 2nd Ed., Boston Technical Publishers, Inc., Cambridge, USA, 1966.

[134] R. D. Richtmyer, Principles of Advanced Mathematical Physics, Volume I, Springer - Verlag, New York, 1978.

[135] R. D. Richtmyer and K. W. Morton, Difference Methods for Initial Value Problems, Second Ed. , Interscience Publishers, John Wiley & Sons, New York, 1967.

[136] C L. Rino and H. D. Ngo, " Forward propagation in a half - space with an irregular boundary" , IEEE Trans. Antennas Propagat. , vol. 45, pp. 1340 - 1347, 1997.

[137] L. T. Rogers, "Effects of the variability of atmospheric refractivity on propagation estimates" , IEEE Trans. AntennasPropagat. , vol. 44, pp. 460 - 465, 1996.

[138] A. Sammar abd J. - M. Andre, " Dynamical theory of stratified Fresnel linear zone plates" , J. Opt. Soc. Am. , vol. 10, pp. 2324 - 2337, 1993.

[139] S. R. Saunders and F. R. Bonar, "Explicit multiple building diffraction attenuation function for mobile radiowave propagation" , Electron. Lett. , vol. 27, pp. 1276 - 1277, 1991.

[140] R. O. Schmidt, " Multiple emitter location and signal parameter estimation" , IEEE Trans. Antennas Propagat, vol. 34, pp. 260 - 280, 1986.

[141] T. B. A. Senior and J. L. Volakis, Approximate Boundary Conditions inElectromagnetics, IEE Electromagnetic Wave Series, London, 1995.

[142] A. Seville, U. Yilmaz, P. R. V. Charriere, N. Powell and K. H. Craig, "Building scatter and vegetation attenuation measurements at 38 GHz" , Proceedings of ICAP - 95 conference, IEE Conf. Pub. , no. 407, pp. 2. 46 - 2. 50, 1995.

[143] P. A. Sharpies and M. J. Mehler, "Cascaded cylinder model for predicting terrain diffraction loss at microwave frequencies" , Proc. IEE, part H, vol. 136, pp. 331 - 337, 1989.

[144] W. T. Shaw and A. J. Dougan, "The failure of specular limit formulae for Kirchhoff integrals associated with Gaussian surfaces with ocean - like spectra" , Waves in Random Media, vol. 5, pp. L1 - L8, 1995.

[145] G. D. Smith, Numerical Solution of Partial Differential Equations: Finite Difference Methods, 3rd Edition, Clarendon Press,Oxford, 1985.

[146] I. N. Sneddon, The Use of Integral Transforms, McGraw Hill, New York, 1972.

[147] M. Spivack, "A numerical approach to rough - surface scattering by the parabolic equation method" , J. Acoust. Soc. Am. , vol. 87, pp. 1999 - 2004, 1990.

[148] R. B. Stull, An Introduction to Boundary Layer Meteorology, Kluwer Academic Press, Dordrecht, 1989.

[149] F. Tappert, "The parabolic equation method", in Wave Propagation in Underwater Acoustics, eds. J. B. Keller and J. S. Papadakis, pp. 224 - 287, Springer - Verlag, New York, 1977.

[150] M. E. Taylor, Pseudo - Differential Operators, Princeton University Press, 1981.

[151] V. T. Tatarski, Wave Propagation in a Turbulent Medium, Constable and Co. , London, 1967.

[152] D. J. Thomson and G. H. Brooke, "Non - local boundary conditions for 1 - way wave propagation", in Mathematical and Numerical Aspects of Wave Propagation, Ed. J. A. DeSanto, pp. 348 - 352, SI AM, Philadelphia, 1998.

[153] D. J. Thomson and N. R. Chapman, "A wide - angle Split - step algorithm for the parabolic equation", J. Acoust. Soc. Am. , vol. 74, pp. 1848 - 1854, 1983.

[154] D. J. Thomson and M. E. Mayfield, "An exact radiation condition for use with the a posteriori PE method", J. Сотр. Acoust. , vol. 2, pp. 113 - 132, 1994.

[155] E. C. Titchmarsh, The Theory of Functions, Oxford University Press, 1939.

[156] B. J. Uscinski, "High - frequency propagation in shallow water. The rough waveguide problem", J. Acoust. Soc. Am. , vol. 98, pp. 2702 - 2707, 1995.

[157] B. vander Pol and H. Bremmer, "The propagation of radiowaves over a finitely conducting earth", Philos. Mag. , vol. 27, pp. 261 - 275, 1937.

[158] C. Vassalo and F. Collino, "Highly efficient absorbing boundary conditions for the beam - propagation method", J. Lightwave Technology, vol. 14, pp. 1570 - 1577, 1996.

[159] L. E. Vogler, "An attenuation function for multiple knife - edge diffraction", Radio Sci. , vol. 17, pp. 1541 - 1546, 1982.

[160] A. G. Voronovich, Wave Scattering from Rough Surfaces, Springer Series on Wave Phenomena, Springer - Verlag, Berlin, 1994.

[161] J. R. Wait, "Review of mode theory of radio propagation in terrestrial waveguides", Rev. Geophys. , vol. 1, pp. 481 - 505, 1963.

[162] J. R. Wait, "Coupled mode analysis for anonuniform tropospheric waveguide", Radio Sci, vol. 15, pp. 667 - 673, 1980.

[163] G. N. Watson, "The diffraction of radiowaves by the earth", Proc. Roy. Soc. London, Ser. A, vol. 95, pp. 83 – 99, 1918.

[164] J. H. Whitteker, " Diffraction over a flat – topped terrain obstacle", IEE Proc. , vol. 137, Pt H, pp. 113 – 116, 1990.

[165] J. H. Whitteker, " Fresnel – Kirchhoff theory applied to terrain diffraction problems", Radio Sci. , vol. 25, pp. 837 – 851, 1990.

[166] H. T. G. Woo, M. J. Schuh and M. L. Sanders, "Benchmark radar targets for the validation of computational electromagnetics programs", IEEE Antennas and Propagat. Magazine, vol. 35, pp. 84 – 89, 1993.

[167] Z. Wu, T. S. M. Maclean, N. Jayasundere, L. J. Carter and A. A. Williamson, "Recovery effect in radiowave propagation", Electronics Letters, vol. 26, pp. 162 – 163, 1990.

[168] D. Yevick, "A guide to electric field propagation techniques for guided – wave optics", Opt. Quantum Electron. , vol. 26, pp. S185 – S197, 1994.

[169] D. Yevick, "Stability issues in vector electric field propagation", IEEE Photonics Technology Letters, vol. 7, pp. 658 – 660, 1995.

[170] A. A. Zaporozhets, " Modelling of radiowave propagation in urban environment", IEE Conf Proc, no. 436, pp. 2. 83 – 2. 89, 1997.

[171] A. A. Zaporozhets, "Application of the vector parabolic equation method to urban radiowave propagation problems", IEE Proc. H, vol. 146, pp. 253 – 256, 1999.

[172] A. A. Zaporozhets and M. F. Levy, "Modelling of radiowave propagation in urban environment with parabolic equation method", Electron. Lett. , vol. 32, pp. 1615 – 1616, 1996.

[173] A. A. Zaporozhets and M. F. Levy, "Radar cross section calculation with marching methods", Electron. Lett, vol. 34, pp. 1971 – 1972, 1998.

[174] A. A. Zaporozhets and M. F. Levy, "Bistatic RCS calculations with the vector parabolic equation method", IEEE Trans. Ant. Prop. , vol. 47, pp. 1688 – 1696, 1999.

[175] A. Zebic – Le Hyaric, personal communication.

[176] R. W. Ziolkowski and G. A. Deschamps, "Asymptotic evaluation of high frequency fields near a caustic: an introduction to Maslov's method", Radio Sci. , vol. 19, pp. 1001 – 1025, 1984.